四川省产教融合示范项目系列教材

机械制造工艺学

主编　马术文

U0159281

西南交通大学出版社

·成都·

图书在版编目（ＣＩＰ）数据

机械制造工艺学 / 马术文主编. —成都：西南交
通大学出版社，2023.1
ISBN 978-7-5643-9084-6

Ⅰ．①机… Ⅱ．①马… Ⅲ．①机械制造工艺 Ⅳ.
①TH16

中国版本图书馆 CIP 数据核字（2022）第 246465 号

Jixie Zhizao Gongyi Xue
机械制造工艺学

主编／马术文

责任编辑／李　伟
封面设计／吴　兵

西南交通大学出版社出版发行
（四川省成都市金牛区二环路北一段 111 号西南交通大学创新大厦 21 楼　　610031）
发行部电话：028-87600564　028-87600533
网址：http://www.xnjdcbs.com
印刷：四川森林印务有限责任公司

成品尺寸　185 mm × 260 mm
印张　19　　字数　475 千
版次　2023 年 1 月第 1 版　　印次　2023 年 1 月第 1 次

书号　ISBN 978-7-5643-9084-6
定价　59.00 元

前　言

我国目前是制造大国，但还不是制造强国。我们正在《中国制造 2025》制定的国家制造业战略的指导下，向着制造强国的方向前进。机械制造工艺学既是一门传统学科，又是一门具有勃勃生机并不断发展的学科。随着制造业和制造技术的不断发展，以及产品质量的不断提高，各种新的制造工艺、制造装备不断涌现，传统的机械制造工艺学的内容已经不能满足机械制造及其自动化专业学生的培养要求。

"机械制造工艺学"是机械制造及其自动化专业的主要专业课程，本书根据当前教学改革的要求，参照目前部分高校机械设计制造自动化专业的教学计划和"机械制造工艺学"的教学大纲，把金属切削原理和机械制造工艺学的教学内容进行整合，在传统机械制造工艺学的基础上，增加了数控加工工艺学，特别是五轴数控加工工艺的教学内容。

本书由西南交通大学机械工程学院马术文副教授编写。在本书编写过程中，编者融入了教学多年的心得和科研工作成果。同时，本书在编写和出版过程中得到了西南交通大学丁国富教授主持的四川省产教融合教改项目"交大-九洲电子信息装备产教融合示范"的赞助，在此对丁教授及其团队表示感谢。

本书适合机械制造专业 50 课时左右的教学要求，其中 4.7 节典型零件的加工工艺分析作为学生的自学内容。

编　者

2022 年 6 月

目　录

第 1 章　金属切削刀具基础

在金属切削过程中，为了保证工件的表面质量和精度、提高劳动生产率、降低生产成本，需要对切削用量和刀具几何参数进行优化。本章主要以车削为例，介绍金属切削过程中的切削用量和刀具的几何参数，最后介绍常用的刀具材料。

1.1　切削运动及切削用量

1.1.1　切削运动

金属切削过程中刀具切除工件上的多余金属，使工件的几何形状、尺寸精度和表面质量满足设计要求。金属切削刀具为了切除工件上的多余金属，刀具和工件之间必须满足一定的运动关系，也就是刀具和工件之间存在切削运动。

如图 1-1 所示，切削运动包括主运动和进给运动。主运动使刀具和工件之间产生相对运动，以进行切削。主运动提供切削过程中的主要动力，其消耗的功率占切削总功率的绝大部分。如图 1-1 所示，在外圆车削时，工件在机床主轴上的回转运动是主运动。在铣削过程中，刀具在主轴上的回转运动就是主运动。

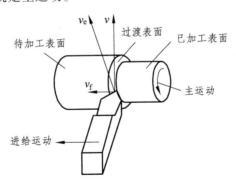

图 1-1　车削时的切削运动加工表面

进给运动是刀具能够不断切除多余金属的运动，以使工件能够获得所需要的几何形状。进给运动的速度一般较低，消耗的功率比主运动少。切削过程中，进给运动既可以由刀具完成，也可以由工件完成；既可以是连续的，也可以是间歇的。如图 1-1 所示，外圆车削时的进给运动是车刀沿工件轴向的直线运动。

刀具切削刃上选定点相对于工件的运动称为合成切削运动。如图 1-1 所示，外圆车削的合成切削运动是主运动和进给运动的合成。合成切削运动的速度矢量 v_e 等于主运动速度 v 和进给运动速度 v_f 的矢量和，即

$$v_e = v + v_f \qquad (1\text{-}1)$$

由于切削刃上各点主运动的大小和方向可能不一样，所以切削刃上各点的合成切削速度也可能不一样。

1.1.2　切削中的工件表面

如图 1-1 所示，在切削过程中，工件的切削层不断被刀具切除而成为切屑，从而加工出所需要的工件表面，此时工件上存在三个不断变化的表面。

（1）待加工表面：加工过程中即将被切除的表面。

（2）已加工表面：已经被切除多余金属而形成的新表面。

（3）过渡表面（也称为切削表面）：主切削刃正在切削着的表面。它是待加工表面和已加工表面之间的过渡表面。

1.1.3　切削用量

切削用量是指由切削速度 v、进给量 f 和背吃刀量 a_p 组成的表征切削过程的三个基本量，又称为切削用量三要素。

1. 切削速度 v

刀具切削刃上选定点的切削速度是指该点相对于工件在主运动方向的速度。一般在计算切削速度时，应该选取刀刃上速度最高的点进行计算。如图 1-2 所示，车削外圆时，主运动为旋转运动，切削速度为

$$v = \frac{\pi d_w n}{1\,000}\ (\text{m/min}) \qquad (1\text{-}2)$$

式中　d_w——待加工表面直径（mm）；

　　　n ——主轴转速（r/min）。

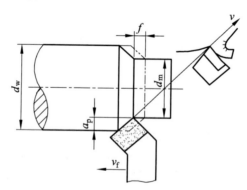

图 1-2　外圆车削的切削用量

2. 进给量 f

如图 1-2 所示，当主运动是旋转运动时，工件或刀具每回转一周，刀具相对于工件在进

给运动方向移动的位移，就是进给量。进给量是衡量进给运动速度的量，单位符号是 mm/r。

进给运动的速度也可以用进给速度 v_f 来描述。车削或铣削时的进给速度 v_f 为

$$v_f = f \cdot n \ (\text{mm/min}) \tag{1-3}$$

对于多刃刀具，如麻花钻、铣刀等，还可以用每齿进给量 f_z（刀具每转过一个刀齿，刀具相对于工件在进给运动方向转过的距离）来表示，f_z 为

$$f_z = \frac{f}{z} \ (\text{mm/齿}) \tag{1-4}$$

式中　z——刀齿数。

如果主运动是往复直线运动，如刨削和插削，进给量为一次进刀和退刀过程（双行程）中刀具相对于工件在进给方向上的位移量，进给量的单位为 mm/双行程。

3. 背吃刀量 a_p

背吃刀量也叫切削深度，是指主切削刃与工件的接触长度在垂直于主运动和进给运动速度方向的垂线上的投影值，单位为毫米（mm）。如图 1-2 所示的外圆车削，其背吃刀量 a_p 为

$$a_p = \frac{d_w - d_m}{2} \ (\text{mm}) \tag{1-5}$$

式中　d_m——已加工表面直径（mm）。

1.2　刀具切削部分的基本定义

金属切削刀具的种类很多，但它们切削部分的几何结构和几何参数有共同的性质。不论刀具的结构如何复杂，其切削部分均可以看成由外圆车刀切削部分演化而来。本节以外圆车刀为例来说明刀具的几何结构，并讨论刀具的几何参数。

1.2.1　车刀切削部分的几何结构

如图 1-3 所示，外圆车刀的切削部分由三个表面、两条切削刃和一个刀尖组成。

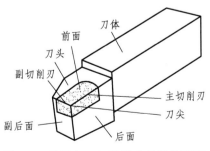

图 1-3　外圆车刀切削部分的结构要素

（1）前面（ A_γ ）：也称为前刀面，在切削过程中，刀具上使切屑沿着其流出的表面。

（2）后面（A_α）：也称为后刀面，在切削过程中，与过渡表面相对的刀具表面。

（3）副后面（A'_α）：也称为副刀后面，在切削过程中，与已加工表面相对的刀具表面。

（4）主切削刃（S）：前面和后面的交线，它在切削过程中完成主要的切削工作，在工件上形成切削表面。

切削刃可以是锋利的刃口。有时为了保护刃口，使切削刃钝化，其截面成为圆弧形；也可以对切削刃倒棱，成为倒棱刀刃。

（5）副切削刃（S'）：刀具前面和副后面的交线，辅助切削刃完成切削工作并最终形成已加工表面。部分刀具，如切槽刀，可以有两条副切削刃。

（6）刀尖：主切削刃和副切削刃的交点，可以是实际的尖点，也可以是圆弧曲线或折线。

1.2.2 刀具标注角度的静止参考系

刀具的几何结构影响刀具的切削性能，一般用刀具的几何角度来表征，它是刀具设计、制造和测量的技术依据。刀具的各切削刃和表面需要在静止坐标系中进行标注，通过相关的静止参考系来定义。

在确定刀具的静止参考系之前，需要两个假定条件：

（1）假定的运动条件：给出刀具假定主运动和假定进给运动的方向，而不考虑进给运动的大小。

（2）假定安装条件：刀具安装基准面垂直于主运动方向，刀具刀尖与工件中心轴线等高。

如图 1-4 所示，对于一把外圆车刀，可以定义标注角度的相关参考平面。

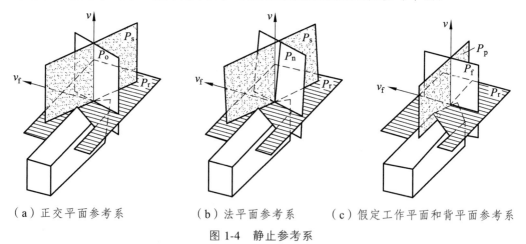

（a）正交平面参考系　　　（b）法平面参考系　　　（c）假定工作平面和背平面参考系

图 1-4　静止参考系

（1）基面（P_r）：通过切削刃上选定点，并垂直于该点切削主运动速度方向的平面。通常基面平行或垂直于便于制造、刃磨或测量的安装定位面或通过刀具轴线的平面。例如，普通车刀、刨刀的基面平行于刀具的安装定位面；铣刀、麻花钻等旋转类刀具的基面为过切削刃上选定点的刀具轴向剖面。

（2）切削平面（P_s）：通过切削刃上选定点，与切削刃相切并垂直于基面的平面。如果切削刃是直线（如外圆车刀），切削平面通过切削刃；如果切削刃是曲线刃，切削平面和切削刃相切。

（3）正交平面（P_o）：通过切削刃上选定点，同时垂直于基面和切削平面的平面。

如图 1-4（a）所示，基面、切削平面和正交平面是相互垂直的，它们组成了一个正交平面参考系。

（4）法平面（P_n）：通过切削刃上选定点，垂直于切削刃切线的平面。如果切削刃是直线，法平面直接垂直于切削刃。

如图 1-4（b）所示，基面、切削平面和法平面组成了一个法平面参考系，法平面参考系的三个参考平面不构成正交坐标系。

（5）假定工作平面（P_f）：通过切削刃上选定点，垂直于基面，同时平行于进给运动方向的平面。

（6）背平面（P_p）：通过切削刃上选定点，垂直于基面，同时垂直于进给运动方向的平面。

如图 1-4（c）所示，基面、假定工作平面和背平面组成了一个正交参考系。

1.2.3 刀具的标注角度

1. 正交平面参考系中的标注角度

正交平面参考系由基面、切削平面和正交平面组成。如图 1-5 所示为针对切削刃上选定点，在正交平面参考系内进行刀具角度标注的示意图。

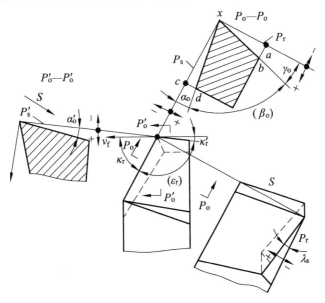

图 1-5　正交平面参考系内的标注角度

首先，在正交平面内标注的刀具角度有：

（1）前角（γ_o）：前面和基面的夹角。前角表示前面相对基面的倾斜程度，有正负之分；前面在基面之上为负值，前面在基面之下为正值，前面和基面重合，前角为 0°。前角越大，刀具越锋利，切削力越小，但同时刀刃部分强度降低，刀刃部分散热体积减小，散热性能下降。

（2）后角（α_o）：后面和切削平面的夹角。后角表示后面相对切削平面的倾斜程度，有正负之分；后面在切削平面之外为负值，后面在切削平面之内为正值，后角一般为正值，不允许为负值。后角使后面和过渡表面之间的摩擦及挤压降低，但如果后角过大，将使刀刃强度降低。

（3）楔角（β_o）：前面和后面的夹角。由前述定义可知：

$$\gamma_o + \alpha_o + \beta_o = 90° \tag{1-6}$$

所以，楔角是一个派生角度。

其次，在基面内标注的角度有：

（4）主偏角（κ_r）：主切削刃在基面的投影和进给方向的夹角。主偏角的大小能够改变不同方向切削分力的大小，并改变公称切削厚度和公称切削宽度的值。

（5）副偏角（κ_r'）：副切削刃在基面的投影和进给方向的夹角。副偏角的大小影响已加工表面的粗糙度值以及副后面与工件之间的摩擦。

主偏角和副偏角分别表示主切削刃和副切削刃相对切削进给方向偏移的夹角。

（6）刀尖角（ε_r）：主切削刃和副切削刃在基面投影的夹角。主偏角、副偏角和刀尖角之间有如下关系：

$$\kappa_r + \kappa_r' + \varepsilon_r = 180° \tag{1-7}$$

（7）余偏角（φ_r）：主切削刃在基面的投影和假定切深方向的夹角。余偏角和主偏角之间有如下关系：

$$\kappa_r + \varphi_r = 90° \tag{1-8}$$

所以刀尖角和余偏角不是标注刀具的基本角度，是派生角度。

在切削平面内标注的角度是刃倾角。

（8）刃倾角（λ_s）：切削刃选定点的切线与基面的夹角。刃倾角表示切削刃相对基面的倾斜程度，有正负之分；当刀尖是切削刃最低点时为负值，反之为正值。刃倾角影响切屑的流向以及抵抗切削冲击的能力。

另外，为了表征副后面的倾斜程度，类似于在主切削刃上建立正交平面参考系的方法，在副切削刃上选定点，建立副切削刃的正交平面参考系（P_r'，P_s'，P_o'），在副切削刃的正交平面内标注副后角 α_o' 以表征副后面的倾斜程度。

（9）副后角（α_o'）：在副切削刃选定点的正交平面内，副后面和切削平面的夹角。

综上所述，一把外圆车刀的标注角度有 6 个，即主切削刃上的 4 个角度（前角 γ_o、后角 α_o、主偏角 κ_r 和刃倾角 λ_s）以及副切削刃上的两个角度（副偏角 κ_r' 和副后角 α_o'）。

2. 法平面参考系中的标注角度

法平面参考系由基面、切削平面和法平面组成。如图 1-6 所示为针对切削刃上选定点，在法平面参考系内进行刀具角度标注的示意图。

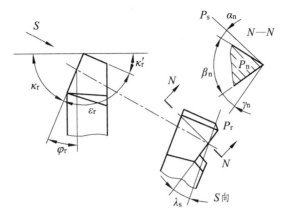

图 1-6 法平面参考系内的标注角度

法平面坐标系和正交平面坐标系的区别仅仅在于用法平面代替了正交平面进行刀具角度标注，在法平面内的角度有法前角 γ_n、法后角 α_n 和法楔角 β_n。其他角度的定义与正交平面参考系内的定义完全一样。

（1）法前角（γ_n）：在法平面内标注的前面和基面的夹角。

（2）法后角（α_n）：在法平面内标注的后面和切削平面的夹角。

（3）法楔角（β_n）：在法平面内标注的前面和后面的夹角。

3. 假定工作平面和背平面参考系中的标注角度

假定工作平面和背平面参考系是由假定工作平面、背平面和基面组成的正交参考系。在假定工作平面和背平面参考系中，标注的角度有侧前角 γ_f、侧后角 α_f、侧楔角 β_f 以及背前角 γ_p、背后角 α_p、背楔角 β_p，如图 1-7 所示。

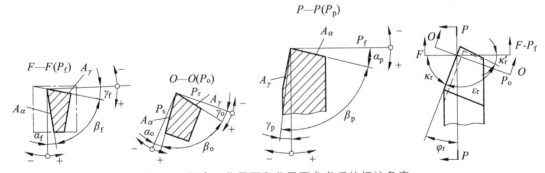

图 1-7 假定工作平面和背平面参考系的标注角度

（1）侧前角（γ_f）：在假定工作平面内标注的前面和基面的夹角。

（2）侧后角（α_f）：在假定工作平面内标注的后面和切削平面的夹角。

（3）侧楔角（β_f）：在假定工作平面内标注的前面和后面的夹角。

同理，侧前角、侧后角和侧楔角的角度之和等于 90°。

（4）背前角（γ_p）：在背平面内标注的前面和基面的夹角。

（5）背后角（α_p）：在背平面内标注的后面和切削平面的夹角。

（6）背楔角（β_p）：在背平面内标注的前面和后面的夹角。

同理，背前角、背后角和背楔角的角度之和等于 90°。

1.3 刀具角度的换算

在刀具设计或检验时，需要对不同参考系的标注角度进行换算。为了进行不同参考平面刀具角度的换算，建立如图 1-8 所示的参考平面。

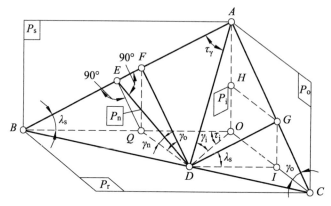

图 1-8 车刀头部参考平面和标注角度

1.3.1 正交平面与法平面之间角度的换算

在标注了正交平面前角 γ_o 的基础上，为了计算法平面内的前角，在图 1-8 中，线段 AB 代表刀具的主切削刃，A 点代表刀尖，$\triangle ABC$ 代表刀具的前面，建立三个互相垂直的平面：P_s 代表切削平面，P_r 代表切削刃上任一点的基面的平行平面，P_o 代表正交平面的平行平面。

在 F 点，直角 $\triangle FQD$ 是 F 点的正交平面，直角 $\triangle EQD$ 是主切削刃上过 E 点的法平面。由于是直线刃，E 点的前角 γ_o 和 F 点的前角 γ_o 以及 E 点的法前角 γ_n 和 F 点的法前角 γ_n 是分别相等的。

在直角 $\triangle FQD$ 中，$\angle FDQ$ 代表 F 点的前角 γ_o；在直角 $\triangle EQD$ 中，$\angle EDQ$ 代表 E 点的法前角 γ_n。$\triangle FQE$ 也是直角三角形，并且是与直角 $\triangle ABO$ 相似的三角形。在直角 $\triangle ABO$ 中，$\angle ABO$ 是刃倾角 λ_s，所以 $\angle FQE$ 也是刃倾角 λ_s。在三个直角三角形中：

$$\tan\gamma_o = \frac{FQ}{QD} \qquad\qquad (1\text{-}9)$$

$$\tan\gamma_n = \frac{EQ}{QD} \qquad\qquad (1\text{-}10)$$

$$\cos\lambda_s = \frac{EQ}{FQ} \qquad\qquad (1\text{-}11)$$

所以

$$\tan\gamma_n = \tan\gamma_o \cos\lambda_s \qquad\qquad (1\text{-}12)$$

同理，针对图 1-8，把 $\triangle ABC$ 换成后面，$\angle DFQ$ 代表 F 点的后角 α_o，$\angle DEQ$ 代表 E 点的法后角 α_n，则

$$\cot \alpha_o = \frac{FQ}{QD} \tag{1-13}$$

$$\cot \alpha_n = \frac{EQ}{QD} \tag{1-14}$$

所以

$$\cot \alpha_n = \cot \alpha_o \cos \lambda_s \tag{1-15}$$

1.3.2 在垂直于基面的任意平面内角度之间的换算

在图 1-8 中，$\triangle ADO$ 是过刀尖点，垂直于基面 P_r，与切削平面 P_s 成角度 τ_i 的任意平面 P_i。如果把 $\triangle ABC$ 代表前面，$\angle ADO$ 代表该平面的前角 γ_i。

$$\tan \gamma_i = \frac{AO}{DO} = \frac{AH + HO}{DO} \tag{1-16}$$

$$AH = HG \tan \gamma_o = OI \tan \gamma_o \tag{1-17}$$

$$HO = GI = DI \tan \lambda_s \tag{1-18}$$

所以

$$\tan \gamma_i = \frac{OI \, \text{tgan} \gamma_o + DI \tan \lambda_s}{DO} \tag{1-19}$$

又因为

$$\frac{OI}{DO} = \sin \tau_i \tag{1-20}$$

$$\frac{DI}{DO} = \cos \tau_i \tag{1-21}$$

所以

$$\tan \gamma_i = \tan \gamma_o \sin \tau_i + \tan \lambda_s \cos \tau_i \tag{1-22}$$

同理，如果把 $\triangle ABC$ 当作后面，$\angle OAD$ 代表该平面的后角 α_i，可以得到：

$$\cot \alpha_i = \cot \alpha_o \sin \tau_i + \tan \lambda_s \cos \tau_i \tag{1-23}$$

如果主、副切削刃在同一个平面型的前面上，利用式（1-22）可以求得副切削刃上的副前角和副刃倾角。设刀尖角为 ε_r，则当 $\tau_i = \varepsilon_r - 90°$ 时，由式（1-22）得

$$\tan \gamma_o' = -\tan \gamma_o \cos \varepsilon_r + \tan \lambda_s \sin \varepsilon_r \tag{1-24}$$

当 $\tau_i = \varepsilon_r$ 时，由式（1-22）得

$$\tan \lambda_s' = \tan \gamma_o \sin \varepsilon_r + \tan \lambda_s \cos \varepsilon_r \tag{1-25}$$

1.3.3　在假定工作平面和背平面内角度之间的换算

外圆车刀假定工作平面和背平面内的前后角的换算，可以参考图 1-9 利用式（1-22）和式（1-23）进行计算。

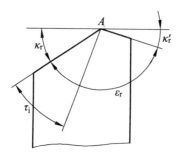

图 1-9　基面内的投影角

当取 $\tau_i = 180° - \kappa_r$ 时，可以得到假定工作平面内的侧前角 γ_f 和侧后角 α_f：

$$\tan\gamma_f = \tan\gamma_o \sin\kappa_r - \tan\lambda_s \cos\kappa_r \tag{1-26}$$

$$\cot\alpha_f = \cot\alpha_o \sin\kappa_r - \tan\lambda_s \cos\kappa_r \tag{1-27}$$

当取 $\tau_i = 90° - \kappa_r$ 时，可以得到背平面内的背前角 γ_p 和背后角 α_p：

$$\tan\gamma_p = \tan\gamma_o \cos\kappa_r + \tan\lambda_s \sin\kappa_r \tag{1-28}$$

$$\cot\alpha_p = \cot\alpha_o \cos\kappa_r + \tan\lambda_s \sin\kappa_r \tag{1-29}$$

综上，还可以得到：

$$\tan\gamma_o = \tan\gamma_p \cos\kappa_r + \tan\gamma_f \sin\kappa_r \tag{1-30}$$

$$\tan\alpha_o = \cot\gamma_p \cos\kappa_r + \cot\gamma_f \sin\kappa_r \tag{1-31}$$

1.4　刀具工作角度的换算

刀具的标注角度，是在特定安装条件且忽略进给运动影响的前提下，在静止参考系下标注的刀具角度。刀具在工作状态下的切削角度，即刀具的工作角度，是在考虑进给运动和主运动合成切削运动速度以及刀具安装条件的情况下，在刀具工作参考系下的角度。

1.4.1　进给运动对工作角度的影响

当考虑进给速度的影响时，刀具合成切削速度的方向不同于主运动的方向，所以工作基面也偏离静止参考系的基面，从而导致工作角度和标注角度产生差异。

1. 横向进给运动对工作角度的影响

如图 1-10 所示，静止参考系中的基面 P_r 和切削主运动垂直，切削平面 P_s 通过切削刃选定点并和圆周相切，正交平面内的标注前角和后角为 γ_o 和 α_o。在切削过程中，由于存在横向进给速度，切削刃上选定点相对于工件的运动轨迹就成了阿基米德螺旋线，合成切削运动速度方向相对于主运动速度方向倾斜了一个角度 μ，工作基面 P_{re} 和工作切削平面 P_{se} 相对于静止坐标系的基面和切削平面都倾斜了一个角度 μ，工作正交平面和静止坐标系的正交平面重合。工作前角 γ_{oe} 和工作后角 α_{oe} 分别为

$$\gamma_{oe} = \gamma_o + \mu \tag{1-32}$$

$$\alpha_{oe} = \alpha_o - \mu \tag{1-33}$$

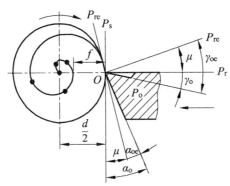

图 1-10 横向进给运动对工作角度的影响

由图 1-10 可知

$$\tan\mu = \frac{d\rho}{\rho d\theta} \tag{1-34}$$

式中，ρ 为切削过程中变化着的工件半径；θ 为工件转过的角度。

工件每转一周，刀具横向移动一个进给量 f；工件转过 $d\theta$ 角度时，刀具横向移动 $d\rho$，所以：

$$\frac{d\rho}{d\theta} = \frac{f}{2\pi} \tag{1-35}$$

则

$$\tan\mu = \frac{d\rho}{\rho d\theta} = \frac{f}{2\pi\rho} \tag{1-36}$$

由式（1-34）可知，切削刃越靠近工件中心，工件半径 ρ 越小，μ 越大，工作前角 γ_{oe} 越大，而工作后角 α_{oe} 越小，甚至变为负值。

2. 纵向进给运动对工作角度的影响

如图 1-11 所示，纵向进给时，合成切削速度在纵向发生倾斜，工作基面 P_{re} 和切削平面 P_{se} 发生倾斜，倾斜角 μ_f 为

$$\tan\mu_f = \frac{f}{\pi d_w} \tag{1-37}$$

式中，d_w 为工件的直径。

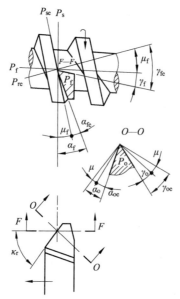

图 1-11　纵向进给运动对螺纹车刀工作角度的影响

在假定工作平面内：

$$\gamma_{fe} = \gamma_f + \mu_f \qquad (1\text{-}38)$$

$$\alpha_{fe} = \alpha_f - \mu_f \qquad (1\text{-}39)$$

由于纵向进给速度对背平面内的前角和后角影响较小，可以认为 $\gamma_{pe} \approx \gamma_p$ 和 $\alpha_{pe} \approx \alpha_p$，根据式（1-30）和式（1-31），可以得到正交平面内的工作角度：

$$\tan\gamma_{oe} = \tan\gamma_p\cos\kappa_r + \tan(\gamma_f + \mu_f)\sin\kappa_r \qquad (1\text{-}40)$$

$$\tan\alpha_{oe} = \cot\gamma_p\cos\kappa_r + \tan(\gamma_f + \mu_f)\sin\kappa_r \qquad (1\text{-}41)$$

1.4.2　刀具安装对工作角度的影响

1. 参考点高于或低于工件中心

如图 1-12（a）所示，当刀具参考点高于工件中心线时，在正交平面内的工作前角增大，为 $\gamma_{oe} = \gamma_o + \theta$，工作后角减小，为 $\alpha_{oe} = \alpha_o - \theta$。

$$\sin\theta = \frac{h}{d_w / 2} \qquad (1\text{-}42)$$

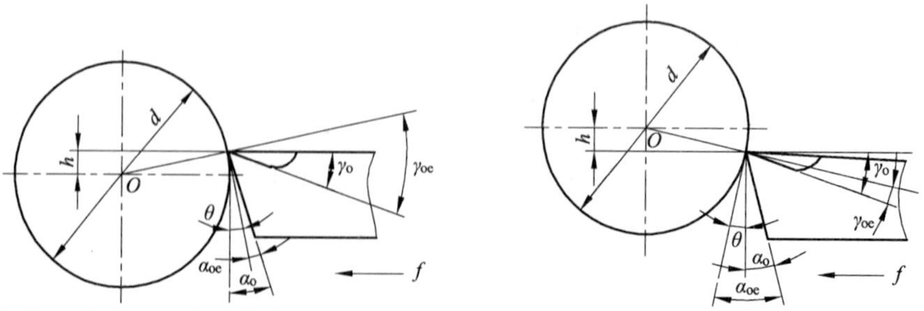

（a）刀尖高于工件回转中心　　　　　（b）刀尖低于工件回转中心

图 1-12　刀尖安装高度对工作角度的影响

如图 1-12（b）所示，当刀具参考点高于工件中心线时，θ 前的符号相反，工作前角变小，工作后角增大。

2. 刀杆与进给方向不垂直

车刀的刀杆与进给方向不垂直，将影响工作主偏角 κ_{re} 和副偏角 κ'_{re} 的大小。如图 1-13 所示，刀杆右偏，使主偏角增大，副偏角减小。

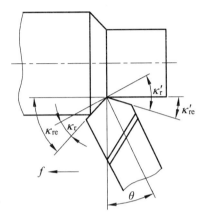

图 1-13　刀杆中心线和进给方向不垂直

$$\kappa_{re} = \kappa_r + \theta \qquad (1\text{-}43)$$

$$\kappa'_{re} = \kappa'_r - \theta \qquad (1\text{-}44)$$

如果刀杆左偏，θ 前面的符号反向。

1.5　切削层参数与切削方式

1.5.1　切削层参数

在纵车外圆时，如果 $\lambda_s = 0°$ 且 $\kappa_r \neq 0°$，主切削刃的运动轨迹为阿基米德螺旋面，工件每转一周，车刀沿工件轴线移动一个进给量。如图 1-14（a）所示，刀具移动一个进给量 f，切削刃从过渡表面 BC 的位置移动到相邻的过渡表面 AD 的位置，BC 和 AD 之间的一层金属受到主切削刃的挤压，通过塑性变形成为切屑，这一层金属称为切削层。切削层的大小和形状对切削力和切屑形状起着重要作用。

1. 切削层公称厚度 h_D

如图 1-14（a）所示，刀具每移动一个进给量 f，主切削刃两相邻位置之间的垂直距离，或垂直于过渡表面测量的切削层尺寸，称为切削层公称厚度，用 h_D 表示。用 $\lambda_s = 0°$ 的外圆车刀纵车外圆时的切削层公称厚度为

$$h_D = f \cdot \sin\kappa_r \quad (mm) \qquad (1\text{-}45)$$

如图 1-14（b）所示，当主切削刃是曲线时，主切削刃处各点的公称切削厚度 h_D 是变化的。

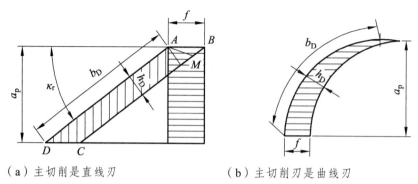

（a）主切削是直线刃　　　　　　（b）主切削刃是曲线刃

图 1-14　车刀纵向进给时的切削参数

2. 切削层公称宽度 b_D

切削层公称宽度等于主切削刃的工作长度在基面上的投影长度，用 b_D 表示。用 $\lambda_s = 0°$ 的外圆车刀纵车外圆时的切削层公称宽度为

$$b_D = a_p/\sin\kappa_r \quad (\text{mm}) \tag{1-46}$$

如图 1-14（b）所示，当主切削刃是曲线时，主切削刃在基面上的投影是曲线，切削层的公称宽度是投影曲线的长度。

3. 切削层公称横截面面积 A_D

切削层的公称横截面面积是指主切削刃在移动一个进给量的范围内，主切削刃在基面上的工作长度扫过的面积。

$$A_D = h_D \cdot b_D = f \cdot a_p \quad (\text{mm}^2) \tag{1-47}$$

1.5.2　切削方式

1. 自由切削和非自由切削

刀具在切削过程中，如果只有一条直线切削刃参加切削工作，这种情况就称为自由切削。自由切削的主要特征是切削刃上各点的切屑流出方向大致相同。如图 1-15 所示的宽刃刨刀切削，由于切削刃长度大于工件宽度，没有其他切削刃参加切削，且切削刃上各点切屑流出方向都沿着切削刃的法线方向，所以是自由切削。

反之，如果刀具的切削刃是曲线，或者有多条切削刃（包括主切削刃和副切削刃）同时参与切削，就是非自由切削。如外圆车削和端面车削，由于有主副切削刃同时切削，所以是非自由切削；又如侧铣，由于是螺旋刃切削，所以也是非自由切削。非自由切削的特点是各切削刃交接处切下的金属互相影响和干扰，切屑变形复杂。为了简化切削研究工作，一般采用自由切削研究切削变形中的各种现象。

2. 直角切削和斜角切削

直角切削是指刀具主切削刃的刃倾角 $\lambda_s = 0°$ 时的切削方式，此时主切削刃和切削速度方向垂直，所以又称为正交切削，如图 1-15（a）所示。

斜角切削是指刀具主切削刃的刃倾角 $\lambda_s \neq 0°$ 时的切削方式，此时主切削刃和切削速度方向不垂直，如图 1-15（b）所示。

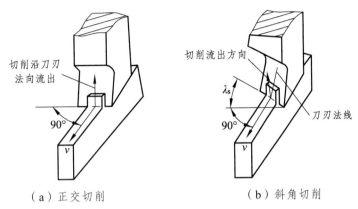

（a）正交切削 　　　　　　　　（b）斜角切削

图 1-15　直角切削和斜角切削

实际切削加工过程中的切削方式大都是非自由切削的斜角切削，但在金属切削理论和实验研究工作中，一般理想化为自由的正交切削方式。

1.6　刀具材料

1.6.1　刀具材料应具备的性能

金属切削加工的工件材料主要是钢材、铸铁和其他难加工材料。切削时，刀具切削部分不仅要承受很大的切削力，而且要承受切屑变形和摩擦所产生的高温。要使刀具能在这种条件下工作而不致很快磨损或损坏，保持其切削能力，就必须使刀具材料具有如下性能。

1. 高硬度

一般情况下，刀具材料在室温下应该具有 60 HRC 以上的硬度，同时刀具材料硬度必须比工件材料大 5 HRC。刀具材料的硬度越高，其耐磨性越好，但冲击韧性会降低。所以要求刀具材料在保证有足够的强度与韧性的条件下，尽可能保持高的硬度与耐磨性。

2. 高耐磨性

在金属切削过程中，刀具要经受剧烈摩擦，这将导致刀具磨损，影响刀具的耐用度。刀具材料的耐磨性不仅与其硬度有关，还与它的化学成分及显微组织有关。工具钢中的含碳量越高，其耐磨性越高，但抗弯强度和韧性降低。工具钢的硬度基本相同，但其耐磨性差异较大，合金工具钢中的合金碳化物分布在马氏体基体上，比单一的马氏体组织具有较高的耐磨性。硬质合金中的碳化物（如碳化钨）含量增加，其耐磨性也相应增加。

3. 足够的强度和韧性

刀具材料在工作时要承受很大的压力，同时也要承受很大的冲击和振动，为了防止刀具崩刃或折断，刀具材料必须具备足够的强度和韧性。一般用刀具的抗弯强度和冲击韧性来衡量刀具材料的强度和韧性。

4. 高耐热性

刀具的耐热性也称为红硬性，是衡量刀具材料切削性能优劣的主要指标，它指刀具材料在高温下保持其硬度、强度、韧性和耐磨性的能力。

工具钢的耐热性的高低与回火稳定性有关。碳素工具钢的耐热性最低，能维持切削性能的最高温度仅为 200～300 ℃。合金工具钢与高速钢中加入了能提高回火稳定性的合金元素，可以大大提高耐热性，能维持切削性能的温度分别提高到 300～400 ℃和 500～600 ℃。硬质合金的主要成分是难熔的金属碳化物，所以其耐热性很高，在 800～1 000 ℃的高温下还能够进行正常切削。

刀具的耐热性越好，其允许的切削速度越高。

5. 良好的耐热冲击性能

在切削加工过程中，刀具的升温和降温速度都很快，特别是在断续切削（如铣削）或有冷却的情况下，刀具有很大的温度梯度和温变速度，在这种条件下，容易产生较大的热应力，从而形成裂纹，加速刀具的磨损。

6. 良好的工艺性能和经济性

刀具材料除了应具备上述基本性能外，还应具备良好的工艺性能，包括制造刀具过程中的切削加工、刃磨、焊接和热处理等性能。工具钢的工艺性较好，不仅能进行切削加工，而且其磨削加工和焊接性能均较好。硬质合金由于硬度高、脆性大、热膨胀系数低，在焊接和磨削时容易产生裂纹，影响刀具的性能。陶瓷刀具的硬度更高且性质更脆，工艺性更差。有些刀具材料如高钒高速钢、含碳化钛较高的钨钴钛类硬质合金，其切削性能良好，但由于其工艺性能差，限制了它们的使用范围。

经济性也是选用刀具材料时要考虑的重要因素，影响着刀具材料成本和加工成本。刀具材料的经济性可以用分摊到每一个工件加工的成本来衡量，如有的刀具材料虽然成本很贵，但耐磨性好，刀具寿命长，实际分摊到每个零件上的成本较低，其经济性较好。

刀具材料种类很多，但目前还很难找到一种能完全满足上述全部性能要求的刀具材料。耐热性、耐磨性高的材料，其强度、冲击韧性和工艺性往往较差，反之亦然。

1.6.2 碳素工具钢及合金工具钢

碳素工具钢是最早使用的刀具材料。常用的牌号有:T8A、T10A 和 T12A,为含碳量 0.8%～1.3%的优质高碳钢。经热处理后要求其常温硬度高于 64 HRC,其耐热性很差,切削温度高于 200 ℃时,硬度就大大降低,以致失去切削能力。当其硬度下降到与工件硬度相近时,刀具即不能进行切削。故碳素工具钢允许的切削速度一般低于 10 m/min。碳素工具钢一般制造手用的刀具，如锉刀、手用锯条、丝锥和板牙等。

合金工具钢是在碳素工具钢的基础上，加入适量的合金元素，如 Cr、Si、W、Mn 等，以改善热处理性能，但其他性能没有多大改善。常用的合金工具钢牌号有：9SiCr 和 CrWMn。它们也只适用于作低速切削刀具，如形状较复杂、要求热处理变形小的拉刀以及尺寸较大的丝锥和板牙等。

1.6.3　高速钢

高速钢是一种加入较多 W、Cr、V 和 Mo 等合金元素的高合金工具钢。它具有较高的耐热性，切削温度在 500 ~ 650 ℃时尚能进行切削。允许的切削速度比碳素工具钢和合金工具钢提高 1 ~ 3 倍，所以称为高速钢。高速钢还具有高的强度和冲击韧性，刃磨时能获得锋利的刀口，故又有"锋钢"之称。

按用途不同，高速钢可分为通用型高速钢和高性能高速钢。按制造工艺方法不同，高速钢又可分为熔炼高速钢和粉末冶金高速钢。

1. 通用型高速钢

按化学成分不同，通用型高速钢可分为钨系和钨钼系两类。

1）钨系高速钢

钨系高速钢的典型牌号是 W18Cr4V（简称 W18）。它含 W18%、Cr4%、V1%，具有较好的综合性能，在 600 ℃时硬度为 48.5 HRC，可用于制造各种复杂刀具，如拉刀、螺纹铣刀、各种齿轮刀具及麻花钻。

2）钨钼系高速钢

钨钼系高速钢的典型牌号是 W6Mo5Cr4V2（简称 M2）。它含 W6%、Mo5%、Cr4%、V2%。这种高速钢以钼取代一部分钨，其碳化物细小，分布均匀，故抗弯强度和冲击韧性均高于 W18Cr4V。由于钼的存在，M2 钢的热塑性特别好，因此常用于轧制或扭制麻花钻；还可用于尺寸较大、受冲击力较大的刀具。

2. 高性能高速钢

高性能高速钢是在通用型高速钢中加入一些其他合金元素（如钴、铝等），以提高其耐热性和耐磨性的钢种。这类高速钢可以填补通用型高速钢和硬质合金之间在切削速度上的空白（50 ~ 100 m/min）。这类高速钢主要用于加工奥氏体不锈钢、耐热钢、钛合金、高强度钢等难加工材料，生产率与刀具耐用度比通用型高速钢高。该类高速钢的种类很多，下面主要介绍两种超硬（67 ~ 70 HRC）高速钢。

1）W2Mo9Cr4VCo8（M42）

这是一种应用最广的含钴的超硬高速钢，常温硬度为 67 ~ 70 HRC，600 ℃时为 55 HRC。它的综合性能良好，允许的切削速度较高，由于含钒量不高，刃磨不算困难。它还有导热性好的特点，特别适用于加工导热性差、强度高的高温合金、奥氏体不锈钢等难加工材料。M42 虽然切削性能好，但含钴量高，因我国钴主要靠进口，不适合国情，故应节约使用。

2）W6Mo5Cr4V2Al（501 钢）

这是一种我国独创的含铝不含钴的超硬高速钢，它是在高碳 W6Mo5Cr4V2 钢中加入

11% Al 制成的。其常温硬度为 67 ~ 69 HRC，600 ℃时仍保持 54 ~ 55 HRC，综合性能赶上 M42 超硬高速钢的水平，抗弯强度略高于 M42，具有优良的切削性能。在加工 30 ~ 40 HRC 的调质钢时，刀具耐用度较通用型高速钢提高 3 ~ 4 倍，在多数场合，其切削性能与 M42 相当。501 钢立足于我国资源，与 M42 相比较，成本较低。

501 钢的缺点是过热敏感性较强，因此要求正确掌握其热处理工艺。

3. 粉末冶金高速钢

碳化物偏析是影响熔炼高速钢制造质量的主要原因之一，采用粉末冶金法可完全消除碳化物偏析，以提高刀具质量。粉末冶金法的基本原理：应用高压惰性气体（如氩气或纯氮气）将熔融的钢液雾化成粉末，然后将粉末在高温（1 100 ℃以下）高压（100 ~ 150 MPa）下烧结制成刀坯或制成钢坯后再轧制（或锻造）成材。粉末冶金高速钢完全避免了铸锭时产生的碳化物偏析，得到细小均匀的结晶组织（晶粒尺寸小于 2 μm），可以提高钢的硬度、强度和冲击韧性，减小热处理变形，并改善了磨削性能。

粉末冶金高速钢可用于制造精密复杂刀具、断续切削刀具，用于加工调质钢、高速钢、不锈钢等，切削速度略高于通用型高速钢。目前，粉末冶金高速钢成本较高，但今后可能成为制造断续切削刀具的主要材料。

1.6.4 硬质合金

硬质合金是由高硬度、高熔点的金属碳化物（WC、TiC、NbC、TaC 等）粉末和熔点较低的金属（Co 或 Ni 等）粉末作黏结剂经粉末冶金方法制成的。

由于硬质合金成分中高硬度、高熔点的金属碳比物含量高，故其硬度、耐热性和耐磨性都高于高速钢。硬质合金的常温硬度为 89 ~ 94 HRA（74 ~ 82 HRC），耐热温度可达 1 000 ℃，因此允许的切削速度远高于高速钢。在耐用度相同时，切削速度可提高 1 ~ 10 倍。由于其切削性能优良，目前硬质合金已成为主要的刀具材料之一。硬质合金刀具还可以加工淬火钢、白口铸铁等硬质材料。

但是硬质合金的抗弯强度较低，一般为 0.9 ~ 1.47 GPa，比高速钢的抗弯强度低得多。因此抵抗切削振动和冲击负荷能力较差，制造相对困难，在复杂结构的刀具上使用时，还受到一定的限制，目前国内外都已研制出多种新型硬质合金，其性能不断得到改善。

1. K 类硬质合金

K 类硬质合金也称钨钴类硬质合金，国内代号为 YG，相当于 ISO 的 K 类，它由 WC 和 Co 组成。我国生产的常用牌号有：YG3、YG3X、YG6、YG6X、YG8 等。牌号中的数字为 Co 含量的百分数，"X"代表细晶粒组织，无"X"为中晶粒，含钴量少的硬度高，耐热、耐磨性好，但脆性增加。反之，抗弯强度和冲击韧性高。

这类硬质合金主要用于加工硬、脆的铸铁，有色金属和非金属材料，一般不宜加工钢，因为切削钢时切削温度比较高，容易产生黏结与扩散磨损，而使刀具迅速磨损失效。但细晶粒组织的这类硬质合金可用于加工一些特殊硬铸铁、奥氏体不锈钢、耐热合金、钛合金、硬青铜、硬的和耐磨的绝缘材料等。

含钴量低的牌号适用于无冲击的精加工；含钴量高的抗弯强度和冲击韧性高，适用于粗加工。

2. P 类硬质合金

P 类硬质合金也称钨钴钛类硬质合金，国内代号为 YT，相当于 ISO 中的 P 类。这类硬质合金的硬质相除 WC 外，还含有 5% ~ 30% 的 TiC。常用牌号有：YT5、YT14、YT15、YT30 等，数字 5、14、15、30 等为 TiC 含量的百分数。硬质合金成分中若 TiC 含量提高和 Co 含量降低，则硬度和耐磨性提高，抗弯强度降低。与 YG 类合金相比，YT 类合金的硬度、耐热、耐磨性较高，但也更脆。

YT 类硬质合金主要用于加工钢料，粗加工要选用含 Co 量高或含 TiC 量低的有一定冲击韧性的牌号；无冲击的精加工，可选用 TiC 含量高、硬度高、耐磨性好的牌号。

3. M 类硬质合金

M 类硬质合金的代号为 YW，相当于 ISO 中的 M 类。它是在上述两类硬质合金中加入一定数量的 TaC 或 NbC，以提高其抗弯强度、疲劳强度和冲击韧性，以及高温硬度、高温强度、抗氧化能力和耐磨性。常用牌号有：YW1、YW2 等。

该类硬质合金既可用于加工铸铁、有色金属，也可用于加工钢，因此称为通用硬质合金。硬质合金若含钴量高，则强度和冲击韧度高，可用于粗加工和断续切削；若含钴量低，则耐磨性、耐热性好，可用于半精加工和精加工。

4. TiC 基硬质合金

这类硬质合金以 TiC 为主要成分，用 Ni 和 Mo 作黏结剂，代号为 YN，也相当于 ISO 中的 P 类。常用牌号有：YN05、YN10 等。由于 TiC 的硬度高，因此这类硬质合金的硬度高于 WC 基硬质合金，具有很高的耐磨性和抗月牙洼磨损能力；同时还有化学稳定性好，与工件材料亲和力小，耐热性和抗氧化能力较高，摩擦系数较小，抗黏结能力较强等特点，但冲击韧性较差。目前，TiC 基硬质合金主要用于钢料连续表面的精加工和半精加工，在大尺寸零件的精加工中效果更为显著。

表 1-1 列出了不同牌号硬质合金的性能与应用范围。

表 1-1　硬质合金的性能和应用范围

牌　号	性　能	应　用
YG3X	在 YG 类硬质合金中耐磨性能最好，但冲击韧性较差	适合加工铸铁、有色金属及其合金的精镗、精车等，也可以用于合金钢、淬火钢及钨、钼材料的精加工
YG6	耐磨性较高，但低于 YG6X，韧性高于 YG6X，可使用较 YG8 高的切削速度	适合铸铁、有色金属及其合金、非金属材料连续切削的粗车，断续切削的半精车和精车，粗车螺纹、旋风车螺纹，连续表面的半精铣与精铣
YG6X	细晶粒合金，耐磨性比 YG6 好，使用强度接近 YG6	适合冷硬铸铁、合金铸铁、耐热钢、普通铸铁的精加工，制造仪器仪表工业的小型刀具

牌 号	性 能	应 用
YG6A	细晶粒合金，耐磨性与使用强度与 YG6X 相似	适合硬铸铁、球墨铸铁、有色金属及其合金的半精加工，也适用于高锰钢、淬火钢及合金钢的半精加工和精加工
YG8	使用强度较高，抗冲击和抗振动性能较好，耐磨性和允许切削速度较低	适合铸铁、有色金属及其合金与非金属材料的加工，不平整表面和间断切削时的粗车、粗刨和粗铣，一般孔和深孔的钻孔及扩孔
YG8A	中颗粒合金，抗弯强度与 YG8 相同，硬度与 YG6 相同，高温切削时耐热性好	适合硬铸铁、球墨铸铁、白口铁及有色金属的粗加工，也适用于不锈钢的半精加工和粗加工
YG10H	超细晶粒合金，耐磨性与抗振动性能高	适合低速粗车，铣削耐热合金及钛合金，做切断刀及丝锥等
YT5	在 YT 类合金中，强度最高，抗冲击和抗振动性能最好，不易崩刃，但耐磨性较差	适合加工碳钢和合金钢，包括锻件、冲压件和铸件的表皮加工，以及不平整表面和间断切削时的粗车、粗刨、半精刨、粗铣和钻孔
YT14	使用强度高，抗冲击和抗振动性能好，比 YT5 稍差，但耐磨性及切削速度较 YT5 高	适合加工碳钢和合金钢，包括锻件、冲压件和铸件的表皮加工，以及不平整表面和间断切削时的粗车、粗刨、半精刨、粗铣和钻孔
YT15	耐磨性优于 YT14，但抗冲击性低于 YT14	适合加工碳钢和合金钢连续切削的半精车和精车，断续切削时的小断面精车，连续面的半精铣和精铣
YT30	耐磨性及切削速度较 YT15 高，强度及冲击韧性差。焊接和刃磨时极易产生裂纹	适合碳钢和合金钢的精加工，如小断面的精车、精镗和精扩等
YW1	耐热性好，能承受一定的冲击载荷，通用性好	适合耐热钢、高锰钢、不锈钢等难加工钢材的精加工，一般钢材和普通铸铁及有色金属的精加工
YW2	耐磨性稍次于 YW1，但使用强度较高，能承受较大的冲击载荷	适合耐热钢、高锰钢、不锈钢等难加工钢材的半精加工，一般钢材和普通铸铁及有色金属的半精加工
YN05	耐磨性接近于陶瓷，耐热性极好，高温抗氧化性优良，抗冲击和抗振动性能差	适合钢、铸铁和合金铸铁的高速精加工，以及工艺系统刚性好的细长件的精加工
YN10	耐磨性和耐热性较高，抗冲击和抗振动性能差，焊接和刃磨性能较 YT30 好	适合碳钢、合金钢、工具钢及淬硬钢的连续面精加工，对于较长件和表面粗糙度要求较小的工件，加工效果较好

1.6.5 超硬刀具材料

1. 陶 瓷

与硬质合金相比，陶瓷刀具材料具有更高的硬度、耐热性、耐磨性和抗氧化性。加工钢材时，陶瓷刀具的耐用度是硬质合金刀具的 10 ~ 20 倍，其耐热性比硬质合金高 2 ~ 6 倍，在 1 200 ℃时，硬度为 80 HRA，仍具有较好的切削性能。陶瓷刀具材料的化学稳定性和抗氧化能力均比硬质合金高，在高温下不易氧化，与普通钢料不易发生黏结和扩散作用；有较低的摩擦系数，可用于加工钢、铸铁，对冷硬铸铁、淬硬钢、大件高精度零件加工特别有效，不仅可用于车削，也可用于铣削。

陶瓷刀具材料的缺点是导热性差、脆性大、抗弯强度低、抗冲击性能差。对于有些材料，如铝合金、钛合金、某些耐热钢和高温合金，由于高温下两种材料间易起化学反应，陶瓷刀片会很快损坏而不能使用。

制作刀具的陶瓷按化学成分可分为以下几种：

1）高纯氧化铝陶瓷

这种陶瓷以纯 Al_2O_3 为主体，添加少量氧化物经冷压或热压烧结而成。如我国生产的 AM，成分为 $Al_2O_3$99%、MgO1%；AMF，成分为 $Al_2O_3$94%、MgO1%、Fe5%。高纯氧化铝陶瓷的抗弯强度为 0.44 ~ 0.54 GPa，硬度大于 92 HRA。

2）复合陶瓷

复合陶瓷是在 Al_2O_3 基体中添加高硬度、高熔点的 SiC 或 WC，并加入其他金属，如 Ni、Mo 等，以提高其抗弯强度。复合陶瓷又称为金属陶瓷。我国生产的复合陶瓷刀片 T1 牌号的成分为 $Al_2O_3$50% ~ 60%、TiC30% ~ 40%、Ni5%、Mo5%、MgO0.5%，其抗弯强度为 0.72 ~ 0.86 GPa，硬度为 92.5 ~ 93 HRA。AT6 牌号的成分为 $Al_2O_3$50%、TiC40%、Ni5%、Mo4.5%、MgO0.5%，其抗弯强度为 0.88 ~ 0.93 GPa，硬度为 93.5 ~ 94.5 HRA。这两种复合陶瓷刀片的抗弯强度比高纯氧化铝陶瓷有很大的提高。

3）氮化硅基陶瓷

复合氮化硅陶瓷刀片，是在 Si_3N_4 基体中添加碳化钛、氧化镁等化合物和钴热压而成的。Si_3N_4 有很高的硬度和耐磨性，其显微硬度可达 5 000 HV，仅次于金刚石和立方氮化硼。所以它具有比硬质合金和 Al_2O_3 陶瓷更好的切削性能，是一种很有发展前途的陶瓷刀具材料。如以氧化镁为添加剂的热压氮化硅陶瓷刀片（简称 SM），其硬度为 91 ~ 92 HRA，耐磨性高于硬质合金，抗弯强度为 0.736 ~ 0.83 GPa，抗冲击性能相当于 YT30，耐热性可达 1 360 ~ 1 400 ℃，还有抗氧化性能好、摩擦系数小等优点。因此，SM 刀片不仅能胜任淬火钢、冷硬铸铁等高硬度材料的半精加工及精加工，而且对铝、无氧铜以及镍基耐热合金等易形成积屑瘤的材料的精车能取得很好的效果，使加工表面粗糙度下降。

2. 立方氮化硼

立方氮化硼（CBN）的显微硬度为 8 000 ~ 9 000 HV，仅次于金刚石。立方氮化硼刀具有两种：整体聚晶立方氮化硼刀具和在硬质合金基体上烧结一层厚度约为 0.5 mm 的立方氮化硼复合刀片。

立方氮化硼的热稳定性比金刚石高很多，其耐热性可达 1 400 ~ 1 500 ℃，高于 1 370 ℃ 才开始发生相变软化。它与铁族材料的亲和作用小，因此 CBN 刀具适合淬硬钢、冷硬铸铁、高温合金的半精加工和精加工，加工精度高，表面粗糙度低，可以代替磨削，是一种大有发展前途的新型刀具材料。

3. 金刚石

这是人们已知的最硬材料，其显微硬度达到 10 000 HV。金刚石刀具有三种：天然单晶金刚石、整体人造聚晶金刚石以及在硬质合金基体上烧结一层约 0.5 mm 厚金刚石的复合刀具。天然金刚石价格昂贵，用得较少。

金刚石的特点：除硬度极高外，热导率大，导热性好；线胀系数小；耐磨性极高，能长期保持锋利的刃口。在正确使用下，金刚石车刀可工作 100 h 以上。这些性能对加工精度要求高（经济精度 IT7 ~ IT6）、表面粗糙度低于 $Ra0.16\ \mu m$ 的精密加工有着重要意义。

金刚石的缺点：比陶瓷脆，热稳定性较低，切削温度在 700 ~ 800 ℃时，其表面就会碳化，原因是金刚石为碳元素组成的立方晶体，C 与 Fe 在高温下有很强的化学亲和力，故不宜用于加工铁族材料。

金刚石车刀、镗刀主要用于有色金属，如铝合金、铜合金加工，还可用于其他硬材料，如陶瓷、硬质合金、耐磨塑料等的加工。

1.6.6　涂层刀具材料

涂层刀具是在韧性较好的硬质合金或高速钢基体上，涂覆一层耐磨性高的难熔金属化合物获得的，这是解决高温合金或高速钢硬度和冲击韧性之间矛盾的比较经济的方法，近年来发展很快。

1. 硬质合金刀具的涂层

涂层硬质合金一般采用化学气相沉积法（Chemical Vapour Deposition，CVD），即在温度 1 000 ℃左右，利用钛蒸气和碳蒸气之间的化学反应，在刀具表面上形成 TiC 的涂层。除 TiC 外，常用的涂层材料还有 TiN、Al_2O_3 等。其晶粒尺寸在 0.5 μm 以下，涂层厚度为 5 ~ 10 μm，涂层与基体必须结合坚固，没有显微裂纹，才能发挥耐磨作用。

涂层可分单涂层、双涂层和多涂层，TiC（TiN）、$TiC-Al_2O_3$、$TiC-Al_2O_3-TiN$ 分别为这三种涂层中的一例。

TiC 涂层呈灰色，硬度高，切削普通钢不易产生黏结和扩散磨损，但较脆，不耐冲击，一般用于刀具磨损严重的场合。TiN 涂层呈金黄色，硬度稍低于 TiC 涂层，与基体结合力稍差，但它与金属亲和力小，抗黏结性优于 TiC 涂层。Al_2O_3 涂层在高温下有良好的热稳定性。

双涂层，先涂 TiC，再涂 TiN 或 Al_2O_3，可较好地发挥各种涂层材料的优点。

涂层硬质合金刀具有高的耐磨性和抗月牙洼磨损能力、摩擦系数小、耐热性高及通用性好等优点，可用于各种钢和铸铁的粗加工、半精加工、精加工和高速精加工。因此，一种涂层刀片可代替几种非涂层刀片使用，使刀具管理简化。

2. 高速钢刀具的涂层

高速钢刀具的涂层采用物理气相沉积法（Physical Vapour Deposition，PVD），在适当的高真空度与 500 ℃温度环境下进行气化的钛离子与氮反应，在阳极表面上生成 TiN，其厚度由气相沉积的时间决定，一般为 2 ~ 8 μm，对刀具的尺寸精度影响不大。

涂层高速钢刀具的切削力、切削温度下降 25%左右，切削速度、进给量和刀具寿命显著提高。

但由于涂层刀片的锋利性、冲击韧度、抗剥落和抗崩刃性均不及未涂层刀片，故在小进给量切削、高硬材料切削和重载切削时，还不太适用；也不适用于切削高温合金、钛合金、有色金属及某些非金属。

随着涂层技术的发展和工艺的改进，涂层硬质合金的应用范围将进一步扩大。

思考题

1. 分析麻花钻、端铣和周铣时的主运动、进给运动、工件上的加工表面；同时分析麻花钻和铣刀的各刀面、切削刃和刀尖。

2. 什么是切削用量三要素？在外圆车削中，它们与切削层参数有什么关系？

3. 刀具标注角度参考系由哪些参考平面组成？如何定义？

4. 确定一把外圆车刀切削部分的几何形状需要哪些基本角度？如何定义？

5. 如何判定外圆车刀的前角、后角和刃倾角的正负？

6. 说明标注角度与工作角度的区别，并说明横向车削时，进给量为什么不能过大。

7. 车外圆时，已知工件转速 n=320 r/min，车刀进给速度 v_f=64 mm/min，其他条件如图 1-16 所示。试求切削速度 v、进给量 f、背吃刀量 a_p、切削层公称横截面面积 A_D、切削层公称宽度 b_D 和切削层公称厚度 h_D。

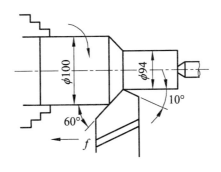

图 1-16　外圆车削

8. 图 1-17 所示分别为外圆车刀、端面车刀、镗孔刀、切槽刀，在图上标明正交平面、切削平面和基面，并标明相应的主、副切削刃及刀具几何角度。

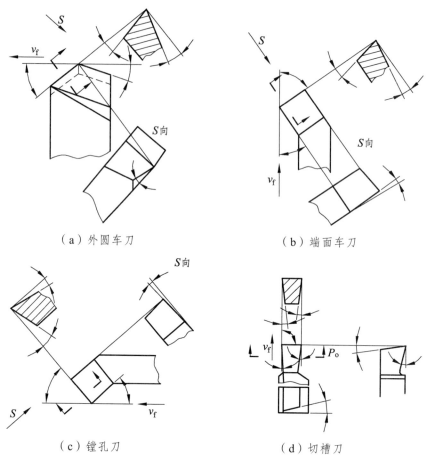

（a）外圆车刀 　　　　　　　　（b）端面车刀

（c）镗孔刀 　　　　　　　　（d）切槽刀

图 1-17　刀具角度标注

9. 刀具切削部分的材料应该具备哪些基本性能？

10. 常用的高速钢刀具材料有哪些？各有什么性能？应用在什么场合？

11. 常用的硬质合金刀具材料有哪些？各有什么性能？应用在什么场合？

12. 试说明陶瓷、立方氮化硼和金刚石刀具材料的特点及应用场合。

第 2 章　金属切削的基本理论

金属切削过程中会发生各种物理现象，如切削力、切削热和刀具磨损等，并会出现许多问题，如积屑瘤、振动、卷屑、断屑和加工表面质量问题等，这些都和金属切削层的变形有关。因此，金属切削过程中切削层变形规律的研究，对切削加工技术的发展、保证加工质量、降低生产成本和提高生产率，都有十分重要的意义。

实际生产中，虽然一般都是如图 2-1 所示的三维切削。在这种情况下，切削刃与切削方向不垂直，或主切削刃和副切削刃同时参加切削，或切削刃不是直线等。因而在切削过程中得到的是复杂的三维塑性变形。它使切削过程的研究极为困难，为此，将切削模型简化为如图 2-2 所示的二维正交切削模型进行研究。正交切削过程中，由于切削刃与切削运动方向垂直，切削宽度 b_D 与切削厚度 h_D 之比很大，因而在与切削刃垂直的工件和切屑剖面中得到的是较为简单的二维塑性变形。

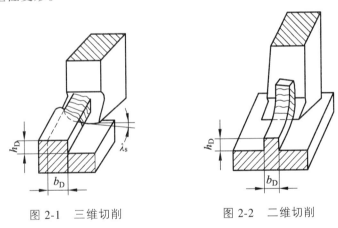

图 2-1　三维切削　　　　　图 2-2　二维切削

由于被切削的金属材料中大部分是塑性材料，所以本章主要以塑性材料为例，介绍金属的切削过程。

2.1　金属切削过程

2.1.1　切削变形区的划分

根据图 2-3 所示的二维正交切削时金属切削层变形图片，可绘制如图 2-4 所示的金属切削过程中的滑移线和流线示意图。流线即为切削金属的某一点在切削过程中流动的轨迹，根据金属流动的情况，可以把金属切削区域划分为三个变形区。

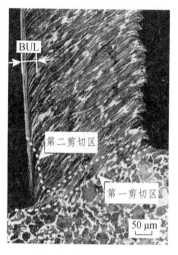

v=2 m/s；f=0.2 mm/r。

图 2-3　金属切削层变形图片

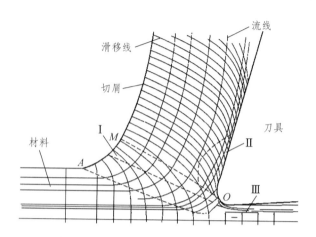

图 2-4　金属切削过程中的滑移线和流线示意图

第一变形区（Ⅰ），从 OA 线开始发生塑性变形，到 OM 线晶粒的剪切滑移基本完成，也称力剪切区。

第二变形区（Ⅱ），切屑沿前面流出时进一步受到前面的挤压和摩擦，使靠近前面处金属纤维化，其方向基本上和前面平行。

第三变形区（Ⅲ），已加工表面受到切削刃口圆弧和后面的挤压与摩擦，产生变形，造成已加工表面的纤维化与加工硬化。

这三个变形区汇集在切削刃附近，应力比较集中而且复杂，金属的被切削层就在此处分离，大部分变为切屑，小部分留在已加工表面上。因此我们研究金属切削过程，不仅要研究三个变形区的变形情况，还要研究刃前区的应力状态。

2.1.2　切屑的形成

切屑形成过程可以描述如下：当刀具和工件开始接触的最初瞬间，切削刃和前面在接触点挤压工件，使工件内部产生应力和弹性变形。随着切削运动的继续，切削刃和前面对工件材料的挤压作用加强，使工件内部的应力和变形逐渐增大，当应力达到材料的屈服极限 τ_s 时，被切削层的金属开始沿剪应力最大的方向滑移，并产生塑性变形。图 2-5 中的 OA 面代表"始滑移面"。以图中所示的切削层中点 P 为例，当 P 点到达位置 1 时，由于 OA 面上的剪应力达到材料的屈服极限，点 1 在向前移动的同时，也沿 OA 面滑移，其合成运动使点 1 运动到点 2，2′-2 就是它的滑移量。随着滑移的产生，剪应力进一步加大，当点 P 向 1、2、3 和 4 运动时，它的剪应力不断增大，当移动到点 4 的位置时，其流动的方向与前面平行，不再滑移。于是被切削层沿切削刃与工件基体分离，从而形成切屑沿前面流出。OM 代表"终滑移面"。始滑移面 OA 和终滑移面 OM 之间的区域就是第一变形区，其变形的主要特征是沿滑移面的剪切变形，以及随之产生的加工硬化。

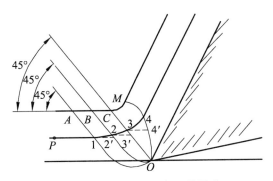

图 2-5　第一变形区金属的滑移

试验表明，第一变形区的厚度随切削速度的增大而变薄，在一般切削速度下，第一变形区的厚度仅为 0.02~0.2 mm，因此可以用一个平面 OM 来表示第一变形区，第一变形区又可以称为剪切面。剪切面 OM 与切削速度方向的夹角 ϕ 称为剪切角。根据这种假设建立的模型称为剪切面切削模型，如图 2-6 所示。

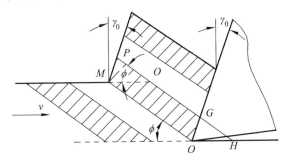

图 2-6　正交切削的剪切面切削模型

当切屑沿前面流出时，受到前面的挤压与摩擦。在前面摩擦阻力的作用下，靠近前面的切屑底层再次产生剪切变形，也就是第二变形区的变形，使薄薄的一层金属流动滞缓，晶粒再度伸长，沿着前面的方向纤维化。流动滞缓的这一层金属称为滞流层，它的变形程度比切屑上层剧烈几倍到几十倍。

总之，切屑形成过程，就其本质来说，是被切削层金属在刀具切削刃和前面作用下，经受挤压而产生剪切滑移变形的过程。

2.1.3　切屑变形的度量

在生产过程中，切屑的变形程度将影响切削过程中切削力的大小、切削热的多少以及切削的表面质量，是反映切削过程的一个重要状态变量。因此，需要定量地测定切屑的变形程度，目前衡量切屑变形程度的指标有变形系数、相对滑移和剪切角等。

1. 变形系数 ξ

实践表明，金属切削加工中切下的切屑，其尺寸不同于切削层的尺寸。切削一般钢料时，与切削层的尺寸相比较，切屑长度 l_{ch} 缩短了，而切屑厚度 a_{ch} 增大了，如图 2-7 所示。变形系数 ξ 就是切削层长度 l_c 和切屑长度 l_{ch} 的比值，或者是切屑厚度 a_{ch} 和切削层厚度 h_D 的比值，

即

$$\xi_l = l_c / l_{ch} \qquad (2\text{-}1)$$

$$\xi_a = a_{ch} / h_D \qquad (2\text{-}2)$$

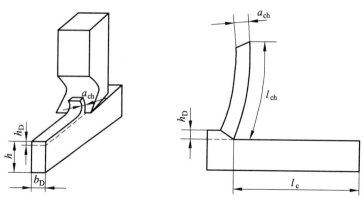

图 2-7　变形系数 ξ 的测定

一般情况下，当切削层的宽度和切削层的厚度相比，比值比较大时，切削层的宽度与切屑的宽度基本相等，根据大塑性变形时材料不可压缩的假设，则变形后体积保持不变，所以

$$\xi_l = \xi_a = \xi \qquad (2\text{-}3)$$

通常情况下，切屑的变形系数 ξ 一般是大于 1 的数，为 1.5~4。变形系数 ξ 越大，切屑的变形程度就越大。但对于某些金属，可能会出现变形系数小于 1 或接近于 1 的情况，并不表明在切削过程中切屑没有发生塑性变形，如钛合金变形系数 ξ 接近于 1 甚至小于 1，就不再真实反映切削过程中的塑性变形情况。表 2-1 是几种金属的切屑变形系数。

表 2-1　几种金属的切屑变形系数 ξ

加工材料	切屑变形系数 ξ
工业纯铁 $\sigma_b = 294 \sim 392$ MPa	4~5
中硬钢 $\sigma_b = 588 \sim 686$ MPa	2~3
硬钢 $\sigma_b = 883 \sim 1\,079$ MPa	1.3~1.5
镍基高温合金	1.5~2.5
钛合金	0.8~1.06

切屑变形系数 ξ 的最大优点是比较直观，而且测量方便。只要用细金属丝测出切屑的长度 l_{ch}，便可由已知的切削层长度 l_c 计算出 ξ 值。

在切削层长度 l_c 不确定的情况下，可称出一段切屑的质量 Q，然后计算切削层长度 l_c，按下式计算出变形系数 ξ：

$$Q = f \cdot a_p \cdot l_c \cdot \rho \cdot 10^{-6} \ (\text{g}) \qquad (2\text{-}4)$$

$$\xi = \frac{l_c}{l_{ch}} = \frac{Q}{l_{ch} \cdot f \cdot a_p \cdot \rho} \cdot 10^6 \qquad (2\text{-}5)$$

式中　ρ——工件材料的密度（kg/m³）。

2. 剪切角ϕ和相对滑移系数ε

由剪切面切削模型可知，切削层的金属是通过在剪切面上产生剪切滑移形成切屑的，可以用剪切角ϕ和相对滑移系数（剪应变）ε来衡量切屑的变形程度。

如图 2-8 所示，在滑移厚度Δy相同的情况下，如剪切角$\phi < \phi'$，则剪切滑移距离$\overline{NP} > \overline{N'P'}$。也就是说，剪切角$\phi$越小，切屑的剪切滑移距离越长，变形程度越大。

剪切角ϕ可以从图 2-3 所示的切屑根部金相图片上直接测量，也可以用剪切角的理论公式计算。

如图 2-8（b）所示，当没有滑移变形时，切削层的M点将运动到N点，由于剪切滑移，实际上运行到了P点，相对滑移系数为

$$\varepsilon = \frac{\Delta S}{\Delta y} = \frac{\overline{NP}}{\overline{MK}} = \frac{\overline{NK} + \overline{KP}}{\overline{MK}} = \cot\phi + \tan(\phi - \gamma_0) = \frac{\cos\gamma_0}{\sin\phi\cos(\phi - \gamma_0)} \qquad (2\text{-}6)$$

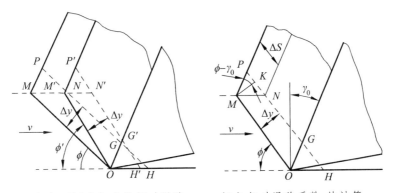

（a）不同剪切角的相对滑移　　　（b）相对滑移系数ε的计算

图 2-8　剪切角与相对滑移系数

3. 剪切角、相对滑移系数和变形系数之间的关系

根据图 2-9 可得

$$\xi = \frac{a_{\text{ch}}}{a_{\text{c}}} = \frac{\overline{AB}\sin[90 - (\phi - \gamma_0)]}{\overline{AB}\sin\phi} = \frac{\cos(\phi - \gamma_0)}{\sin\phi} \qquad (2\text{-}7)$$

即

$$\tan\phi = \frac{\cos\gamma_0}{\xi - \sin\gamma_0} \qquad (2\text{-}8)$$

把式（2-8）代入式（2-6）得

$$\varepsilon = \frac{\xi^2 - 2\xi\sin\xi_0 + 1}{\xi\cos\gamma_0} \qquad (2\text{-}9)$$

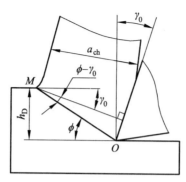

图 2-9　剪切角与变形系数的关系

　　图 2-10 所示为前角一定时相对滑移系数 ε 和变形系数的关系，当 $\xi \geqslant 1.5$ 时，ξ 越大，则 ε 也越大，因此变形系数能够在一定程度上反映相对滑移的大小；当 $\xi < 1.5$ 时，则不能反映相对滑移及变形的大小。如当 $\xi = 1$ 时，$a_{ch} = h_D$，但并非表明切屑没有变形。金属切削过程是一个十分复杂的物理过程，用某一个简单的物理和几何参数来反映变形程度，虽然简便，但有相当大的局限性，即使用剪切角 ϕ 和相对滑移系数 ε 来表示变形程度是比较合理的，但由于它们的计算是根据纯剪切的观点得来的，而在切削过程中不仅有剪切滑移，而且还有挤压，所以这种计算也是近似的。

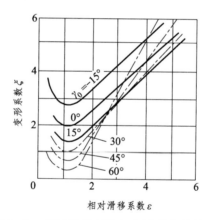

图 2-10　相对滑移系数与变形系数的关系

2.1.4　影响切屑变形的因素

　　切削过程中各种切削因素会影响切屑变形的程度。掌握切屑变形程度的变化规律，有助于理解切削力、切削温度和刀具磨损等现象的变化规律，从而予以控制，并进一步从变形方面了解降低工件表面粗糙度和提高加工精度的措施。实践证明，影响切屑变形程度的因素有：工件材料的物理机械性能、刀具几何参数及刀具材料、切削用量和冷却润滑条件等。

　　1. 工件材料的影响

　　在工件材料的物理机械性能中，对切屑变形程度影响最大的是材料的塑性。它也是影响切屑变形诸因素中最主要的一个。对于碳钢而言，塑性越大，强度越小，屈服极限越低。在较小的应力作用下就开始产生塑性变形。同时，塑性大的材料，连续进行塑性变形的能力强，或者说在破坏之前的塑性变形量大。用不同强度的碳钢进行切削试验，可得出工件材料的强度对切屑变形的影响规律，如图 2-11 所示。由图可知，在相同的切削条件下，软钢的变形大，硬钢的变形小。

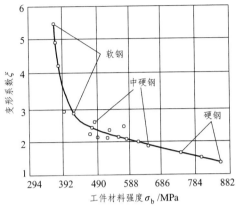

图 2-11 工件材料强度对变形系数的影响

在工件材料强度或硬度相同的情况下，塑性大的，切屑的变形大。例如，不锈钢 1Cr18Ni9Ti 和 45 钢强度相近，但前者的延伸率大得多，所以切削时切屑的变形大，易黏刀和不易断屑。

2. 切削用量的影响

切削速度的影响：切削速度对切屑变形的影响如图 2-12 所示。切削碳钢等塑性金属材料时，变形系数随切削速度的增大呈波形变化。在有积屑瘤生成的切削速度范围内，切削速度主要是通过积屑瘤所形成的实际切削前角影响切屑变形。当切削速度增加使积屑瘤增大时，刀具的实际前角增大，因此切屑的变形减小；在某一切削速度（图中为 $v_c = 20$ mm/min）时，积屑瘤最大，相应的切屑变形系数最小；当切削速度再增加使积屑瘤减小时，刀具的实际前角减小，切屑的变形随之增大，积屑瘤消失时，相应的切屑变形系数最大。在无积屑瘤生成的切削速度范围内，切削速度越大，则切屑的变形系数越小。这有两方面的原因：一方面是因为变形时间缩短，金属的变形减小；另一方面是因为切削速度对前面平均摩擦系数有影响，除低速情况外，切削速度越大，前面平均摩擦系数越小，因而切屑变形系数减小。当切削速度很大时，由于切削温度很高，切屑底层软化，形成薄薄的微熔层，在这种情况下，切削速度的变化对切屑变形系数的影响已很小。

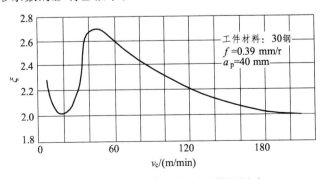

图 2-12 切削速度对变形系数的影响

切削铸铁等脆性金属材料时，一般不产生积屑瘤。随着切削速度的增大，切屑变形系数减小，如图 2-13 所示。

进给量的影响：被切削层金属在变为切屑的过程中，沿切屑厚度方向的变形程度是不相同的。由于切屑沿前面流出时，切屑底层与前面发生剧烈挤压和摩擦，使切屑进一步变形，因而切屑底层的变形比上层要大。因此，当进给量增大时，切削厚度随之增加，切屑的平均变形减小，如图 2-14 所示。

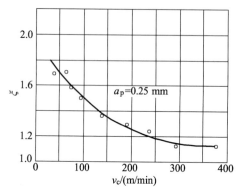

图 2-13　铣削铸铁时切削速度对变形系数的影响

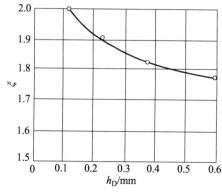

图 2-14　切削厚度对变形系数的影响

3. 刀具几何参数的影响

前角的影响：前角 γ_o 越大，切削刃越锋利，对切削层的挤压越小。因此，金属的塑性变形随前角的增大而减小，图 2-15 所示为切屑的变形程度随前角而变化的规律。

刀尖圆弧半径的影响：刀尖圆弧半径 r_c 增大，切屑的变形增大，如图 2-16 所示。这是因为当刀尖圆弧半径增大时，切削刃上参加工作的曲线部分随着增长使平均切削厚度减小，因此切屑的平均变形增大；其次，切削刃曲线部分各点的前角是变化的，越接近刀尖，前角越小，切屑的变形越大；此外，切削刃曲线部分各点的切屑，流出方向彼此相交而干扰，使切屑产生附加变形，增大了切屑的变形程度。

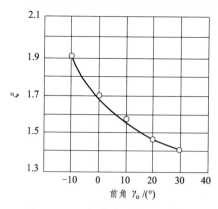
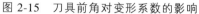

图 2-15　刀具前角对变形系数的影响

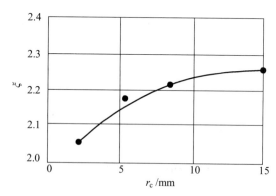

图 2-16　刀尖圆弧半径对变形系数的影响

主偏角的影响：主偏角 κ_r 从以下几方面影响切屑的变形：

（1）主偏角增大，切削厚度增大，切屑的平均变形减小。

（2）当刀尖圆弧半径 r_c 不为零时，主偏角越大，参加工作的切削刃曲线部分长度越大，如图 2-17 所示，因此切屑的平均变形增大。

（3）当前角和刃倾角一定时，副前角随主偏角的增大而减小，使切屑的平均变形增大。

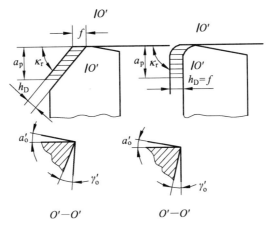

图 2-17　主偏角对参加切削的切削刃曲线段长度及副前角的影响

综上所述，当刀尖圆弧半径为零时，主偏角主要通过切削厚度而影响切屑的变形，如图 2-18（a）所示，主偏角增大，切屑的平均变形减小。当刀尖圆弧半径不等于零时，主偏角对切屑变形的影响如图 2-18（b）所示。由于上述三方面综合影响的结果，当主偏角大于 60° 后，主偏角增大，切屑的平均变形增大。

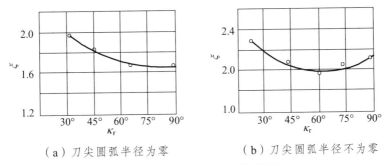

（a）刀尖圆弧半径为零　　　（b）刀尖圆弧半径不为零

图 2-18　主偏角对变形系数的影响

2.2　切削过程中前面的摩擦

2.2.1　前面的摩擦特性

切削过程中前面的摩擦对切屑的形成、切削力、切削温度、刀具的磨损、积屑瘤和鳞刺的生成等均有较大的影响。因此，研究前面的摩擦特性非常重要。

在讨论前面的摩擦特性以前，有必要先分析滑动面之间的干摩擦特性。如图 2-19（a）所示，如果在相互接触的两个表面上作用一个法向载荷，则在相接触的凹凸不平的顶点上，就会出现弹性和塑性变形，使实际的接触面积 A_r 增加，直到有能力支承住所加的载荷时为止。在绝大多数的工程应用中，这个实际的接触面积 A_r 只是名义接触面积 A_a 的一小部分，可由下式求得：

$$A_r = \frac{F_n}{\sigma_n} \ (\text{mm}^2)$$

(2-10)

式中　　F_n——正压力（N）；

σ_n——两种金属中较软的屈服强度（MPa）。

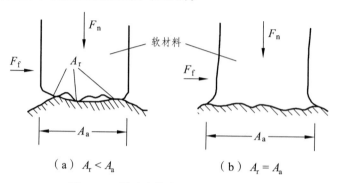

（a）$A_r < A_a$　　　　　（b）$A_r = A_a$

图 2-19　滑动摩擦与黏结摩擦示意图

由于这些粗糙的金属表面的紧密接触引起黏结，当滑动时，需要一个不断剪切黏结点的力。于是，总的摩擦力可由下式求得：

$$F_f = \tau_f \cdot A_r \ (\text{N})$$

(2-11)

式中　　τ_f——两种金属中较软的剪切屈服强度（MPa）。

根据式（2-10）和式（2-11），可以得到黏结情况下的摩擦系数：

$$\mu = \frac{F_f}{F_n} = \frac{\tau_f}{\sigma_n}$$

(2-12)

式（2-12）表明，摩擦系数 μ 与名义接触面积无关。对于确定的材料，比值 τ_f/σ_n 为一恒定值。即摩擦系数 μ 为常数。

在金属切削过程中，由于切屑与前面之间的压力很大，可达 3.5 GPa，并且温度很高，一般在 600～800 ℃，从而使切屑与前面之间的部分接合面发生黏结现象，其实际接触面积接近或等于名义接触面积，即 A_r/A_a 接近或等于 1，如图 2-19（b）所示。在这种黏结摩擦情况下，剪切作用不只限于表面的凹凸不平处，而且发生在较软金属的内部，此时，剪应力与黏结面积有关。

前面应力分布情况如图 2-20 所示。图中黏结区内的 A_r/A_a 接近于 1，剪应力 τ_f 为恒定值，滑动区内 A_r/A_a 小于 1，摩擦系数 μ 为常数。

在存在黏结摩擦的情况下，前面上的平均摩擦系数 μ_{av} 取决于正应力 σ_n 的分布、切屑与前面的接触长度 l_f、黏结区内切屑材料的剪切屈服强度 τ_f 和滑动区的摩擦系数 μ。

根据图 2-20，可得到前面平均摩擦系数的公式为

$$\mu_{av} = \frac{K}{\sigma_{av}}$$

(2-13)

实验证明，对于一定的材料，在不加切削液和范围较广的切削条件下，K 为一常数。公

式（2-13）表明，平均摩擦系数 μ_{av} 主要取决于前面上的平均正应力 σ_{rav}，σ_{rav} 随材料硬度、切削厚度、切削速度以及刀具前角而变化，而且变化范围较大，因此平均摩擦系数前面上的应力 μ_{av} 是一个变量。

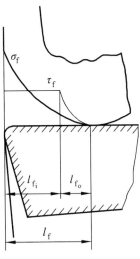

图 2-20　分布和摩擦特性

2.2.2　影响前面摩擦系数的主要因素

当工件材料强度和硬度增大，或者切削厚度增加，或者刀具前角减小时，前面上的平均正应力都会增大，因此，平均摩擦系数 μ_{av} 减小。

切削速度对平均摩擦系数 μ_{av} 的影响如图 2-21 所示。当切削速度在某一数值（图上为 30 m/min）之前时，切削速度上升，则平均摩擦系数增大。这是因为切削速度低时，切屑与前面接触不紧密，形成点接触，滑动摩擦占的比例较大，平均摩擦系数较小；当切削速度增加时，切屑底层的塑性变形增加，许多点接触变为面接触，黏结摩擦所占的比例增加，平均摩擦系数变大；当切削速度超过某一数值之后，平均摩擦系数随切削速度的增加而下降。这是因为切削速度增加，切屑与前面的接触长度 l_f 减少，黏结区面积相应减小，使前面上的平均正应力 σ_{rav} 增大，所以平均摩擦系数下降。

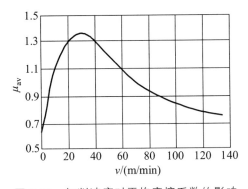

图 2-21　切削速度对平均摩擦系数的影响

2.3 切削力

2.3.1 切削力的来源，切削合力及其分解

1. 切削力的来源

金属切削时，刀具切入工件，使被切削材料发生变形成为切屑所需的力，称为切削力。切削力来源于三个方面（见图 2-22）：

（1）克服被加工材料对弹性变形的抗力；

（2）克服被加工材料对塑性变形的抗力；

（3）克服切屑对刀具前面的摩擦力和刀具后面对已加工表面之间的摩擦力。它们分别用 F_f 和 F_{fa} 表示。

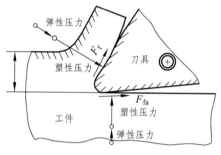

图 2-22 切削力的来源

切削力对刀具、机床、夹具的设计和使用都具有很重要的意义。

2. 切削合力及其分解

作用在切削刀具上的各力综合形成作用在刀具上的合力 F。为了在实际切削过程中便于切削力的测量和分析切削过程，以车削为例，如图 2-23 所示，切削合力可以分解为 F_x、F_y 和 F_z 三个分力。

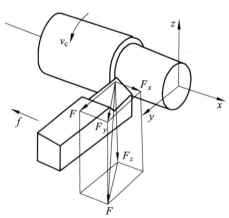

图 2-23 切削合力与分力

F_x——进给抗力或轴向力，它是基面内与工件轴向平行的切削分力，是设计走刀机构、

计算车刀进给功率的切削分力。

F_y——背向力，也称径向力，它是在基面内与工件轴线垂直的力。F_y影响与挠度有关的工件加工精度，是计算刀具强度与机床零件刚度的依据，也是切削过程中工件产生振动的切削分力。

F_z——主切削力或切向力，切于加工表面并与基面垂直，是计算刀具强度、设计机床零件、确定机床功率的切削分力。

根据实验，当 $\kappa_r = 45°$，$\lambda_s = 0°$，$\gamma_0 = 15°$时，F_x、F_y 和 F_z 之间有如下近似关系：

$$F_y = (0.4 \sim 0.5)F_z \tag{2-14}$$

$$F_x = (0.3 \sim 0.4)F_z \tag{2-15}$$

根据合力计算公式可得：

$$F = (1.12 \sim 1.18)F_z \tag{2-16}$$

随着车刀几何参数、切削用量、工件材料和车刀磨损等情况的不同，F_x、F_y 和 F_z 之间的比例可在较大范围内变化。

2.3.2　作用在切屑上的力

在直角自由切削下，作用在切屑上的力有：前面上的法向力 F_n 和摩擦力 F_f，在剪切面上也有一个正压力 F_{ns} 和剪切力 F_s，如图 2-24 所示。这两对力的合力 F 和 F_r 应该互相平衡。如果把所有的力都画在切削刃前方，可得如图 2-24 所示的各力关系。图中 F 是 F_n 和 F_f 的合力，又称切屑形成力；ϕ 是剪切角；β 是 F_n 和 F_r 的夹角，又叫摩擦角；γ_0 是刀具前角；F_r 是 F_{ns} 和 F_s 的合力。

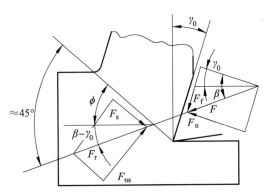

图 2-24　作用在切屑和前刀面上的力

A_o 表示切削层的剖面积（$A_c = h_D b_D$），A_s 表示剪切面的剖面积（$A_s = A_o/\sin\phi$），τ 表示剪切面上的剪切应力，则

$$F_s = \tau A_s = \frac{\tau A_o}{\sin\phi} \tag{2-17}$$

$$F_s = F_r \cos(\phi + \beta - \gamma_0) \tag{2-18}$$

所以

$$F_r = \frac{F_s}{\cos(\phi + \beta - \gamma_0)} = \frac{\tau A_o}{\sin\phi\cos(\phi + \beta - \gamma_0)} \qquad (2\text{-}19)$$

$$F_z = F_r\cos(\beta - \gamma_0) = \frac{\tau A_o\cos(\beta - \gamma_0)}{\sin\phi\cos(\phi + \beta - \gamma_0)} \qquad (2\text{-}20)$$

$$F_y = F_r\sin(\beta - \gamma_0) = \frac{\tau A_o\sin(\beta - \gamma_0)}{\sin\phi\cos(\phi + \beta - \gamma_0)} \qquad (2\text{-}21)$$

式（2-20）、式（2-21）说明了摩擦角 β 对切削分力 F_z 和 F_y 的影响。反之，如果用测力仪测得 F_z 和 F_y 的值而暂时忽略后面上的作用力，则可以从下式求得前面上的摩擦角 β：

$$\tan(\beta - \gamma_0) = \frac{F_y}{F_z} \qquad (2\text{-}22)$$

2.4 切削温度及其影响因素

切削热是金属切削过程中产生的重要物理现象之一。由此产生的切削温度直接影响刀具的磨损和耐用度，也影响工件的加工精度和已加工表面质量。

2.4.1 切削热的产生和传出

切削时所消耗的能量，除了 1%~2% 用以形成新表面而以晶格扭曲等形式形成潜藏能外，有 98%~99% 转换为热能。因此可以近似认为切削时所消耗的能量全部转换为热能，被切削的金属在刀具的作用下，发生塑性变形，这是切削热的一个重要来源。此外，切屑与前面、工件与后面之间的摩擦也产生出大量的热量。因此，切削时共有三个发热区域：剪切面、切屑与前面接触区、后面和切削表面的接触区，如图 2-25 所示。所以，切削热的来源就是切屑变形功及与前、后面的摩擦功。

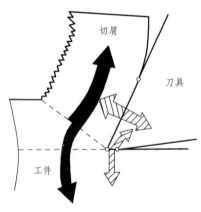

图 2-25 切削热的产生与传出

切削塑性材料时，变形和摩擦都比较大，所以发热较多。切削速度提高时，因切屑的变形系数 ξ 下降，所以塑性变形产生的热量百分比降低，而摩擦产生热量的百分比增高。切削脆性材料时，后面上摩擦产生的热量在切削热中所占的百分比增大。

对于正常磨损的刀具，后面的摩擦较小，所以在计算切削功时，如果将后面的摩擦功所转化的热量忽略不计，则切削时所做的功 P_m 可按下式计算：

$$P_m = F_z \cdot v \tag{2-23}$$

在用硬质合金车刀车削 $\sigma_b = 637\ \text{MPa}$ 的结构钢时，将主切削力 F_z 的经验公式代入后，得：

$$P_m = F_z \cdot v = C_{Fz} a_p f^{0.75} v^{-0.15} K_{Fz} v = C_{Fz} a_p f^{0.75} v^{0.85} K_{Fz} \tag{2-24}$$

式中，C_{Fz} 和 K_{Fz} 是相关的系数，由式（2-22）可知，当背吃刀量 a_p 增加一倍时，P_m 也增加一倍，因而切削热也增加一倍；切削速度 v 的影响次之，进给量 f 的影响最小；其他因素对切削热的影响和它们对切削力的影响完全相同。

切削区域的热量被切屑、工件、刀具和周围介质传出。向周围介质直接传出的热量，在干切削（不用切削液）时，所占比例在 1% 以下，故在分析和计算时可以忽略不计。

工件材料的导热性能，是影响热量传导的重要因素。工件材料的导热系数越低，通过工件和切屑传导出去的切削热量越少，这就必然会使通过刀具传导出去的热量增加。例如切削钛合金时，因为它的导热系数只有碳素钢的 1/4~1/3，切削产生的热量不易传出，切削温度因而随之增高，刀具就容易磨损。

刀具材料的导热系数较高时，切削热易从切削区域导出，切削区域温度随之降低，这有利于刀具耐用度的提高。

切削时所用的切削液及浇注方式的冷却效果越高，则切削区域的温度越低。

切屑与刀具的接触时间，也影响刀具的切削温度。外圆车削时，切屑形成后迅速脱离车刀落入机床的容屑盘中，故切屑的热传给刀具不多。钻削或其他半封闭式容屑的切削加工，切屑形成后仍与刀具及工件相接触，切屑将所带的切削热再次传给工件和刀具，使切削区温度升高。

切削热由切屑、刀具、工件及周围介质传出的比例大致如下：

（1）车削加工时，切屑带走的切削热为 50%~86%，车刀传出 10%~40%，工件传出 3%~9%，周围介质（如空气）传出 1%。切削速度越高或切削厚度越大，则切屑带走的热量越多。

（2）钻削加工时，切屑带走切削热 28%，刀具传出 14.5%，工件传出 52.5%，周围介质传出 5%。

2.4.2 切削温度的测量

当前获得切削温度的方法主要可分为实验测量法、理论计算法和有限元分析法。虽然有限元法在一定程度上可以较为准确地计算切削温度，但由于工程问题的复杂性，难免有许多假设和简化，导致计算仿真的温度和实际切削温度差异较大，不能有效地指导生产实践。在生产实践和科学研究中，最可靠的切削温度数据来源仍然是通过各种方法进行测量，当前测量切削温度的方法有热电偶法、光电辐射法等方法。

1. 热电偶法

1）自然热电偶法

自然热电偶法（见图 2-26）是利用刀具和工件材料化学成分的不同组成热电偶的两极，从而形成闭合电路来测量切削温度。为了防止短路，刀具和工件都需要进行绝缘处理。切削温度与热电势之间的对应关系可通过切削温度标定得到。自然热电偶法是应用最广的切削温度测量方法中的一种。但是当刀具和工件导电性较差时，这种方法的应用及准确性都受到了限制。而且这种方法只能测出切削区的平均温度，无法得到指定点的温度。

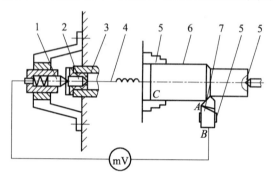

1—顶尖；2—铜销；3—主轴尾端；4—导线；5—绝缘；6—工件；7—刀具。

图 2-26　自然热电偶法测量切削温度原理

2）人工热电偶法

人工热电偶法（见图 2-27）是将两种预先标定的金属丝组成热电偶，将热电偶的热端安装在工件或刀具的指定点上，冷端串接温度变送器和温度、电压信号数据采集系统。这种方法需要在相应的安装位置处打上小孔。但是当工件或刀具为难加工材料时，这个孔就比较难打。由于这个小孔的存在，加上热电偶及小孔间隙中的空气，人们对这种测温方法的准确性产生了怀疑。

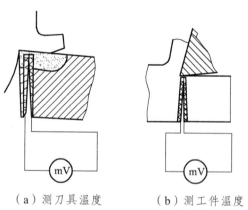

（a）测刀具温度　　　　　（b）测工件温度

图 2-27　人工热电偶法测量切削温度原理

3）半人工热电偶法

半人工热电偶是将热电敏感材料金属丝焊在待测点上作为一极，以工件材料或刀具材料作为另一极而构成的热电偶，原理与以上两种方法相同。半人工热电偶法测温时由于采用单根导线连接，不必考虑绝缘问题，因此得到了广泛应用。

2. 光电辐射法

1）红外高温计法

红外高温计法（见图 2-28）可以直接测量切削点的温度，多用来测量工件或刀具表面的温度分布。这种方法最大的优点是它采用的是红外探测器，属于非接触测量，所以不会干扰被测处的温度场，可以测量较高的温度。由于飞溅的切屑和冷却液的影响，导致了测量有一定的误差，为了克服这些因素的影响，开发了双色高温计，这种高温计的探测器可以测量两个波长相近的不同红外线，从而用来滤掉干涉波的影响。

图 2-28　红外高温计测量切削温度原理

2）红外照相法

红外照相测量系统包括光纤系统、探测器和控制分析系统。红外照相法测温时需要选择正确的辐射率，照相时采用高温红外胶卷。测试温度前，首先用热电偶进行定标校准，热电偶通过电加热并在各个不同温度下照相，所需曝光时间在预先准备的试验中确定，显影后的胶卷用显微光密度计读数，得到高温红外胶卷在不同曝光时间下光密度与温度的对应关系，根据此对应关系，可以确定切削过程中工件或刀具的温度。

3）红外热成像仪法

红外热像仪法的基本工作原理是斯蒂芬-波尔兹曼定律。在切削时，红外热像仪探测刀具（或工件）表面的辐射能量并将其转换为电子视频信号，对信号处理后以图像的形式加以显示，图像代表被测表面的二维辐射能量场，若表面辐射率已知，可通过斯蒂芬-波尔兹曼定律求得被测表面的温度分布场及其动态变化。

3. 表面涂层法

对于非导电刀具如陶瓷刀具，可在其表面涂覆一层导电金属膜，同时，标定出该层膜的金属热电特性，然后用类似自然热电偶的测温方法，测出切削温度。这种测温方法得到的是刀具与切屑接触面上的平均温度。这种方法的不足之处是一般导电金属膜本身耐磨性能和附着强度有限，切削中很快就会磨损，丧失测温能力，导电金属膜改变了刀具表面的传热特性，对测量结果有一定影响。

2.4.3　切削温度的分布

工件、切屑和刀具上各点的温度分布就是切削加工时的温度场，切削时的温度场对刀具磨损的部位、工件材料性能的变化、已加工表面质量都有很大的影响。

切削温度场，可用理论方法推算，但数学方法比较复杂，计算工作量也很大，故多用实验方法求出。当前由于计算机技术的普遍应用及有限元技术的发展，也大量采用有限元技术进行切削热和切削温度的仿真分析，但对切削热和切削温度的仿真结果还没有达到实用的程度。下面主要介绍用实验方法确定切削温度场的情况。

切削温度场可用人工热电偶法和红外热成像仪进行测量，人工热电偶法测量的温度精度高，但只能在有限的位置布置热电偶，因此只能在有限位置测量温度；热成像仪可以通过照相的方式一次测出整个切削表面的温度，但精度相对较低。

图 2-29 是切削钢料时，所测出的正交平面内的温度场。图 2-30 是车削不同的工件材料时，正交平面内前、后面上温度的分布情况。根据对图 2-29 和图 2-30 的分析以及对温度分布的研究，可以归纳出一些温度分布的规律：

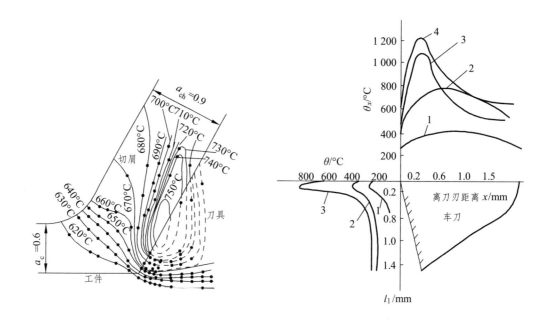

工件材料：低碳易切钢；刀具前角：$\gamma_0 = 30°$，$\alpha_0 = 7°$；
切削厚度 $a_0 = 0.6$ mm，$v = 22.86$ m/min；
冷却状况：干切削。

$v = 30$ m/min；$f = 0.2$ mm/r。
1—45 钢-YT15；2—GCr15-YT14；3—钛合金 BT2-YG8；
4—BT2-YT15。

图 2-29 二维切削中的温度分布　　　　图 2-30 切削不同材料的温度分布

（1）剪切面上各点温度几乎相同。由此可以推想剪切面上的各点的应力应变规律，基本上是变化不大的。

（2）前面和后面上的最高温度都不在刀刃上，而处在离刀刃有一定距离的地方。这是摩擦热沿着刀面不断增加的缘故。前面上后边一段的接触长度上，由于摩擦逐渐减少（由内摩擦转化为外摩擦），热量又在不断传出，所以切削温度开始逐渐下降。

（3）在剪切区域中，垂直剪切面方向上的温度梯度很大。切削速度增高时，则因热量来不及传出，而导致温度梯度增大。

（4）切屑靠近前面的一层（简称底层）上的温度梯度很大，离前刀面 0.1~0.2 mm，温度就可能下降一半。这说明前面上的摩擦热是集中在切屑的底层。这样，摩擦热就不至于使切屑上层金属强度有显著改变；但很明显，摩擦热对切屑底层金属的剪切强度，将有很大的影响。因此，切削温度对前面的摩擦系数有很大的影响。

（5）后面的接触长度较小，因此，温度的升降是在极短时间内完成的，加工表面受到的是一次热冲击。

（6）工件材料塑性越大，则前面上的接触长度越大，切削温度的分布也就较均匀些。反之，工件材料的脆性越大，则最高温度所在的点离刀刃越近。

（7）工件材料的导热系数 k 越低，则刀具的前、后面的温度越高。这是一些高温合金和钛合金切削加工性低的主要原因之一。

2.4.4 影响切削温度的因素

1. 切削用量的影响

根据实验得出的切削温度经验公式如下：

$$\theta = C_\theta v^{x_\theta} f^{y_\theta} a_p^{z_\theta} \tag{2-25}$$

式中　θ——实验测出的前面接触区的平均温度（℃）；

　　　C_θ——切削温度系数；

　　　x_θ、y_θ 和 z_θ——切削速度、进给量、背吃刀量的指数。

实验得出，用高速钢和硬质合金刀具切削中碳钢时，切削温度系数 C_θ 及指数 x_θ、y_θ 和 z_θ 如表 2-2 所示。

表 2-2 切削温度的系数及指数

刀具材料	加工方法	C_θ	z_θ	y_θ	x_θ		
高速钢	车削	140~170	0.08~0.10	0.2~0.3	0.35~0.45		
	铣削	80					
	钻削	150					
硬质合金	车削	320	0.05	0.15	f / (mm/r)	0.1	0.41
						0.2	0.31
						0.3	0.26

图 2-31 是切削用量三要素 v、f 和 a_p 对切削温度影响的实验曲线。

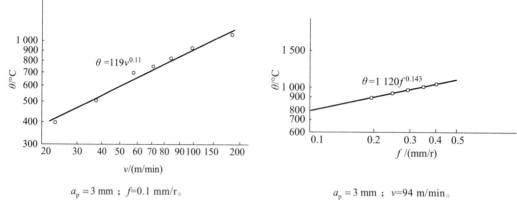

$a_p = 3$ mm；$f=0.1$ mm/r。

（a）切削速度与切削温度的关系

$a_p = 3$ mm；$v=94$ m/min。

（b）进给量与切削温度的关系

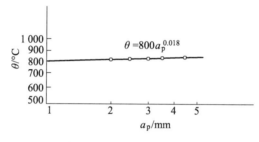

$f=0.1$ mm/r；$v=107$ m/min。

（c）背吃刀量与切削温度的关系

工件材料：45钢（正火），HB187；刀具材料：YT15；刀具角度：$\gamma_0 = 15°$，$\alpha_0 = 6°\sim 8°$，$\lambda_s = 0°$；倒棱宽度 $b_{\gamma 1} = 0.1$ mm，$\gamma_1 = -10°$，刃口圆弧半径 $r_\varepsilon = 0.2$ mm。

图 2-31　切削用量三要素对切削温度影响的实验曲线

随着切削速度 v 的增大，切屑带走的热量比例增大，剪切角也增大，即塑性变形减小，使单位切削力 p 随之减小。所以当切削速度增加时，单位时间内金属切削量成比例增加，但由于剪切角的增加，单位切削体积的切削功下降；另外，随着切屑带走的热量增加，切削温度的上升较为缓慢，进给量越大，随着切削速度的增加，切削温度的增加越缓慢。

进给量增加，导致单位时间内金属切削量成比例地增大，但当进给量增大时，剪切角增大导致切屑的变形系数减小，单位体积切削量的切削功降低；同时，随着进给量的增大，切屑带走的剪切热与摩擦热也增多；另外，随着进给量的增大，刀屑接触长度增大，增加了散热的面积。综合上述因素，当进给量增大时，切削温度增大，对切削温度的影响没有切削速度 v 大。

背吃刀量 a_p 变化时，产生的热量和散热面积也作相应变化，故背吃刀量 a_p 对切削温度的影响很小。

2. 刀具几何参数的影响

1）前角 γ_0

图 2-32 表明，切削温度随前角的增大而降低。这是因为前角增大时，单位切削力下降，

使产生的切削热减小的缘故。但前角大于 18°后，对切削温度的影响减小，这是因为楔角变小而使散热的体积减少的缘故。

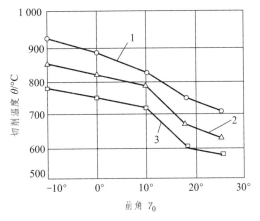

a_p =3 mm，f=0.1 mm/r；工件材料：45 钢；刀具材料：YT15。

1—v=135 m/min；2—v=115 m/min；3—v=81 m/min。

图 2-32　前角与切削温度的关系

2）主偏角 κ_r

主偏角 κ_r 减小时，使切削宽度 a_w 增大，切削厚度 a_c 减小，所以切削温度下降，如图 2-33 所示。

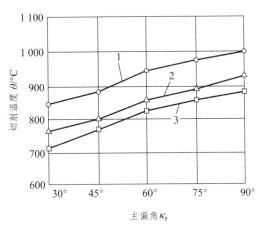

刀具角度：γ_0 =15°；a_p =2 mm；f=0.2 mm/r。

1—v=135 m/min；2—v=115 m/min；3—v=81 m/min。

图 2-33　主偏角与切削温度的关系

3）负倒棱 $b_{\gamma 1}$ 及刀尖圆弧半径 r_ε

负倒棱 $b_{\gamma 1}$ 在（0~2）f 内变化，刀尖圆弧半径 r_ε 在 0~1.5 mm 内变化，基本上不影响切削温度。因为负倒棱宽度及圆弧半径的增大，能使塑性变形区的塑性变形增大，切削热也随之增加；但另一方面这两者都能使刀具的散热条件有所改善，传出的热量也有增加，两者趋于平衡，对切削温度影响很小。

3. 工件材料的影响

工件材料的强度、硬度以及导热系数对切削温度的影响是很大的。单位切削力是影响切削温度的重要因素，而工件材料的强度和硬度直接决定了单位切削力的大小，所以工件材料强度和硬度增大时，产生的切削热增多，切削温度升高。工件的导热系数则直接影响切削热的导出。

4. 刀具磨损的影响

后面磨损对切削温度的影响如图 2-34 所示，在后面的磨损值达到一定数值后，对切削温度的影响增大；切削速度越高，影响就越显著；合金钢的强度大，导热系数低，所以切削合金钢时刀具磨损对切削温度的影响，就比切削碳素钢时大。

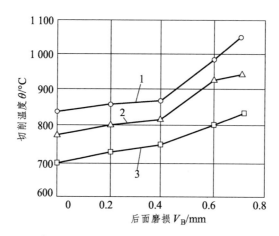

工件材料：45 钢；刀具材料：YT15；
切削用量：a_p =3 mm，f=0.1 mm/r，γ_o =15°。
1—v=117 m/min；2—v=194 m/min；3—v=71 m/min。

图 2-34 后面磨损值与切削温度的关系

5. 切削液的影响

切削液对降低切削温度、减少刀具磨损和提高已加工表面质量有明显的效果，在切削加工中应用很广。切削液对切削温度的影响，与切削液的导热性能、比热，流量、浇注方式以及本身的温度有很大关系。从导热性能来看，油类切削液不如乳化液，乳化液不如水基切削液。如果用乳化液来代替油类切削液，加工生产率可以提高 50%~100%。

流量充沛与否对切削温度的影响也很大。切削液本身的温度越低，降低切削温度的效果就越明显。如果将室温（20 ℃）的切削液降温至 5 ℃，则刀具耐用度可提高 50%。

2.4.5 切削温度对切削过程的影响

高切削温度是刀具磨损的主要原因，它将限制生产率的提高。切削温度还会使加工精度降低，使已加工表面产生残余应力以及其他缺陷。下面讨论切削温度对切削过程的影响。

1. 切削温度对工件材料机械性能的影响

切削时的温度虽然很高，但是切削温度对工件材料的硬度及强度的影响并不很大，切削温度对剪切区域的应力的影响不很明显。这一方面是因为在切削速度较高时，变形速度很高，其对增加材料强度的影响足以抵消切削温度降低强度的影响；另一方面，切削温度是在切削变形过程中产生的，因此对剪切面上的应力应变状态来不及产生很大的影响，只对切屑底层的剪切强度产生影响。

工件材料预热至 500~800 ℃后进行切削时，切削力下降很多。但在高速切削时，切削温度经常达到 800~900 ℃，切削力下降却不多。这也间接证明，切削温度对剪切区域内工件材料强度影响不大。加热切削是切削难加工材料的一种较好的方法，用等离子焰加热，效果较好。

2. 对刀具材料的影响

适当地提高切削温度，对提高硬质合金的韧性是有利的。图 2-35 是硬质合金冲击强度与温度之间的关系。在高温时，强度比较高，因而硬质合金不易崩刃，磨损强度也将降低。

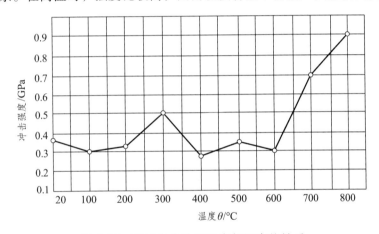

图 2-35　硬质合金冲击强度与温度的关系

各类刀具材料在切削各种工件材料时，都有一个最佳切削温度范围，在最佳切削温度范围内，刀具的耐用度最高，工件材料的切削加工性也符合要求。

3. 对工件尺寸精度的影响

（1）工件本身受热膨胀，直径发生变化，切削后不能达到要求的精度；
（2）刀杆受热膨胀，切削时实际背吃刀量增加使直径减小；
（3）工件受力变长，但因夹固在机床上不能自由伸长而发生弯曲，车削后工件中部直径变大。

在精加工和超精加工时，切削温度对加工精度的影响特别突出，所以必须特别注意降低切削温度。

4. 利用切削温度自动控制切削速度或进给量

各种刀具材料切削不同的工件材料都有一个最佳切削温度范围。因此，有些学者建议利用切削温度来控制机床的转速，保持切削温度在最佳范围内，以提高生产率及工件表面质量。具体方法是用热电偶测出的切削温度作为控制信号，并用电子线路和自动控制装置来控制机床的转速或进给量，使切削温度经常处于最佳范围。

2.5 积屑瘤和鳞刺

2.5.1 积屑瘤的产生

切削塑性金属材料时，由于前面与切屑底面之间的挤压与摩擦作用，使靠近前面的切屑底层流动速度减慢产生一层很薄的滞流层，使切屑的上层金属与滞流层之间产生相对滑移。上、下层之间的滑移阻力，称之为内摩擦力。在一定的切削条件下，由于切削时所产生的温度和压力的作用，使得刀具前面与切屑底部滞流层间的摩擦力（称为外摩擦力）大于内摩擦力，此时滞流层的金属与切屑分离而黏结在前面上。随后形成的切屑，其底层则沿着被黏结的一层相对流动，又出现新的滞流层。当新旧滞流层之间的摩擦阻力大于切屑的上层金属与新滞流层之间的内摩擦力时，新的滞流层又产生黏结。这样一层一层地滞流、黏结，从而逐渐形成一个楔块，这就是积屑瘤，如图 2-36 所示。

图 2-36　金属切削层变形图片

在积屑瘤的生成过程中，它的高度不断增加，但由于切削过程中的冲击、振动、负荷不均匀及切削力矩的变化等原因，会出现整个或部分积屑瘤破裂、脱落及再生成的现象。

2.5.2 积屑瘤对切削过程的影响

由于滞流层的金属经过数次变形强化，积屑瘤的硬度很高，一般是工件材料硬度的 2 ~ 3 倍，图 2-37 为实验测出的切削区域各部分的硬度。

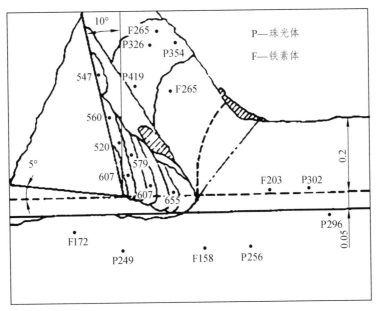

工件材料：30 钢；刀具材料：YT14；干切削；$\gamma_o = 10°$；$a_0 = 0.2$ mm；
$a_w = 3$ mm；$v = 22$ m/min。

图 2-37　切削区域的硬度

从图 2-37 中可以看出，积屑瘤包围着切削刃，同时覆盖着一部分前面，使切屑与前面的接触摩擦位置后移，前面的磨损发生在离切削刃较远处，并且使工件与后面不接触，减轻甚至避免了后面的摩擦。也就是说，积屑瘤形成后，便可代替切削刃和前面进行切削，具有保护切削刃、减轻前面及后面磨损的作用。但是，当积屑瘤破裂脱落时，切屑底部和工件表面带走的积屑瘤碎片，分别对前面和后面有机械擦伤作用，当积屑瘤从根部完全破裂时，将使刀具表面产生黏结磨损。由此可见，积屑瘤对刀具磨损有正、反两方面的影响，它是减轻还是加速刀具磨损，取决于生成的积屑瘤是否稳定。如果切削过程中采用的切削条件能使积屑瘤相对稳定地黏着而不脱落，就能减轻刀具的磨损；如果采用的切削条件使它时生时灭，则将加速刀具的磨损。

由图 2-38 可见，积屑瘤生成后，刀具的前角增大，因而减少了切屑的变形，降低了切削力。

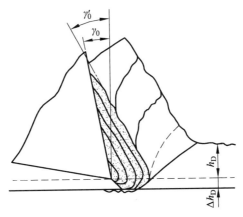

图 2-38　积屑瘤对前角和切削厚度的影响

积屑瘤伸出切削刃之外，使切削过程中切削厚度发生变化。图中 Δh_D 就是由于存在积屑瘤而产生的切削厚度过切量，它等于积屑瘤的伸出量。切削厚度的变化将影响工件的尺寸精度。同时，由于积屑瘤的轮廓形状很不规则，因此切削刃上各点积屑瘤伸出量是不一致的，即各点的过切量不一致，因而使积屑瘤切出的工件表面不平整，表面粗糙度数值显著增加。在有积屑瘤生成的情况下，可以看到加工表面上沿着切削刃与工件的相对运动方向有一道道平行的、深浅和宽窄不同的犁沟，这就是积屑瘤的切痕。此外，积屑瘤整个或部分地脱落与再生，也会使过切量发生变化，并导致切削力的大小发生变化，引起振动，使表面粗糙度严重恶化。脱落的积屑瘤碎片部分被切屑带走，部分黏附在工件的已加工表面上，也使表面粗糙度数值增加，并造成表面硬度不均匀。

由于积屑瘤轮廓形状不规则，且尖端不锋利，使刀具对工件的挤压作用增强。因此已加工表面的残余应力和变形增加，表面质量降低。这对于切削深度和进给量均较小的精加工，影响尤为显著。

从上面的分析可知，积屑瘤对切削过程的影响有其有利的一面，也有其不利的一面。粗加工时，可允许积屑瘤生成，以增大实际前角，使切削轻快；而精加工时，则应尽量避免产生积屑瘤，以确保加工质量。

2.5.3 影响积屑瘤的主要因素

积屑瘤的产生主要是由于切屑底面与前面之间的外摩擦力大于切屑上层与底层金属之间的内摩擦力的结果。所以，凡能影响外摩擦力和内摩擦力的因素都将影响积屑瘤的形成。实践证明，影响积屑瘤的主要因素有：工件材料的性质、切削速度、刀具前角和冷却润滑条件等。

在工件材料性质中，对积屑瘤生成影响最大的是材料的塑性。工件材料塑性越大，越容易生成积屑瘤。这是因为工件材料塑性大，切屑与前刀面之间的平均摩擦系数和接触长度都较大的关系。例如，加工低碳钢、中碳钢和铝合金等材料时，容易产生积屑瘤。若要避免积屑瘤，可将材料进行正火或调质处理，以提高其强度和硬度，降低塑性。

当工件材料一定时，切削速度是影响积屑瘤的主要因素。速度很低（ $v < 1 \sim 2$ m/min）或很高（ $v > 100$ m/min），都很少产生积屑瘤；而在某一速度范围内（加工一般钢料，$v = 20$ m/min 左右），最容易产生积屑瘤，其高度也最大。例如在背吃刀量 $a_p = 4.5$ mm，进给量 $f = 0.65$ mm/r 的条件下，以不同的切削速度切削抗拉强度 $\sigma_b = 0.49$ GPa 的中碳钢工件时，所测得的积屑瘤高度随切削速度的变化情况，如图 2-39 所示。由图可见，在 $v = 20$ m/min 左右时，积屑瘤的高度最大。切削速度主要通过切削温度和平均摩擦系数影响积屑瘤。当切削速度很低时，切削温度不高，切屑内部分子结合力大，内摩擦力大，切屑与前面的黏结现象不易发生；当切削速度增大时，切削温度升高，平均摩擦系数和外摩擦力增大时，积屑瘤易于生成。在某一速度下，使切削温度达到 300 ℃左右时，一般钢料的平均摩擦系数最大，积屑瘤的高度最大；当切削速度再增大时，切削温度很高，切屑底层金属变软，平均摩擦系数和外摩擦力减小，积屑瘤高度也随着减小。当温度高达 560 ℃左右时，平均摩擦系数很小，滞流层随切屑流出，积屑瘤消失。因此，在精加工时，采用低速或高速切削，可以避免积屑瘤的产生。

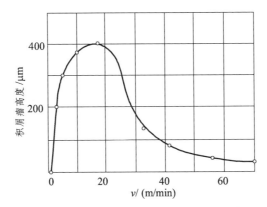

图 2-39 切削速度对积屑瘤高度的影响

生成积屑瘤的切削速度范围随工件材料、刀具前角、切削厚度及冷却润滑等切削条件而变。工件材料的强度和硬度越大时，积屑瘤生成至消失的速度范围减小，同时积屑瘤的高度也会减小。例如，加工硬钢时，在 $v=20$ m/min，积屑瘤就可能消失。

刀具前角增大，可以减小切屑变形和切削力，降低切削温度。因此增大前角能抑制积屑瘤的产生，或减小积屑瘤高度。精加工时，对于采用大前角，一般当 $\gamma_o=40°$ 时，就没有积屑瘤产生。

使用切削液，可降低切削温度，减少摩擦。因此可抑制积屑瘤的产生，或减小积屑瘤的高度。采用冷却和润滑性能良好的切削液，改进冷却润滑方法，是减少或避免积屑瘤的有效措施之一。

其他诸如减小切削厚度、降低刀具的表面粗糙度，也可以抑制积屑瘤的产生，或减小积屑瘤高度。

2.5.4 鳞刺的产生

在较低的切削速度下，切削塑性金属时，在工件已加工表面上经常会出现一种鱼鳞状的毛刺，简称鳞刺，如图 2-40 所示。在刨削、拉削、插齿、滚齿和螺纹切削中时常会出现这种缺陷。鳞刺对已加工表面的粗糙度影响很大，为此，需要认识鳞刺产生的原因和规律，以便对它进行控制。

工件材料：45 钢；刀具：高速钢；$\gamma_o=20°$，$\alpha_o=5°$；切削用量：

$a_p=0.26$ mm；$v=2$ m/min。

图 2-40 拉削过程中产生的鳞刺

鳞刺形成的原因是在较低的切削速度下形成挤裂切屑或单元切屑时，切屑与前面间的摩擦力发生周期性的变化，促使切屑在前面上周期性地停留，代替刀具推挤切削层，造成切削层金属的积聚，并使切削厚度向切削线以下增大，已加工表面出现拉压力而导裂，生成鳞刺。

鳞刺的形成过程大致可分为四个阶段，如图 2-41 所示。

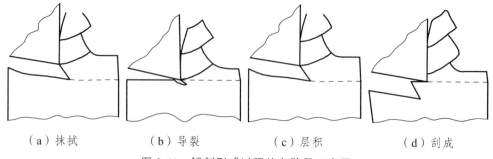

（a）抹拭　　　　（b）导裂　　　　（c）层积　　　　（d）刮成

图 2-41　鳞刺形成过程的各阶段示意图

抹拭阶段：当切屑从前面流出时，逐渐把摩擦面上有润滑作用的吸附膜擦拭干净，使平均摩擦系数逐渐增大，切屑与前面实际接触面积增大。在切屑与前面之间巨大压力的作用下，使切屑单元在瞬间冷焊在前面上，暂时不再沿前面流出，如图 2-41（a）所示。

导裂阶段：切屑焊在前面上，外形圆钝的切屑代替前面进行挤压，使切削刃前下方切屑与加工表面之间产生裂口，如图 2-41（b）所示。

层积阶段：继续切削时，使受到挤压的金属不断地层积在已冷焊在前面上的切屑单元下面，一起参加切削，使裂口扩大，切削层厚度与切削力都随之增大，如图 2-41（c）所示。

刮成阶段：当层积到某一高度后，增大的切削力克服了切屑与前面之间的黏结和摩擦，推动切屑单元重新沿前面滑动，这时切削刃切过去便刮出一个鳞刺，如图 2-41（d）所示。

当一个鳞刺形成后，又开始另一个鳞刺的形成过程，如此周而复始，在已加工表面上不断生成一系列的鳞刺。

鳞刺的表面微观特征是鳞片状的凹凸不平，它的分布近似于沿整个切削刃宽度并垂直于切削速度方向。它不同于黏附在前面上的积屑瘤对加工表面的影响，由于积屑瘤是随机的局部破碎，故它形成的表面特征是不规则的纵向犁沟。

2.5.5　影响鳞刺的主要因素

鳞刺的形成除了与切削速度、切削厚度等因素有关外，还取决于被加工材料的性能和它的金相组织。材料变形强化越大以及切屑与前面之间摩擦越大，越易引起鳞刺的产生。有人认为鳞刺是切削过程中的一个独特现象，其生成可以不依赖于积屑瘤。从鳞刺纵剖面显微照片上可看到（见图 2-40）鳞刺和工件的晶粒相互交错，与工件基体间没有分界线，这说明鳞刺不是嵌入已加工表面的积屑瘤碎片。也有人认为鳞刺和积屑瘤有密切联系，切屑底层金属发生严重停滞是形成鳞刺的先决条件，积屑瘤是切屑底层金属最严重的停滞，此时鳞刺现象也最显著，要避免鳞刺就要消除积屑瘤。由此可见，关于鳞刺形成的原因及其与积屑瘤的关系等问题还存在着不同的看法，值得进一步研究。

认识了鳞刺形成过程的规律后，就可以采取有效的措施来控制鳞刺的产生。如适当提高工件材料的硬度，增大刀具的后角，减小切削厚度，采用润滑性能较好的切削液，采用人工加热切削，在较低切削速度下适当增大前角，在较高切削速度下适当减小前角等，均有利于抑制鳞刺的产生。

2.6 切屑形态及其控制

在硬质合金刀具和高速切削工艺出现以前，金属切削时产生的切屑，其可控性一般较好。因为在切削速度较低时，切屑通常自然卷曲，并趋向于折断。但在现代切削加工中，由于切削速度的提高，难加工材料的出现，以及自动机、自动线和数控机床的使用，切屑如不加以控制，就会危害操作者，损伤刀具、工件和机床，甚至使切削加工无法进行下去。因此，切屑的控制对改善操作环境、提高生产率和自动化程度都是极为重要的研究课题。

2.6.1 切屑的类型及其变化

在切削加工中，可以看到各种颜色不同、形状各异的切屑，归纳起来，大致有四种，如图 2-42 所示。

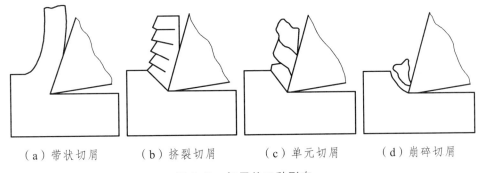

(a) 带状切屑　　　　(b) 挤裂切屑　　　　(c) 单元切屑　　　　(d) 崩碎切屑

图 2-42　切屑的四种形态

带状切屑如图 2-42 (a) 所示，在切屑形成过程中，当切屑在终滑移面 OM 处的应力仍小于材料的强度极限时，则切屑延绵较长没有裂纹，靠近前面的一面很光滑，另一面呈毛茸状，形成常见的带状切屑。一般在加工塑性金属材料、切削厚度较小、切削速度较高、刀具前角较大时，往往得到这种切屑。形成带状切屑时，切屑与前面的接触长度较大，切削力的作用中心离刃口较远，而且波动较小，切削过程比较平稳。工件加工表面的粗糙度数值较小，但有时切屑太长，需要采取卷屑和断屑措施。

挤裂切屑如图 2-42 (b) 所示。在切屑形成过程中，金属材料的塑性变形较大，由此而产生的加工硬化使切屑在终滑移面 OM 处的应力增加，局部达到了材料的强度极限，此时，切屑只在上部被挤裂而下部仍旧相连，亦即靠近前面的一面很光滑，另一面则呈锯齿状，形成挤裂切屑。一般在加工塑性金属材料、切削厚度较大、切削速度较低、刀具前角较小的情况下易于得到这种切屑。形成挤裂切屑时，由于切屑周期性的局部断裂，引起切削力波动，切削过程欠平稳，工件加工的表面粗糙度数值也较大，但断屑情况一般较好。

单元切屑如图 2-42 (c) 所示。如果被切削金属的塑性较小，或切削过程中金属材料的塑性变形很大，以致使切屑在终滑移面 OM 处或在此之前的应力已达到材料的强度极限，则切屑将沿某一断面破裂，此时裂纹贯穿整个切屑厚度，形成近似于梯形的单元切屑。一般在加工塑性金属材料、切削厚度大、切削速度低、刀具前角小的情况下可以得到这种切屑。形成单元切屑时，切削力波动很大，切削过程很不平稳，工件加工表面粗糙度数值大，刀具易于磨损。在生产中要尽量避免出现单元切屑。

崩碎切屑如图 2-42（d）所示。切削脆性金属材料时，由于材料的塑性很小，抗拉强度较低，刀具切入后，靠近切削刃和前面的金属材料在塑性变形很小时就被挤裂或在拉应力状态下脆断，形成不规则碎块状的崩碎切屑。切削厚度越大、刀具前角越小时，越容易产生这类切屑。形成崩碎切屑时，切削力的变化更大，而且切削力的作用点靠近刃口。当切屑崩落时，它与工件分离的表面很不规则，工件加工表面的粗糙度数值很大。

由此可见，切削加工的具体条件不同，要求切屑的形状也不同。因此应当根据各种具体条件下切屑形状的形成规律采取相应的措施使产生的切屑形状适应切削加工的要求。

2.6.2 切屑的流出方向

切屑的流出方向通常用流屑角 φ_λ 表示。流屑角 φ_λ 是指前面上切屑的流出方向与主切削刃法线间的夹角，切屑流向工件方向 φ_λ 为正值，切屑背离工件方向 φ_λ 为负值。如图 2-43 所示。

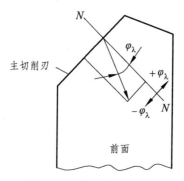

图 2-43　流屑角示意图

长期以来人们对切屑的流出方向进行了大量研究，提出了许多种确定流屑角的方法。面对其中的一种，即斯塔布勒（Stabler）作一简要的介绍。

斯塔布勒（Stabler）研究了斜角自由切削时切屑流动的规律，提出了著名的"斯塔布勒法则"，其最初的形式为

$$\varphi_\lambda = -\lambda_s \tag{2-26}$$

后来发现对于不同的工件材料，该式与实验结果不符，便修正为

$$\varphi_\lambda = -C\lambda_s \tag{2-27}$$

式中　C——与工件材料有关的材料常数。

这个法则完全是建立在实验基础之上的，不能给出机理性的解释。其特点是简单明了，在斜角自由切削条件下是近似成立的。

2.6.3 切屑卷曲的方式和原因

自由切削试验表明，切屑的基本卷曲方式有向上卷曲和侧向卷曲。

（1）切屑的向上卷曲：又称 a 向卷曲，是切屑在厚度方向产生的卷曲，即切屑向上卷离前面的现象。卷曲的轴线平行于切屑与前面接触区的边界线，如图 2-44 所示。

产生 a 向卷曲的直接原因是切屑底层的流出速度 v_{CA} 大于上层的流出速度 v_{CB}，亦即在切屑厚度方向存在流速差之故。至于产生 a 向卷曲的机理，目前看法很不一致，一般认为，由于剪切面上的应力分布状态如图 2-45 所示，剪切面上存在一个弯曲力矩，使切屑产生 a 向卷曲。

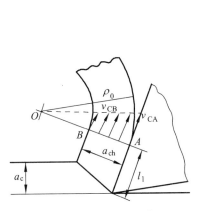

图 2-44　切屑的 a 向卷曲

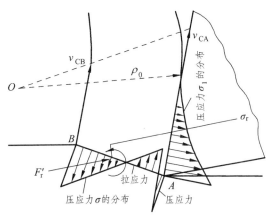

图 2-45　剪切面的弯曲力矩引起的 a 向卷曲

（2）切屑的侧向卷曲：切屑向前面内侧卷曲，又称 b 向卷曲，是切屑在宽度方向产生的卷曲，卷曲的轴线垂直于前面，如图 2-46 所示。

切屑宽度方向的流速差是产生 b 向卷曲的原因，引起流速差的因素主要有两个：一个是被切削工件各点直径不同，使切削刃上各点切屑流出速度不同，如图 2-46 所示；另一个原因是刀具刃倾角 λ_s 不同，当 $\lambda_s \neq 0°$ 时，切削刃上各点的剪切角 ϕ 不同，切屑变形程度不同，因而切屑流出速度不等。一般情况下，切屑兼具有 a 向和 b 向卷曲，如图 2-47 所示。

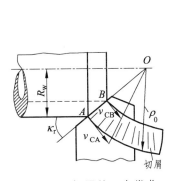

图 2-46　切屑的 b 向卷曲

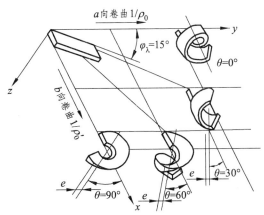

图 2-47　切屑兼具 a 向和 b 向卷曲

2.6.4 切屑的折断

从图 2-47 中可以看出，切屑折断的形式多样，折断后的长短不一，形状各异，但其折断的过程大致可以归纳如下：

1. 切屑折断的过程

（1）切屑形成后，由于断屑器的作用，进一步产生弯曲。在断屑器内的曲率半径为 ρ_0，当它从断屑器流出时，由于弹件恢复，曲率半径将加大至 ρ_c，如图 2-48（a）所示，切屑碰到后面折断。

（2）切屑端部遇阻，挤压在刀具后刀面或工件过渡表面或待加工表面上，如图 2-48（b）所示，切屑碰到工件过渡表面折断。

（3）切屑逐步扩张，其曲率半径不断增大，切屑的自由面受到拉伸应变如图 2-48（c）所示，切屑侧向卷曲碰到工件折断。

（4）在曲率半径最大点 ρ_{max} 处的应变达到破断应变时，切屑便折断，如图 2-48（d）所示，切屑成圆柱螺旋后由于自重和运动折断。

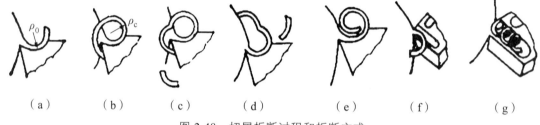

（a）　　　（b）　　　（c）　　　（d）　　　（e）　　　（f）　　　（g）

图 2-48　切屑折断过程和折断方式

2. 切屑折断的条件

从上述分析可知，当切屑内的最大应变达到破断应变值，即 $\varepsilon_{max} > \varepsilon_b$ 时，切屑就会折断。

张幼桢根据对切屑光滑表面上某一点的应变随切屑折断过程变化情况的分析，得到如下切屑折断的条件：

$$\frac{a_c}{\rho_0}\left(1-\frac{1}{K}\right)-\frac{2\sigma_a}{E_a} > \varepsilon_b \qquad (2-28)$$

式中　a_c——切屑厚度（mm）；

σ_a——切屑材料的屈服极限（GPa）；

E_a——切屑材料的杨氏模量（GPa）；

K——切屑受到后面或其他障碍物阻挡后的曲率半径 ρ_q 与切屑在断屑器内的曲率半径 ρ_0 的比值，即是 $K = \rho_q/\rho_0$。

2.6.5 影响切屑可控性的因素

切屑形成时经过剧烈的塑性变形，产生加工硬化；进入断屑器后又经受附加变形，进一步产生加工硬化, 其塑性和韧性降低, 脆性增加, 为切屑的折断创造了条件, 这种切屑与障碍物相碰, 受到反向弯曲力矩或冲击载荷的作用, 就容易折断。因此, 凡是影响切削过程和附加变形的因素, 都在不同程度上影响着切屑的可控性。由式（2-28）可知, 其中有三个因素是主要的, 即

（1）切屑厚度 a_c；

（2）切屑的卷曲半径 ρ_0；

（3）切屑材料的物理机械性质。

其他因素均是通过这三个主要因素影响切屑可控性的。

1. 切屑厚度的影响

当其他条件保持一定时, 切屑厚度达不到某个临界值, 切屑是不会折断的。切屑厚度 a_c 越大, 切屑的卷曲半径越小, 切屑卷曲得越紧, 切屑最大曲率半径处的应变越大, 切屑越易折断。图 2-49 表示进给量 f 对断屑的影响。

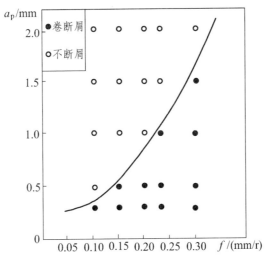

刀具：YG8, γ_o =12°, α_o =8°；$\alpha_o' = \lambda_s$ =0°, κ_r =60°, κ_r' =38°。

图 2-49 端面车削高温合金 GH132 时进给量和背吃刀量对断屑的影响

2. 切屑卷曲半径的影响

根据实测, 式（2-28）中的 K 值在 1.2 ~ 2.0 范围内时, 切屑的可控性较好。试验表明, 在使用断屑器时, 切屑的卷曲半径具有某个临界值。如卷曲半径太大, 则切屑在断屑器内变形不足, 不易折断, 往往变成带状切屑或缠绕形切屑, 如卷曲半径太小, 则切屑成长管状切屑或圆锥形螺旋切屑, 从前面流出, 最终靠本身的重量和运动而折断。

在使用断屑器时, 切屑的卷曲半径由断屑器的尺寸决定。因此, 断屑器的设计对切屑的可控性是至关重要的。设计断屑器时, 除应考虑到被切削材料的物理机械性能和进给量等因素的影响外, 卷屑槽宽度应与进给量基本适应。若卷屑槽太窄, 切屑就挤成小卷堵塞在槽中, 造成憋屑, 甚至损坏切削刃。若卷屑槽太宽, 切屑卷曲半径太大, 则切屑变形不够, 不易折断, 有时甚至不流经槽底而自由形成带状切屑。

3. 工件材料物理机械性能的影响

被切削材料的强度越高，塑性越大，韧性越好，切削时切屑就不容易折断。即使是相同牌号的材料，硬度不同，切屑的可控性也有差异。

被切削材料的化学成分和金相组织对切屑可控性也有很大影响。图 2-50 表明碳素钢含碳量的变化对切屑卷曲半径的影响。随着含碳量的增加，材料中的铁素体减少，珠光体增加，塑性逐步降低，所以切屑的卷曲半径减小，易于折断。但是，当含碳量大于 0.4% 时，切屑卷曲半径又趋于增大，这是由于材料的强度、硬度增大，在同样的条件下切屑不易卷曲，可控性变差。

钢料中含有少量的 S、Pb、Se 等易切添加物的易切钢，以及加 Pb 的易切黄铜，切屑易于折断。因为形成的 MnS 等呈游离状态存在于基体中，切屑形成时成为应力集中点，使破断应变 ε_b 降低。图 2-51 表示含硫易切钢中硫含量造成切屑折断区发生变化的情况。

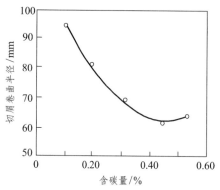
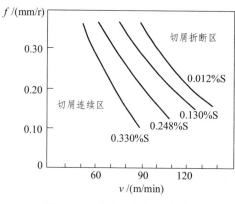

图 2-50　碳素钢含碳量与切屑卷曲半径的关系　　图 2-51　硫含量与切屑折断的关系

被切削材料的物理机械性能固然对切屑的折断有很大影响，可是形成切屑后，它的物理机械性能对切屑的折断有更直接的影响，其中主要的有切屑材料的弹性模量 E_a、屈服极限 σ_a 和破断应变 ε_b 等。试验表明，E_a 与原材料的弹性模量 E 相同，σ_a 为原材料屈服极限 σ_s 的 1.5 倍，对于各种钢料，切屑材料的 ε_b 为 0.04 ~ 0.055。

2.7　刀具的磨损

切削金属时，刀具一方面切下切屑，另一方面刀具本身也要发生损坏。刀具损坏到一定程度，就要换刀或更换新的刀刃，才能进行正常切削。刀具损坏的形式主要有磨损和破损两类。前者是连续地逐渐磨损；后者包括脆性破损（如崩刃、碎断、剥落、裂纹破损等）和塑性破损两种。刀具磨损后，使工件加工精度降低，表面粗糙度增大，并导致切削力和切削温度增加，甚至产生振动，不能继续正常切削。因此，刀具磨损直接影响加工效率、质量和成本。

刀具磨损与一般机械零件的磨损相比，有显著不同的特点：与前面接触的切屑底面是活性很高的新鲜表面，不存在氧化膜等的污染；前、后面上的接触压力很大，接触面温度也很高（如硬质合金刀具加工钢，可达 1 000 ℃以上）等。因此，磨损时存在着机械、热和化学作用以及摩擦、黏结、扩散等现象。刀具磨损主要取决于刀具材料、工件材料的物理机械性能和切削条件。各种刀具材料的磨损和破损有不同的特点。

2.7.1 刀具磨损的形式

切削时，刀具前面和后面经常与切屑和工件相互接触，产生剧烈摩擦，同时在接触区内有相当高的温度和压力。因此在刀具前、后面上发生磨损，前面被磨成月牙洼，后面形成磨损带，多数情况是二者同时发生，相互影响，如图 2-52 所示。

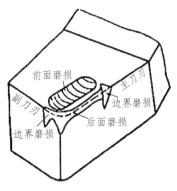

图 2-52　刀具的磨损状态

1. 前面磨损

切削塑性材料时，如果切削速度和切削厚度较大，由于切屑与前面完全是新鲜表面相互接触和摩擦，化学活性很高，反应很强烈；如前所述，接触面又有很高的压力和温度，接触面积中有 80% 以上是实际接触，空气或切削液渗入比较困难，因此在前面上形成月牙洼磨损（见图 2-52）；开始时前缘离刀刃还有一小段距离，以后逐渐向前、后扩大，但宽度变化并不显著（取决于切屑宽度），主要是深度不断增大，其最大深度的位置即相当于切削温度最高的地方。图 2-53 表示月牙洼磨损的发展过程。当月牙洼宽度发展到其前缘与切削刃之间的棱边变得很窄时，刀刃强度降低，易导致刀刃破损。前面月牙洼磨损值以其最大深度 KT 表示，如图 2-54（a）所示。

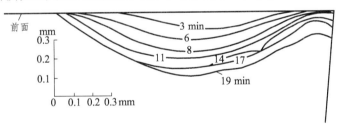

工件：易切削钢（0.25%S，0.08%C）；YT 硬质合金刀具：$\gamma_o = 0°$，$r_\varepsilon = 0.8$ mm，$a_p = 2.54$ mm；$f = 0.117$ mm/r，$v = 305$ m/min。

图 2-53　前刀面上的磨损随时间的变化

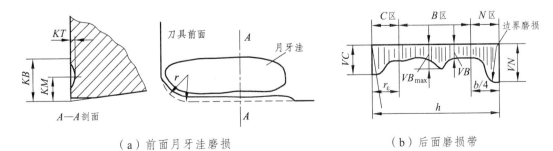

（a）前面月牙洼磨损　　　　　　　　（b）后面磨损带

图 2-54　刀具磨损的测量位置

2. 后面磨损

切削时，工件的新鲜加工表面与刀具后面接触，相互摩擦，引起后面磨损。后面虽然有后角，但由于切削刃不是理想的锋利，而有一定的钝圆，后面与工件表面的接触压力很大，存在着弹性和塑性变形；因此，后面与工件实际上是小面积接触，磨损就发生在这个接触面上。切削铸铁和以较小的切削厚度切削塑性材料时，主要发生这种磨损。后面磨损带往往不均匀，如图 2-54（b）所示。刀尖部分（C 区）强度较低，散热条件又差，磨损比较严重，其最大值为 VC。主切削刃靠近工件外皮处的后面（N 区）上，磨成较严重的深沟，以 VN 表示。在后面磨损带中间部位（B 区）上，磨损比较均匀，平均磨损带宽度以 VB 表示，而最大磨损宽度以 VB_{max} 表示。

3. 边界磨损

如图 2-52 所示，切削钢料时，常在主切削刃靠近工件外皮处以及副切削刃靠近刀尖处的后面上，磨出较深的沟纹。此两处分别是在主、副切削刃与工件待加工或已加工表面接触的地方，如图 2-55 所示。发生这种边界磨损的主要原因有：

图 2-55　边界磨损发生的位置

（1）切削时，在刀刃附近的前、后面上，压应力和剪应力很大，但在工件外表面处的切削刃上应力突然下降，形成很高的应力梯度，引起很大的剪应力。同时，前面上切削温度最高，而与工件外表面接触点由于受空气或切削液冷却，造成很高的温度梯度，也引起很大的剪应力，因而在主切削刃后面上发生边界磨损。

（2）由于加工硬化作用，靠近刀尖部分的副切削刃处的切削厚度减小到零，引起这部分刀刃打滑，促使副后面上发生边界磨损。

2.7.2　刀具磨损的原因

由于工件、刀具材料和切削条件变化很大，刀具磨损形式也各不相同，故其磨损原因很复杂。但从对温度的依赖程度来看，刀具正常磨损的原因主要是机械磨损和热、化学磨损。前者是由工件材料中硬质点的刻划作用引起的磨损，后者则是由黏结、扩散、腐蚀等引起的磨损。

1. 硬质点磨损

这主要是由于工件材料中的杂质、材料基体组织中所含的碳化物、氮化物和氧化物等硬质点以及积屑瘤的碎片等所造成的机械磨损，它们在刀具表面上划出一条条的沟纹。工具钢（包括高速钢）刀具的这种磨损比较显著。图 2-56 为高速钢刀具车削 40Cr 钢时，在前面上刻划出一条条沟纹。硬质合金刀具有很高的硬度，硬质点或夹杂物要刻划它的碳化物骨架比较困难，所以这种磨损发生较少。但如果工件材料存在大量硬质点，如冷硬铸铁、夹砂的铸件表层等，也会使它产生硬质点磨损痕迹。在这种情况下，应选用含钴量较少的细颗粒硬质合金。

（a）水溶液　　　　（b）乳化液

工件：40Cr；高速钢刀具：$\gamma_o = 0°$，$\alpha_o = 0°$，

$v = 0.5$ m/min，$a_w = 3.5$ mm，$a_c = 0.08$ mm。

图 2-56　在不同切削液下加工钢时刀具前面的硬质点磨损

各种切削速度下的刀具都存在硬质点磨损，但它是低速刀具磨损的主要原因。因为此时切削温度较低，其他各种形式磨损还不显著。一般可以认为，由硬质点磨损产生的磨损量与刀具和工件相对滑动距离或切削路程成正比。

2. 黏结磨损

黏结磨损在两材料接触面上，不论是软材料一边，还是在硬材料一边，都可能发生。一般说来黏结点的破裂多发生在硬度较低的一方，即工件材料上。但刀具材料往往有组织不均、存在内应力、微裂纹以及空隙、局部软点等缺陷，所以刀具表面也常发生破裂而被工件材料带走，形成黏结磨损。高速钢、硬质合金、陶瓷刀具、立方氮化硼和金刚石刀具都会因黏结而发生磨损。例如用硬质合金刀具切削钢件时，在能形成积屑瘤的条件下，切削刃可能很快因黏结磨损而损坏。但高速钢刀具有较大的抗剪和抗拉强度，因而具有较大的抗黏结磨损的能力，切削时，只有微小碎片从刀具表面上撕裂下来，所以黏结磨损较慢。图 2-57 是高速钢刀具切削中碳钢时发生黏结磨损的图片。

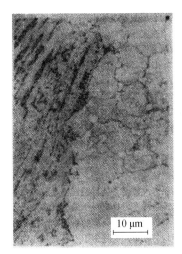

（a）刀具的黏结磨损　　　　　　（b）黏结磨损的放大图

图 2-57　高速钢低速切削中碳钢时的黏结磨损

硬质合金的晶粒大小对黏结磨损的速度影响较大，如图 2-58 所示。晶粒越细，磨损越慢。但在常用的钴含量（5.5%~20%）范围内，钴含量对磨损的影响较小，如图 2-59 所示。因为它们虽然硬度差别较大，但具有相同的晶粒尺寸。

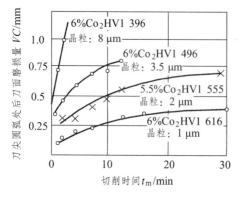

图 2-58　硬质合金晶粒尺寸对磨损的影响　　图 2-59　硬质合金钴含量对磨损的影响

刀具材料与工件材料相互黏结时的温度对黏结磨损剧烈程度影响很大。图 2-60 为几种刀具材料和工件材料组合时，黏结强度系数 K_0 与温度的关系。图中 K_0 为单位黏结力与刀具材料的抗拉强度之比。K_0 大，表示黏结磨损剧烈程度大。在低温时，黏结剧烈程度比高温时小得多。在 500 ℃以上，硬质合金 YT15、YG8 与镍铬钛合金（12Cr18Ni9Ti）和钛以及纯铁就发生黏结，而氧化铝、立方氮化硼和金刚石刀具与纯铁和钛这时也开始发生黏结。随着温度升高，黏结强度增加很快。从图 2-60 中可以看到，在 900 ℃时，YG8 与纯铁的黏结强度系数约为 YT15 的 3 倍，所以 YG8 的黏结磨损比 YT15 的大。因为含有碳化钛（TiC）的硬质合金在高温下会形成 TiO_2，从而减轻黏结，其减少程度与 TiC 含量有关。因而 YT 类硬质合金比 YG 类更适于加工钢件。但 YT 类硬质合金在低速区更容易产生崩刃。从图 2-60 中还可看出，氧化铝陶瓷刀具高速加工纯铁和钛时的黏结强度系数，比立方氮化硼和金刚石刀具都大，而立方氮化硼加工纯铁，金刚石刀具加工钛时的黏结强度系数均较小。

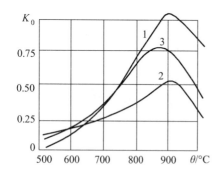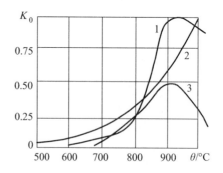

（a）刚玉（氧化铝）（曲线 1）、立方氮化硼（曲线 2）和金刚石（曲线 3）加工纯铁　　（b）刚玉（氧化铝）（曲线 1）、立方氮化硼（曲线 2）和金刚石（曲线 3）加工钛

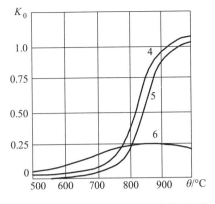

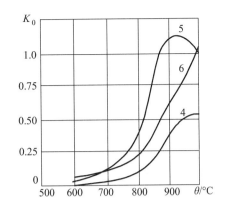

（c）YT15 加工 12Cr18Ni9Ti（曲线 4）、
钛（曲线 5）和纯铁（曲线 6）

（d）YG8 加工 12Cr18Ni9Ti（曲线 4）、钛
（曲线 5）和纯铁（曲线 6）

图 2-60　各种刀具材料黏结强度系数与温度的关系

其他因素如刀具、工件材料的硬度比、刀具表面形状与组织，以及切削条件和工艺系统刚度等，都影响黏结磨损速度。

3. 扩散磨损

由于切削时的高温，而且刀具表面始终与被切出的新鲜表面相接触，有巨大的化学活泼性，所以两摩擦面的化学元素有可能互相扩散到对方去，因而使两者的化学成分发生变化，削弱刀具材料的性能，加速磨损过程。扩散速度随切削温度的升高而增加，它是按 $e^{-\frac{E}{K\theta}}$ 指数函数增加的（θ 为刀具表面上的绝对温度，E 为活性化能量，K 为常数）。也就是说，对于一定刀具材料，随着切削温度上升，扩散速度开始增加较慢，然后越来越快。不同元素的扩散速度是不同的，因而扩散磨损剧烈程度与刀具材料的化学成分关系很大。例如，Ti 的扩散速度比 C、Co、W 等元素低很多，故 YT 类硬质合金抗扩散能力比 YG 类高。此外，扩散速度还与切屑底层在刀具表面上的流动速度有关，也就是和切屑流过前面的速度有关。流动速度慢，扩散磨损也较慢。

1）高速钢刀具的扩散磨损

切削钢和铸铁时，在一定温度条件下，在前面上由于扩散形成一层金属原子和碳原子（Cr、C 等）含量增高的白色层，其厚度为 0.8~3.5 μm，与切削速度有关。白色层不时被切屑带走而使刀具磨损。一般情况下，高速钢刀具在常用的切削速度范围内加工，因切削温度较低，扩散磨损很轻。随着切削速度的加大和切削温度的升高，扩散磨损会加剧。但在扩散磨损还没有起主导作用之前，就可能因塑性变形而使刀具损坏。

2）硬质合金刀具的扩散磨损

切削钢件时，切削温度常达 1 000 ℃以上，因而扩散磨损成为硬质合金刀具的主要磨损原因之一，自 800 ℃开始，硬质合金中的 Co、C、W 等元素会扩散到切屑中去而被带走；而切屑中的 Fe 会向硬质合金中扩散，形成新的低硬度、高脆性的复合碳化物。由于 Co 的扩散，WC、TiC 等碳化物会因黏结剂 Co 的减少而降低其与基体的黏结强度，这会加速刀具磨损。WC-Co 类硬质合金刀具切削钢时，在形成月牙洼磨损过程中，扩散现象非常明显，如图 2-61 所示。图中，上层是钢，下层是硬质合金，中间白色的是熔化层，它是处于局部熔解的区域之中，WC 晶粒就被包围在中间。由于前面上月牙洼处温度最高，故其扩散速度高，磨损快。同时，由于温度上升到一定程度就发生黏结，因此，扩散磨损和黏结磨损往往同时发生，极易形成月牙洼。

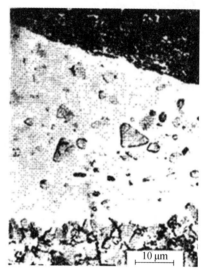

图 2-61　WC-Co 类硬质合金刀具的扩散磨损

因为 TiC、TaC 的扩散速度低，故用含有这些成分的硬质合金刀具切削钢时的磨损比 WC-Co 硬质合金的慢，因而在切削钢件时，广泛应用含 TiC（TaC）的，或者表层涂抹 TiC、TiN、Al_2O_3 的涂层，或 TiC 基的硬质合金。氧比铝陶瓷与铁之间不发生扩散，故在高速切削钢件时，仍然有很高的耐磨性能。

3）金刚石和立方氮化硼刀具的扩散磨损

在一定的切削温度和接触时间下，金刚石刀具发生结晶溶解，而且其中的 C 原子会扩散到工件材料中去，因而引起扩散磨损。在 910 ℃时，金刚石与纯铁接触 10 s 后，金刚石就开始扩散到铁中，形成铁素体-珠光体组织，接触层变成含碳量为 0.3%~0.35%的一层钢；在 1 000 ℃时，只要接触 1 s，就形成明显的扩散层，其结构相当于含碳量 0.2%的钢；在 1 300 ℃时，只要接触 0.1 s，几乎全部熔化在铁中。因此，金刚石刀具切削纯铁和低碳钢时，在高温下，会发生严重的扩散磨损。这是金刚石刀具不适于切削钢铁的主要原因。

立方氮化硼刀具有高的硬度和耐热性（1 400~1 500 ℃），与铁及其合金的化学活性比金刚石小得多。在 1 300 ℃时，与纯铁接触 20 min，才形成厚度为 0.013 mm 的扩散层。但与钛合金 TC8 在高温下相互接触，扩散就严重得多，在 1 000 ℃时，只要接触 10 min，就形成厚度为 0.015~0.03 mm 的扩散层。温度越高，扩散就越快。在 1 300 ℃时，只要接触 60 s，扩散层就厚达 0.01 mm。研究结果表明，几种刀具材料与铁相互扩散强度的大小顺序，由大到小为：金刚石—碳化硅—立方氮化硼—氧化铝；而与钛合金相互扩散的大小顺序恰好相反，由大到小为：氧化铝—立方氮化硼—碳化硅—金刚石。

4. 化学磨损

化学磨损是在一定温度下，刀具材料与某些周围介质（如空气中的氧，切削液中的极压添加剂硫、氯等）起化学作用，在刀具表面形成一层硬度较低的化合物，而被切屑带走，加速刀具磨损；或者因为刀具材料被某种介质腐蚀，造成刀具磨损。例如，高速钢刀具车削钛合金（$a_p = 1$ mm，$f = 0.1$ mm/r，$v = 10 \sim 50$ m/min）时，切削液或气体的化学活性越好，刀具磨损越快。又如，硬质合金 YT14 加工（$v = 120 \sim 180$ m/min）18-8 型不锈钢（含 18%Cr，9%Ni），采用硫、氯化切削液时，由于硫（S）和氯（Cl）的腐蚀作用，刀具耐用度会比干切削时反而降低。

除上述几种主要的磨损原因外，还有热电磨损，即在切削区高温作用下，刀具与工件材料形成热电偶，产生热电势，致使刀具与切屑以及刀具与工件之间有热电流通过，可能加快扩散速度，从而加速刀具磨损。试验表明，在刀具、工件的电路中加以绝缘，可明显提高刀具耐用度。热电磨损的机理尚待进一步研究中。

2.7.3 刀具的磨钝标准和耐用度

1. 刀具的磨钝标准

刀具磨损到一定限度就不能继续使用。这个磨损限度称为磨钝标准。在实际生产中，经常卸下刀具来测量磨损量会影响生产的正常进行，因而不能直接以磨损量的大小，而是根据切削中发生的一些现象来判断刀具是否已经磨钝。例如粗加工时，观察加工表面是否出现亮带，切屑的颜色和形状的变化，以及是否出现振动和不正常的声音等。精加工可观察加工表面粗糙度变化以及测量加工零件的形状与尺寸精度等。发现异常现象，就要及时换刀。

在评定刀具材料切削性能和研究试验时，都以刀具表面的磨损量作为衡量刀具的磨钝标准。因为一般刀具的后面都发生磨损，而且测量也比较方便。因此，国际标准 ISO 统一规定以 1/2 切削深度处后面上测定的磨损带宽度 VB 作为刀具磨钝标准，如图 2-54（b）所示。

自动化生产中用的粗加工刀具，常以沿工件径向的刀具磨损尺寸作为衡量刀具的磨钝标准，称为刀具径向磨损量 NB，如图 2-62 所示。

由于加工条件不同，所定的磨钝标准也有变化。例如精加工的磨钝标准较小，而粗加工则取较大值；机床-夹具-刀具-工件系统刚度较低时，应该考虑在磨钝标准内是否会产生振动。此外，工件材料的可加工性，刀具制造刃磨难易程度等都是确定磨钝标准时应考虑的因素。磨钝标准的具体数值可参考有关手册。

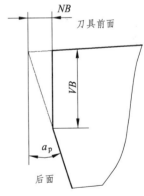

图 2-62 车刀的径向磨损量

国际标准 ISO 推荐的车刀耐用度试验的磨钝标准如下：
（1）高速钢或陶瓷刀具，可以是下列的任何一种：
① 破损；
② 如果后面在 B 区内（见图 2-54）是有规则的磨损，取 $VB = 0.3$ mm；
③ 如果后面在 B 区内是无规则的磨损、划伤、剥落或有严重的沟痕，取 $VB_{max} = 0.6$ mm。
（2）硬质合金刀具，可以是下列的任何一种：
① $VB = 0.3$ mm；
② 如果后面是无规则的磨损，取 $VB_{max} = 0.6$ mm；
③ 前面磨损量 $KT = 0.06$ mm $+ 0.3f$，其中 f 为进给量。

2. 刀具的耐用度

刀具耐用度定义为:由刃磨后开始切削到磨损量达到刀具磨钝标准所经过的总切削时间。对于某一切削加工,当工件、刀具材料和刀具几何形状选定之后,切削速度是影响刀具耐用度的最主要因素。提高切削速度,耐用度就降低。这是由于切削进度对切削温度影响最大,因而对刀具磨损影响最大。

试验表明,在一定范围之内,刀具耐用度和切削用量之间呈指数关系:

$$T = \frac{C_T}{v^{\frac{1}{m}} f^{\frac{1}{m_1}} a_p^{\frac{1}{m_2}}} \tag{2-29}$$

如果令 $x = \dfrac{1}{m}$, $y = \dfrac{1}{m_1}$, $z = \dfrac{1}{m_2}$, 则式(2-29)变为

$$T = \frac{C_T}{v^x f^y a_p^z} \tag{2-30}$$

式中　C_T——刀具耐用度系数,与刀具材料、工件材料和切削条件有关;

x、y、z——切削用量的指数,分别表示各切削用量对刀具耐用度影响的程度。

用 YT5 硬质合金车刀切削 σ_b=637 MPa 的 45 号钢(未淬火,f>0.75 mm/r),切削用量与刀具耐用度的关系为

$$T = \frac{C_T}{v^5 f^{2.25} a_p^{0.75}} \tag{2-31}$$

或

$$v = \frac{C_T}{T^{0.2} f^{0.45} a_p^{0.15}} \tag{2-32}$$

由上式可以看出,切削速度 v 对刀具耐用度影响最大,其次是进给量 f,背吃刀量 a_p 对刀具的耐用度影响最小。

刀具耐用度会影响生产效率和加工成本。如果从生产效率来考虑:当刀具耐用度规定得过高,在刀具材料及其他条件不变时,选择的切削速度就会过低,使切削工时增加,生产率降低;当耐用度规定得过低,这时切削速度虽然可以很高,可以降低切削工时,但装刀、卸刀及调整机床所花时间增多,生产率也会下降。因此就有一个生产率为最大时的刀具耐用度和相应的切削速度。

同样,如果从加工成本来考虑:当耐用度选得很高,切削速度选得很低时,切削时间加长,使用机床费用及人工费用增大,因而成本提高;而当耐用度选得很低,切削速度选得很高时,换刀时间增多,刀具消耗、与磨刀有关的成本均增加,机床因换刀停车的时间也增加,因而加工成本也增高。由此可见,也存在一个加工成本为最低的刀具耐用度和相应的切削速度。因此,要选择合理的刀具耐用度,就应对切削加工进行综合性经济分析。

在生产现场,一般有两种选择刀具耐用度的原则:最高生产率耐用度和最低成本耐用度。

1. 最高生产率耐用度

最高生产率耐用度是以单位时间生产最多数量产品或加工每个零件所消耗的生产时间为

最少来衡量的。

单件工序的时间定额 t_w 可以表示成：

$$t_w = t_m + t_{ct}\frac{t_m}{T} + t_{ot} \quad (\text{min}) \tag{2-33}$$

式中　t_m——工序的基本时间（切削时间）；

　　　t_{ct}——一次换刀消耗的时间；

　　　T——刀具耐用度；

　　　t_m/T——换刀次数；

　　　t_{ot}——除换刀时间外的其他辅助时间。

其中，t_m 可以用下面的公式来计算（以外圆车削为例）：

$$t_m = \frac{l_w \varDelta}{n_w a_p f} = \frac{\pi d_w l_w \varDelta}{10^3 v a_p f} \quad (\text{min}) \tag{2-34}$$

式中　d_w——车削前的毛坯直径（mm）；

　　　l_w——工件切削部分的长度（mm）；

　　　$\varDelta$——工件的加工余量（mm）；

　　　n_w——工件转速（r/min）。

如果进给量 f 和背吃刀量 a_p 都已经确定，式（2-32）可以改写为

$$v = \frac{C_0}{T^m} \quad (\text{m/min}) \tag{2-35}$$

式中　C_0——切削速度 v 和刀具耐用度系数关系的系数。

把式（2-35）代入式（2-36），得

$$t_m = \frac{\pi d_w l_w \varDelta}{10^3 C_0 a_p f} T^m = A T^m \quad (\text{min}) \tag{2-36}$$

当进给量 f 和背吃刀量 a_p 都已经确定后，$A = \dfrac{\pi d_w l_w \varDelta}{10^3 C_0 a_p f}$ 成为常数，把式（2-36）代入式（2-33）得

$$t_w = A T^m + A t_{ct} T^{m-1} + t_{ot} \quad (\text{min}) \tag{2-37}$$

要求得最小值，需要将式（2-37）对耐用度 T 求导，使倒数为零，即

$$\frac{\mathrm{d}t_w}{\mathrm{d}T} = A m T^{m-1} + A(m-1)t_{ct}T^{m-2} = 0 \tag{2-38}$$

得到最高生产率的耐用度 T_p：

$$T_p = \frac{1-m}{m}t_{ct} \quad (\text{min}) \tag{2-39}$$

根据式（2-35）可以计算最高生产率耐用度时的切削速度。

2. 最低成本耐用度

最低成本耐用度是以每件产品的某个工序的加工费用 C 最低为原则来制定的，每个工件在某个工序的工艺成本可以表示成：

$$C = t_{m}M + t_{ct}\frac{t_{m}}{T}M + \frac{t_{m}}{T}C_{t} + t_{ot}M \tag{2-40}$$

式中　M——单位时间定额内的工艺成本；

　　　C_{t}——刀具刃磨的成本（刀具成本）。

同理，要求得最小值，需要将式（2-40）对耐用度 T 求导，使倒数为零，即

$$\frac{dC}{dT} = AmT^{m-1}M + A(m-1)(t_{ct}M + C_{t})T^{m-2}M = 0 \tag{2-41}$$

得到最低成本耐用度 T_{c}：

$$T_{c} = \frac{1-m}{m}\left(t_{ct} + \frac{C_{t}}{M}\right)\ (\text{min}) \tag{2-42}$$

根据式（2-35）可以计算最低成本耐用度时的切削速度 v。

根据式（2-39）和（2-42）可知：

（1）$T_{c}>T_{p}$，$v_{p}>v$。

（2）m 越小，t_{ct} 越大，则 T_{c} 及 T_{p} 均越大。当 m 越小时，v 对 T 的影响越大，故应选择较高的刀具耐用度。t_{ct} 越大时，换刀或换刃时间越长，所以耐用度也应选择得越长。

（3）C_{t} 越大，刀具费用越高，耐用度应选得大些。

（4）M 越大，耐用度应选得小些，使切削速度提高一些。

最高生产率耐用度和最低成本耐用度这两者究竟采用哪一种，必须根据市场的供求情况、库存量、加工设备、刀具和工件材料价格、工人工资以及管理水平等综合分析后选定。一般情况下，多采用最低成本耐用度。但是，如果市场需求激增，库存缺乏，或产品价格变动，以及有特殊需要，这时为了在短时间内尽可能生产出较多的产品，即使单件成本增加一些，也宁可选定最高生产率的切削条件，即最高生产率耐用度和相应的切削速度。

生产一般常用的耐用度的参考数值为：高速钢刀具的耐用度 $T = 60 \sim 90$ min，硬质合金和陶瓷刀具 $T = 30 \sim 60$ min；加工有色金属的金刚石车刀，$T = 10 \sim 20$ h；加工淬火钢的立方氮化硼车刀，$T = 120 \sim 150$ min，在自动机上多刀加工的高速钢车刀 $T = 180 \sim 200$ min。

在选择刀具耐用度时，还应考虑以下几点：

（1）刀具的复杂程度和制造、重磨的费用。简单的刀具如车刀、钻头等，耐用度选得低些，结构复杂和精度高的刀具，如拉刀、齿轮刀具等，耐用度选得高些。同一类刀具，尺寸大的，制造和刃磨成本均较高，耐用度规定得高些。可转位刀具的耐用度比焊接式刀具选得低些。

（2）装夹、调整比较复杂的刀具，如多刀车床上的车刀，组合机床上的钻头、丝锥、铣刀，自动机及自动线上的刀具，耐用度应选得高一些，一般为通用机床上同类刀具的 200% ~ 400%。

（3）车间内某台机床的生产率限制了整个车间生产率提高时，该台机床上的刀具耐用度要选得低一些，以便提高切削速度，使整个车间生产达到平衡。

（4）生产线上的刀具耐用度应规定为一个班或两个班，以便能在换班时间内换刀。如有特殊快速换刀装置时，可将刀具耐用度减少到正常数值。

（5）精加工尺寸很大的工件时，为避免在加工同一表面时中间换刀，耐用度应规定至少能完成一次走刀，刀具耐用度应按零件精度和表面粗糙度要求决定。

2.7.4　刀具的破损

刀具破损和磨损一样，也是刀具主要损坏形式之一。特别是在用脆性大的刀具材料制成的刀具进行断续切削，或者加工高硬度材料等的情况下，刀具的脆性破损就更加严重。据统计，硬质合金刀具有 50%~60% 的损坏是脆性破损。陶瓷刀具的破损比例更高。所以对刀具破损必须予以足够重视。脆性的新刀具材料应该试验其抗破损的切削性能。

刀具的破损有早期和后期（加工到一定时间后的损坏）两种。早期破损是切削刚开始或短时间切削后即发生的破损（一般是刀具切削时的冲击次数小于或近于 10^3 次）。这时，前、后面尚未产生明显的磨损（一般 $VB \leqslant 0.1$ mm）。用脆性大的刀具材料切削高硬度材料或者断续切削时，最常出现这种破损。后期破损是加工一定时间后，刀具材料因疲劳而引起的破损。

1. 刀具脆性破损的形式

硬质合金和陶瓷刀具在切削时，在机械和热冲击作用下，经常发生以下几种形式的破损，如图 2-63 所示。

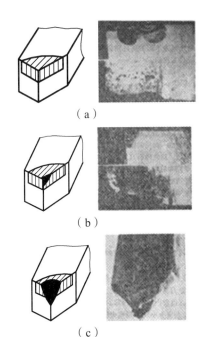

（a）　　崩刃（工件：40Cr；YT5 硬质合金端铣刀：

a_f=0.5 mm/z，v=20 m/min，a_p=2 mm）

（b）　　局部脆裂（工件：40Cr；YT5 硬质合金端铣刀：

a_f=0.32 mm/z，v=175 m/min，a_p=2 mm）

（c）　　大块断裂（工件：淬硬 40Cr；YT5 硬质合金端铣刀：

a_f=1.6 mm/z，v=85 m/min，a_p=3 mm）

（γ_o =0°，λ_s=0°，α_0=10°，κ_r=60°，κ_r' =20°）

图 2-63　硬质合金端铣刀的脆性破损形态

（1）崩刃。在切削刃上产生小的缺口。一般缺口尺寸与进给量相当或者稍大一些，刀刃还能继续进行切削。陶瓷刀具切削时，最常发生这种崩刃，而且是早期发生的一种破损。硬质合金刀具断续切削时，也常出现崩刃现象。图2-63（a）表示主切削刃上有几个小缺口。

（2）碎断。在切削刃上发生小块碎裂或大块断裂，不能继续正常切削。前者如图2-63（b）所示，刀尖与主切削刃处发生小块碎裂破损，一般还可以重磨修复再使用，硬质合金和陶瓷刀具断续切削时常常出现这种早期破损；后者如图2-63（c）所示，刀尖处发生大块断裂，不可能再重磨使用，多数是断续切削较长时间后，没有及时换刀，因刀具材料疲劳而造成断裂，少数是刚开始切削即发生这种破损。

（3）剥落。在前、后面上几乎平行于切削刃而剥下一层碎片，经常连切削刃一起剥落，有时也在离切削刃一小段距离处剥落，根据刀面上受冲击位置不同而变化。这多数是发生在断续切削时的一种早期破损现象。陶瓷刀具端铣时最常见到这种破损，如图2-64所示。硬质合金低速断续切削时也发生这种现象，尤其是当刀具有切屑黏结在前面上再切入时，或者因积屑瘤脱落而剥去一层碎片，都会造成这种破损。如剥层较厚，就难以重磨再继续使用。

（4）裂纹破损。在较长时间断续切削后，由于疲劳而引起裂纹的一种破损。有因热冲击而引起的垂直于或倾斜于切削刃的热裂纹；也有因机械冲击而发生的平行于切削刃或呈网状的机械疲劳裂纹。当这些裂纹不断扩展合并，就会引起切削刃的碎裂或断裂。

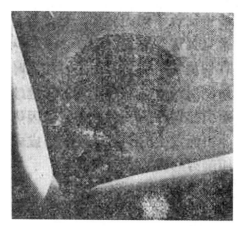

工件：T10A 淬硬钢，58~65 HRC；SG-4 陶瓷刀具，
$\gamma_o = \gamma_f = -5°$，$v = 141\,\text{m/min}$，$a_f = 0.05\,\text{mm/z}$，$a_p = 0.3\,\text{mm}$。

图 2-64 陶瓷刀具端铣时的破损状态

2. 刀具的塑性破损

切削时，由于高温和高压的作用，有时在前、后面和切屑（工件）的接触层上，表层材料发生塑性流动而丧失切削能力。这就是刀具的塑性破损。

根据刀具材料性质不同，刀具塑性破损的切削条件各不相同。例如碳素工具钢刀具加工普通钢（切削厚度 $a_c = 0.3 \sim 0.4\,\text{mm}$）时，其破损条件为：切削速度 $v = 10 \sim 15\,\text{m/min}$，此时切削温度达 300 ℃。在上述切削厚度下，高速钢刀具的塑性破损条件为 $v = 35 \sim 60\,\text{m/min}$，温度达 700 ℃；硬质合金刀具为 $v = 350 \sim 500\,\text{m/min}$，温度达 1 100 ~ 1 200 ℃或更高。车削耐热钢时，由于应力大，导热性差，在更低的切削用量下，就可能发生塑性破损。

图 2-65 为高速钢刀具加工 10 号钢时，刀具因塑性变形而破损的情况。刀具的前、后面材料发生塑性流动，后面塑性流动层厚度达 40~60 μm。因为在大的切削用量下（$v=165\,\text{m/min}$，$f=0.4\,\text{mm/r}$，$a_\text{p}=1.5\,\text{mm}$），接触层的温度很高，接触层的工件材料变形速度很大，使其屈服强度提高很多，作用在刀具表面上的切向应力就大得多。但刀具接触层材料变形速度却很低，其屈服强度反而因高温作用有所降低。因此，作用在刀具上的力就引起表面层塑性变形而使之丧失切削能力。图 2-66 为 YG 硬质合金刀具加热（1 200 ℃）切削钛时，刀具因塑性变形而塌陷的情况。刀具因塑性变形而造成破损的过程如图 2-67 所示。开始时，切削刃由于强度较弱，首先变得圆钝。随后，后面接触层塑性流动，致使实际后角变化，有些部分的后角几乎变成零，后面接触面积增加；刀具材料继续向后面流动，有的就被工件的加工表面带走。前面上也发生相同的塑性破损现象。

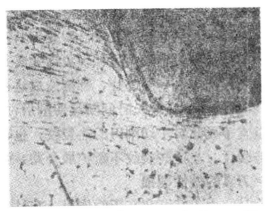

工件：10 钢；高速钢刀具；$\gamma_\text{o}=0°$，$\lambda_\text{s}=0°$，$\kappa_\text{r}=48°$，$\kappa_\text{r}'=20°$，$a_\text{p}=1.5\,\text{mm}$，$f=0.4\,\text{mm/r}$，$v=165\,\text{m/min}$。

图 2-65　高速钢刀具的塑性破损

工件：钛，加热至 1 200 ℃；YG8 硬质合金刀具；$v=18\,\text{m/min}$，$a_\text{c}=0.25\,\text{mm}$，$a_\text{w}=2.5\,\text{mm}$。

图 2-66　硬质合金刀具加热切削时的塑性破损

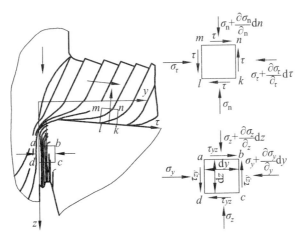

图 2-67　在刀具前、后面上接触层一点的应力状态简图

刀具塑性破损直接与刀具材料和工件材料的硬度比有关。硬度比越高，越不容易发生塑性破损。硬质合金刀具的高温硬度高，一般不容易发生这种破损，而高速钢刀具因其耐热性较低，就常出现这种现象。

3. 刀具脆性破损的原因

在生产实际中，工件表面层无论其几何形状还是材料的物理、机械性能，都远不是规则和均匀的，例如毛坯几何形状不规则，加工余量不均匀，以及工件表面有构、槽、孔等，所有这一切就使切削加工或多或少地总带有断续切削的性质。还有一些加工方法，如铣削、刨削等，更是属于断续切削。在断续切削条件下，伴随着强烈的机械和热冲击，再加上硬质合金和陶瓷刀具等硬度高、脆性大，是粉末烧结材料，组织可能不均匀，而且可能分布有众多的缺陷和空隙，因此，很容易引起刀具破损，特别是早期破损更为常见。破损的主要原因是冲击、机械疲劳和热疲劳。早期破损是在后面尚未产生显著磨损时就发生的破损。此时，切削刃承受的切削循环次数还很少，机械疲劳和热疲劳不是主要矛盾，因此，引起早期破损的主要原因是冲击载荷造成的应力超过了刀具材料的强度。

刀具破损是典型的随机现象。前面已经提到，硬质合金和陶瓷刀具等材料为粉末烧结而成，内部含有随机分布的微观缺陷和夹杂物。而且断续切削时受载状态极其复杂，在不同的切削条件下，刀具可能因不断受到大小和位置不同的冲击载荷的作用而损坏。因此，对于刀具破损，如果单纯从理论上由数学和力学方法加以简化，推导发生破损的条件与实际有较大的出入。但可以对机械和热冲击在刀片（刀具的切削部分）内产生的应力状态做一定的分析计算，以说明刀具发生破损的一些原因。

1）机械应力

切削时，在机械载荷作用下，刀片内引起很大的应力。应力的大小可用弹性力学的应力函数法、有限元法或光弹性实验法来求解。在切削用量中，切削速度和切削厚度（进给量）对刀片内应力状态都有影响，其中切削厚度 h_D 的影响比切削速度大。h_D 小时，冲击载荷小，同时集中作用在切削刃附近，刀-屑接触长度短，主要是压应力。随着 h_D 增加，冲击载荷加大，刀-屑接触长度大，压应力区和拉应力值加大，如图 2-68 所示。同时因 h_D 大，进给速度加快，单位时间的冲击能量增加，所以容易发生破损。对于一定的刀具和工件材料，都有一个脆性破损的临界切削厚度 h_{Dmax} 值，一般高速钢刀具的 h_{Dmax} 最大，硬质合金刀具次之，陶瓷刀具再次，金刚石刀具抗破损能力最差。但应该注意，刀具材料的冲击韧性和抗弯强度都是静态测试条件下获得的强度指标，其测试条件与切削过程中的实际载荷性质有很大的不同。因此，刀具材料的静态强度指标往往与实际的抗破损能力不能完全相符。

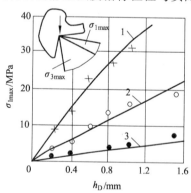

（a）前面上的最大主应力 σ_{1max}

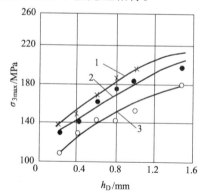

（b）后面上的最大最应力 σ_{3max}

1— $\gamma_o = +20°$ ；2— $\gamma_o = 0°$ ；3— $\gamma_o = -20°$ 。

图 2-68　主应力和切削厚度的关系

刀具的破损与断续切削时的切入和切出条件有关。例如端铣淬硬钢时，以对称铣削最好，偏距不大的逆铣也较好，而顺铣最容易发生早期破损，陶瓷刀具破损更加严重。因这种工件材料硬度高，切入时的冲击力大，产生很大的应力。但逆铣普通材料时，切出时以极大的速度释放冲击能，致使产生了"相反"的力将刀刃"拉断"，因此这时以顺铣较好。

断续切削时，刀具受交变载荷的作用，降低了刀具材料的疲劳强度。随着载荷循环次数增加，疲劳强度显著降低，因此，在较长时间断续切削之后，容易引起机械疲劳裂纹。

2）热应力

断续切削时，由于切削与空切的交替变化，刀具表面上的温度发生周期性变化。空切时，前面上受冷却而使温度降低，由于冷缩而受拉应力，而切削时因前面受热而使温度上升，由于热胀而受压应力。拉、压应力交替作用，致使刀具产生热裂现象。冷、热温度差越大，导热系数越低，越容易产生裂纹。随着切削速度和进给量的增加，最高和最低温度差（即热、冷的温差）也加大。切削速度越高，切削温度越高，温差越大，热应力增加，容易引起裂纹。空切时，前面的拉应力最大，从前面到刀片内部逐渐减小。如果前面交替发生热胀和冷缩现象引起的应力，超过刀具材料强度，就容易产生裂纹。裂纹通常都是在前面上离刀刃有一定距离的最热位置上开始的，然后扩展，横过刀刃，一直发展到后面上，硬质合金铣刀就常发现很多这种裂纹。如果裂纹非常多，可能连接起来，使刀刃破损；也可能引起应力集中，在机械冲击作用下，使刀片断裂。

计算和实验表明，刀具发生早期破损时，热应力的影响较小，主要是机械冲击作用所造成的结果。

由上述分析可知，为了防止或减少刀具破损，固然要提高刀具材料的强度和抗热振性能，但对于一定刀具材料而言，最主要的是选择抗破损能力大的刀具、合理的几何形状和切削条件。

2.8 材料的切削加工性

2.8.1 工件材料切削加工性的概念及衡量指标

所谓切削加工性，是指材料能接受切削加工的难易程度。由于切削加工的具体情况和要求不同，切削加工的难易程度就不同。如粗加工时，要求刀具的磨损速度慢且加工生产率高；而在精加工时，则要求有高的加工精度和较低的表面粗糙度值。因此，不同的工况条件下对切削加工的难易程度是不同的。切削加工性只是一个相对的概念。

衡量切削加工性的标准是随切削加工的目的或要求不同而有所不同，衡量标准一般可分为常规的和特殊的两类，每类中各有一些不同的检测项目，这些项目可单独使用，也可以几项组合起来使用。

（1）刀具耐用度，或在一定耐用度下所允许的切削速度。

这种方法是比较通用的，包括：

① 在保证相同的耐用度的前提下，切削这种材料所允许的切削速度；

② 在保证相同的切削条件下，切削这种材料时刀具耐用度的数值；

③ 在相同的切削条件下，保证切削这种材料达到刀具磨钝标准时所切削的金属体积。

（2）已加工表面的粗糙度。

一般零件的加工，容易获得很小的表面粗糙度值的材料，其切削加工性相对较好。

（3）切屑控制（卷屑、断屑）特性。

在数控加工机床、组合机床及自动化生产线上的机床上进行加工时对断屑性能要求很高，长的切屑会缠绕在机床或刀具上，对刀具或机床部件造成损伤。另外，有些工序如深孔加工、盲孔加工，由于不易排屑，对断屑性能的要求也比较高。

（4）切削力和切削所需的能量或功率。

对切削动力不足或工艺系统不足的情况下，切削力和切削所需的能量或功率是衡量切削加工性的主要标志。

通常情况下，判断材料切削加工性好坏的主要标志是当刀具耐用度是 T（min）时，切削某种材料所允许的切削速度 v_T，v_T 越高，材料的切削加工性越好。一般情况下，可以取刀具耐用度 $T=60$ min，而针对一些难加工材料，可以取 $T=30$ min，或取 $T=15$ min，如果 $T=60$ min，则 v_T 可以写成 v_{60}。

在一般的切削加工过程中常采用相对加工性，以 $\sigma_b = 0.637$ GPa 的 45 钢的 v_{60} 作为基准，记作 $(v_{60})_f$，其他被切削工件材料的 v_{60} 与之相比，则可以得到相对加工性 k_v：

$$k_v = v_{60} / (v_{60})_f \qquad (2\text{-}43)$$

常用的工件材料按相对加工性可以分为八级，如表 2-3 所示。

表 2-3　材料切削加工性等级

加工等级	名称及种类		相对加工性 k_v	代表性材料
1	很容易切削材料	一般有色金属	>3.0	5-3-5 铜铅合金、铜铝合金、铝镁合金
2	容易切削材料	易切钢	2.5~3.0	退火 15Cr
3		较易切钢	1.6~2.5	正火 30 钢
4	普通材料	一般钢及铸铁	1.0~1.6	45 钢和灰铸铁
5		稍难切材料	0.65~1.0	2Cr13、85 钢
6	难切削材料	较难切材料	0.5~0.65	45Cr、65Mn
7		难切材料	0.15~0.5	50CrV、1Cr18Ni9Ti、钛及 α 相钛合金
8		很难切材料	<0.15	β 相钛合金、铸造镍基高温合金

2.8.2　影响工件材料切削加工性的因素及改善途径

1. 硬度对切削加工性的影响

1）工件材料常温硬度的影响

一般情况下，同类材料中硬度高的加工性低。材料硬度高时，切屑与前面的接触长度减小，因此前面上法向应力增大，摩擦热量集中在较小的刀-屑接触面上，促使切削温度增高和磨损加剧。工件材料硬度过高时，甚至引起刀尖的烧损及崩刃。

2）工件材料高温硬度对切削加工性的影响

工件材料的高温硬度越高，切削加工性越低。刀具材料在切削温度的作用下，硬度下降。工件材料的高温硬度高时，刀具材料硬度与工件材料硬度之比下降，这对刀具的磨损有很大的影响。高温合金、耐热钢的切削加工性低，这是一个重要的原因。

3）工件材料中硬质点对切削加工性的影响

工件材料中硬质点众多，形状越尖锐，分布越广，则工件材料的切削加工性越低。硬质点对刀具的磨损作用有二：其一是硬质点的硬度都很高，对刀具有擦伤作用；其二是工件材料晶界处微细硬质点能使材料强度和硬度提高，并使切削时对剪切变形的抗力增大，使材料的切削加工性降低。

4）材料的加工硬化性能对切削加工性的影响

工件材料的加工硬化性能越高，则切削加工性越低。某些高锰钢及奥氏体不锈钢切削后的表面硬度，比原始基体高 1.4~2.2 倍。材料的硬化性能高，首先使切削力增大，切削温度增高；其次，刀具被硬化的切屑擦伤，副后面产生边界磨损；最后，当刀具切削已硬化表面时，磨损加剧。

2. 工件材料强度对切削加工性的影响

工件材料的强度包括常温强度和高温强度。工件材料强度越高，切削力就越大，切削功率随之增大，切削温度因而增高，刀具磨损增大。所以在一般情况下，切削加工性随工件材料强度的提高而降低。

合金钢与不锈钢的常温强度和碳素钢相差不大，但高温强度却比较大，所以合金钢及不锈钢的切削加工性低于碳素钢。

3. 工件材料的塑性与韧性对切削加工性的影响

工件材料的塑性以延伸率 δ 表示。延伸率 δ 越大，则塑性越大。强度相同时，延伸率越大，则塑性变形的区域也随之扩大，因而塑性变形所消耗的功也越大。

工件材料的韧性以冲击值 a_k 值表示。a_k 值大的材料，表示它在破断之前所吸收的能量越多。

这两项指标经常容易混淆。从前面的分析可以清楚地知道，塑性大的材料在塑性变形时因塑性变形区域增大而使塑性变形功增大；韧性大的材料在塑性变形时，塑性区域可能不增大，但吸收的塑性变形功却增大。因此塑性和韧性增大，都导致同一后果，即塑性变形功增大。

同类材料，强度相同时，塑性大的材料切削力较大，切削温度也较高，而易与刀具发生黏结，因而刀具的磨损大，已加工表面也粗糙。所以工件材料的塑性越大，它的切削加工性也越低。有时为了改善对塑性材料的切削加工性，可通过硬化或热处理来降低塑性（如进行冷拔等塑性加工等使之硬化）。

但塑性太低时，切屑与前面的接触长度缩短太多，使切屑负荷（切削力和切削热）都集中在刀刃附近，将促使刀具磨损加剧。由此可知，塑性过大或过小都使切削加工性下降。

材料的韧性对切削加工性的影响与塑性相似。韧性对断屑的影响比较明显，在其他条件相同时，材料的韧性越高，断屑越困难。

4. 工件材料的导热系数对切削加工性的影响

在一般情况下，导热系数高的材料，它们的切削加工性都比较高；而导热系数低的材料，切削加工性都低。但导热系数高的工件材料，在加工过程中温升较高，这对控制加工尺寸造成一定困难，所以应加以注意。

5. 化学成分对切削加工性的影响

1）钢的化学成分的影响

为了改善钢的性能，在钢中加入一些合金元素，如铬（Cr）、镍（Ni）、钒（V）、钼（Mo）、钨（W）、锰（Mn）、硅（Si）和铝（Al）等。其中 Cr、Ni、V、Mo、W、Mn 等元素大都能提高钢的强度和硬度；Si 和 Al 等元素容易形成氧化铝和氧化硅等硬质点使刀具磨损加剧。这些元素含量较低时（一般以 0.3%为限），对钢的切削加工性影响不大，超过这个含量水平，对钢的切削加工性是不利的。

钢中加入少量的硫、硒、铅、铋、磷等元素后，能略微降低钢的强度，同时又能降低钢的塑性，故对钢的切削加工性有利。例如硫能引起钢的红脆性，但是适当提高锰的含量，可以避免红脆性。硫与锰形成的 MnS 以及硫与铁形成的 Fes 等，质地很软，可以成为切削时塑性变形区中的应力集中源，能降低切削力，使切屑易于折断，减少积屑瘤的形成，从而使已加工表面粗糙度减小，减少刀具的磨损。硒、铅、铋等元素也有类似的作用。磷能降低铁素体的塑性，使切屑易于折断。

根据以上事实，研制出了含硫、硒、铅、铋或钙等的易削钢。其中以含硫的易削钢用得较多。

2）铸铁的化学成分的影响

铸铁的化学成分对切削加工性的影响，主要取决于这些元素对碳的石墨化作用。铸铁中碳元素以两种形式存在：与铁结合成碳化铁，或作为游离石墨。石墨硬度很低，润滑性能很好，所以碳以石墨形式存在时，铸铁的切削加工性就高；而碳化铁的硬度高，加剧了刀具的磨损，所以碳化铁含量越高，铸铁的切削加工性越低。因此应该按结合碳（碳化铁）的含量来衡量铸铁的加工性。铸铁的化学成分中，凡能促进石墨化的元素，如硅、铝、镍、铜、钛等都能提高铸铁的切削加工性；反之，凡是阻碍石墨化的元素，如铬、钒、锰、钴、磷、硫等都会降低切削加工件。

6. 金属组织对切削加工性的影响

金属的成分相同，但组织不同时，其机械物理性能也不同，自然也使切削加工性不同。

1）钢的不同组织对切削加工性的影响

一般情况下，铁素体的塑性较高，珠光体的塑性较低。钢中含有大部分铁素体和少部分珠光体时，切削速度及刀具耐用度都较高。纯铁（含碳量极低）是完全的铁素体，由于塑性太高，其切削加工性十分低，切屑不易折断，切屑易黏结在前面上，已加工表面的粗糙度极大。

珠光体呈片状分布时，刀具在切削时，要不断与珠光体中硬度为 800 HB 的 Fe_3C 接触，因而刀具磨损较大。片状珠光体经球状化处理后，组织为"连续分布的铁素体+分散的碳化物颗粒"，刀具的磨损较小，而耐用度较高。因此在加工高碳钢时，希望它有球状珠光体组织。切削马氏体、回火马氏体和索氏体等硬度较高的组织时，刀具磨损大，耐用度很低，宜选用很低的切削速度。

如果条件允许，可用热处理的方法改变金属组织来改善金属的切削加工性。

2）铸铁的金属组织对切削加工性的影响

铸铁按金属组织来分，有白口铁、麻口铁、珠光体灰口铁、灰口铁、铁素体灰口铁和各种球墨铸铁（包括可锻铸铁）等。

白口铁是铁水急骤冷却后得到的组织，它的组织中有少量碳化物，其余为细粒状珠光体。珠光体灰口铁的组织是珠光体及石墨。灰口铁的组织为较粗的珠光体、铁素体及石墨。铁素体的灰口铁的组织为铁素体及石墨。球墨铸铁中碳元素大部分以球状石墨的形态存在，这种铸铁的塑性较大，切削加工性也大有改进。

铸铁的组织比较疏松，内含游离石墨，塑性和强度也都较低。铸铁表面往往有一层带型砂的硬皮和氧化层，硬度很高，对粗加工刀具是很不利的。切削铸铁时常得到崩碎切屑，切削力和切削热都集中作用在刀刃附近，这些对刀具都是不利的，所以加工铸铁的切削速度都低于钢的切削速度。

2.9　刀具几何参数和切削用量的选择

2.9.1　刀具几何参数的合理选择

在保证加工质量的前提下，能使刀具耐用度最高的几何参数一般称为刀具的合理几何参数。

刀具的几何参数包括刀具的前角、后角、主偏角、副偏角及刃倾角和刀具的合理结构形状。

1. 前角的功用及选择

前角 γ_0 在切削过程中起着主要作用。前角大就意味着楔角小、刀具锋利（切削刃刃口圆弧半径 r_ε 小是刀具锋利的另一标志），作用在前面上的切削压力减小，切削塑性变形减小（这可以从计算剪切角 ϕ 的理论公式中看出，γ_0 大，ϕ 也大，即塑性变形小）。前角较大会使切削过程中消耗于切削变形的功减小，切削热和切削力也减小。

前角增大后，由于切削变形功减小，因而刀具磨损减慢，耐用度提高。但是如前角选得过大，将使切削刃变得薄弱，强度低、放热条件差，反而使刀具磨损加快，耐用度下降。所以应根据切削加工的具体条件，选择一个合理的前角，使加工质量和刀具耐用度都能得到保证。

由于硬质合金本身较脆，抗弯强度较低，所以硬质合金刀具的前角一般要比高速钢的小。根据实验和生产实践，刀具前角的大小主要是根据被切削工件材料来选择的。

切削塑性材料（如中、低碳钢和铝合金）时，因切屑为连续的带状，切屑对前面的压力集中在离切削刃较远的地方，如图 2-69（a）所示，切削刃不易崩坏，所以可选较大的前角。

切脆性材料（如铸铁、青铜）时，切屑为不连续的小块或崩碎切屑，切削力集中在刀尖和切削刃附近，如图 2-69（b）所示，而且切削力波动较大，甚至产生冲击力。为避免切削刃的损坏，应适当减小前角。

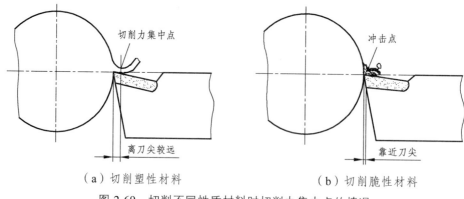

（a）切削塑性材料　　　　　　　（b）切削脆性材料

图 2-69　切削不同性质材料时切削力集中点的情况

　　工件材料强度和硬度低时，切削力小，切削温度低，刀具磨损较慢，也不易崩刃，可选取较大的前角。反之，当工件材料强度和硬度高时，切削力大，切削温度高，因此对切削刃的强度及散热条件要求高，前角要适当选小一些。切削钛合金时塑性变形不大，切削力也不大，但刀-屑接触长度很短，故切削刃及刀尖所受应力较大，加之钛合金导热性差，切削温度也很高，所以前角也应选得小些。

　　加工特硬材料如高硅铸铁、淬火钢等，或切削强度特高的材料如高温合金、马氏体时效钢等，为使刀具不易崩刃，硬质合金刀具的前角应取负值。这样可以使刀片不受弯矩，只受压力。因为硬质合金的抗压强度比抗弯强度要大 2～3 倍，所以负前角能减轻刀具崩刃。表2-4 列出了硬质合金刀具车削外圆时合理前角的推荐值。

表 2-4　硬质合金车刀合理前角和后角的参考值

工件材料	合理前角 γ_o		合理后角 α_o	
	粗车	精车	粗车	精车
低碳钢	20°～250°	25°～30°	8°～10°	10°～12°
中碳钢	10°～15°	15°～20°	5°～7°	6°～8°
合金钢	10°～15°	15°～20°	5°～7°	6°～8°
淬火钢	−15°～5°		8°～10°	
不锈钢（奥氏体）	15°～20°	20°～25°	6°～8°	8°～10°
灰铸铁	10°～15°	5°～10°	4°～6°	6°～8°
铜及铜合金	10°～15°	5°～10°	6°～8°	6°～8°
铝及铝合金	30°～35°	35°～40°	8°～10°	10°～12°

2. 后角的功用及选择

　　后角 α_o 的主要功用是减小后面与工件切削表面的接触面积，减少后面上的摩擦及磨损，由于切削过程中变形已扩展至切削表面以下，更由于切削刃刃口圆弧半径 r_ε 的影响，切削表面在切削刃切过后有弹性恢复，使后面与切削表面之间有一个小的接触面积。其次，后角还影响刃口圆弧半径的大小，后角越大，刃口圆弧半径才能刃磨得越小，刀具越锋利。但是增大后角会使切削刃强度削弱，散热体积减小，对刀具磨损及耐用度反而不利。所以在确定后角时一定要考虑到前角的大小。前角大时，后角不能太大，否则切削刃过于薄弱，刀具容易磨损或损坏。

后角的合理值主要取决于切削厚度。粗加工时进给量大，切削厚度也大，要求切削刃强度高，所以后角要选小些。精加工时进给量小，切削厚度也小，对切削刃强度要求低，重点转到要求锋利、减小摩擦和降低加工表面粗糙度方面。增大后角可以使切削刃口圆弧半径 r_ε 减小，使刀具锋利并减轻了后面和切削表面之间的摩擦，所以后角要选大一些。若干研究资料和实验表明，刀具的合理后角除在一定条件下主要取决于切削厚度之外，还同其他条件有关。例如，刀具材料、刀具前角和工件材料都对合理后角的大小有影响，应对具体情况做具体的分析。硬质合金车刀的后角推荐值可参考表 2-4。

此外，如强力切削车刀、大前角车刀等，为了保证切削刃强度，后角也应选小些，一般 $\alpha_o = 3° \sim 6°$。如工艺系统刚性差，或参加工作的切削刃很宽时，为了消除振动，后角小些可以起到一定的阻尼作用，此时可选刀具后角 $\alpha_o = 3° \sim 6°$。铸造黄铜因组织疏松，切削加工时为获得一定的挤压作用以提高加工质量，刀具后角也应选小些，这种情况，通常选 $\alpha_o = 4° \sim 6°$。

副后角 α_o' 的作用与 α_o 相似。车刀、刨刀和端铣刀的副后角通常等于后角。切断刀、切槽刀、锯片铣刀因受刀头强度的限制，副后角只能取得很小，$\alpha_o' = 1° \sim 2°$。

前、后面在重磨后形成的切削刃叫作锋刃，如图 2-70（a）所示。实际切削刃并非理想的锋刃，而近似地是个半径为 r_1 的圆柱面。新刃磨的高速钢刀具 $r_1 = 10 \sim 18\mu m$；硬质合金刀具 $r_1 = 18 \sim 32~\mu m$。

在实际生产过程中，当刃口负荷较重时，可以刃磨出如图 2-70（b）所示的带负前角的倒棱或如图 2-70（d）所示的倒圆刀刃，以提高刃口的强度。当工艺系统刚性差，容易发生切削振动时，刃磨出如图 2-70（c）所示的消振棱，倒棱部分是负后角，以增加阻尼，有助于消除振动。对于定尺寸刀具，如铰刀、麻花钻或拉刀，为了提高刀具的尺寸精度和耐用度，可以刃磨出后角是 0° 的刃带，如图 2-70（e）所示。

（a）锋刃　　（b）负倒棱　　（c）消振棱　　（d）倒圆棱　　（e）刃带

图 2-70　切削刃的倒棱

3. 主偏角和负偏角的功用及选择

1）主偏角的功用及选择

主偏角 κ_r 可调节切削分力 F_x 和 F_y 的比例关系，以适应不同的工艺系统刚性。主偏角减小，将使车刀的径向力 F_y 增加，当工件刚性差（如车细长轴）时，就容易使工件产生弯曲变形和振动。在相同的进给量和切削深度下，主偏角的大小会改变主切削刃的工作长度(切削宽度)和切削厚度。主偏角小时，主切削刃的工作长度大，公称切削宽度 b_D 大，公称切削厚度 h_D 小，因而能使单位切削刃长度上的切削负荷减轻。同时，主偏角小时刀尖角增大，减小了切削加工残留面积高度，并改善了散热条件。图 2-71 是刀具耐用度与主偏角关系的试验研究结果。可以看出，高速钢刀具的耐用度随着主偏角的减小而单调上升，而硬质合金刀具耐用度变化曲线形成驼峰，在主偏角减小至约 60° 时耐用度最大。这显然是由于主偏角进一步减小会引起振动，而刀具材料性质又较脆，故使刀具磨损加剧。

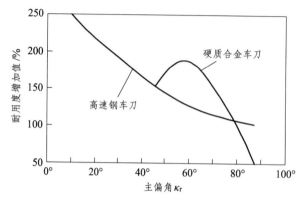

图 2-71   主偏角对刀具耐用度的影响

通常在工艺系统刚性足够的情况下，主偏角可尽量选得小些。单件小批量生产，希望一把刀具几乎能加工工件上的所有表面，常选取通用性好的 90°偏刀，即 $\kappa_r = 90°$。表 2-5 是硬质合金外圆车刀常用的主偏角推荐值。

表 2-5   硬质合金外圆车刀合理主偏角和副偏角的参考值

加工条件		主偏角 κ_r	副偏角 κ'_r
粗车（无中间切入）	工艺系统刚性好	45°、60°、75°	5°～10°
	工艺系统刚性差	65°、70°、90°	10°～15°
车细长轴和薄壁件		90°、93°	6°～10°
	工艺系统刚性好	45°	0°～5°
	工艺系统刚性差	60°、75°	0°～5°
车削冷硬铸铁、淬火钢		10°～30°	4°～10°
从工件中间切入		45°～60°	30°～45°
切断刀、切槽刀		60°～90°	1°～2°

2）副偏角的功用及选择

副切削刃的任务是最终形成已加工表面，因此副偏角 κ'_r 的合理数值主要应满足加工表面粗糙度的要求。

一般刀具在工艺系统刚性条件允许下，可选用较小的副偏角，$\kappa'_r = 5°～10°$，切削高强度、高硬度的材料时，应选较小的副偏角，以提高刀尖强度，$\kappa'_r = 4°～6°$。表 2-5 给出了硬质合金外圆车刀合理主偏角和副偏角的参考值。

3）刀尖过渡刃

刀尖形状选择是否合理对刀具的耐用度影响极大，刀尖过渡刃可以调节刀具的主、副偏角，常见的过渡刃的形式如图 2-72 所示。这几种过渡刃均能提高刀尖强度，增大散热面积，减小表面粗糙度，但会不同程度地增加背向力。

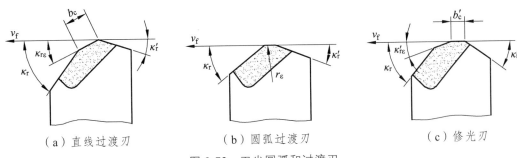

（a）直线过渡刃　　　　　　（b）圆弧过渡刃　　　　　　（c）修光刃

图 2-72　刀尖圆弧和过渡刃

刀尖圆弧半径 r_ε 的大小往往受加工零件形状和刃磨设备的制约，刀尖圆弧半径 r_ε 越大，刀具耐用度越高。刀尖圆弧增大后，无论是前面磨损 KT 还是后面磨损 VB，都有所减小。因为刀尖圆弧半径增大以后，平均切削厚度减小，单位切削刃长度上所承受的切削负荷减轻的缘故。可是，刀尖圆弧越大，切削力特别是背向力 F_y 增大，容易产生振动。所以粗加工时，r_ε 选得大些，精加工时 r_ε 选得小一些，对于硬质合金车刀和陶瓷车刀来说，通常 $r_\varepsilon = 0.15 \sim 0.4$ mm，进给量大时用大值，并且应使 $r_\varepsilon < a_p / 2$。对于高速钢车刀，刀尖圆弧半径还可再大一些（$0.2 \sim 5$ mm）。在制造和刃磨刀尖圆弧不太方便的情况下，也可用直线过渡刃代替刀尖圆弧，如图 2-73（a）所示。过渡刃主偏角 $\kappa_{r\varepsilon} = 0.5 \kappa_r$，过渡刃长度，$b_\varepsilon = 0.5 \sim 2$ mm，这样也能够获得较好的效果。

精加工刀具的副偏角应选很小，必要时可磨出一段 $\kappa_r' = 0°$ 的修光刃，如图 2-72（c）所示。修光刃的长度应略大于进给量，$b_r' = (1.2 \sim 1.5)f$。

4. 刃倾角的功用及选择

车刀刃倾角 λ_s 的功用：① 控制切屑流出的方向；② 增强切削刃，保护刀尖。

图 2-73 表示刃倾角与切屑流出方向的关系。当刃倾角为负值时，切屑流向已加工表面，可能将已加工表面划伤，增大加工表面的粗糙度。当刃倾角为正值时，切屑流向背离已加工表面，这就不会拉伤已加工表面。所以在精加工刀具上多采用正的刃倾角。例如加工细长轴的精车刀选 $\lambda_s = 3°$；通孔的精铰刀和丝锥可取 $\lambda_s = 10° \sim 15°$，使切屑沿着进给方向排出，而不致划伤已加工表面。

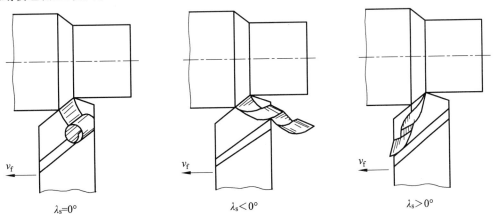

$\lambda_s = 0°$　　　　　　　$\lambda_s < 0°$　　　　　　　$\lambda_s > 0°$

图 2-73　刃倾角与切屑流出方向的关系

刃倾角的正负还影响刀尖强度。当刃倾角为正值时，如图 2-74（a）所示，刀尖首先切入工件，受到很大的冲击力，容易崩尖。当刃倾角为负值时，刀尖在切削刃上处于最低位置，切削时(特别是有冲击时)，可避免脆弱的刀尖首先与工件接触而受冲击，从而提高切削刃的强度，如图 2-74（b）所示。所以在断续切削以及在冲击力较大的条件下切削（如车削叶片的叶背，车削带槽带棱角的工件，端铣、刨削等），应选用负刃倾角。在主要为后面磨损的刀具上采用较大的负刃倾角，这样可以提高刀具的耐用度。

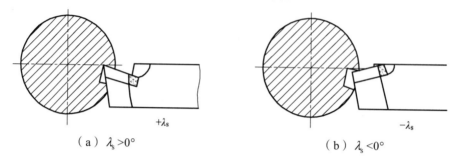

（a）$\lambda_s > 0°$　　　　　　　　（b）$\lambda_s < 0°$

图 2-74　刃倾角对刀尖强度的影响

另外，有刃倾角以后，在流屑剖面内的前角即实际前角有所增大，使切削刃显得比较锋利。

2.9.2　切削用量的合理选用

选择切削用量就是要确定具体切削工序的背吃刀量 a_p、进给量 f 和切削速度 v，在工件材料、加工要求，以及机床和工艺装备（夹具、刀具）已经确定的情况下，切削加工时需要控制的参数就是切削用量三要素。所谓"合理的"切削用量，是指充分利用刀具的切削性能和机床性能（功率、扭矩），在保证质量的前提下，获得高生产率和低成本的切削用量。因此，切削用量的合理选择及优化，关系到加工生产效率、经济性、加工精度、加工表面质量以及零件的使用寿命与可靠性等问题，是提高金属切削效益的主要途径之一，因而是金属切削原理研究的主要内容之一。

1. 切削用量选择的原则

选择合理的切削用量，必然要有合理的刀具耐用度。刀具耐用度同切削用量和生产效率密切相关。在刀具耐用度已经确定的情况下来讨论如何选择合理的切削用量。

切削用量三要素同生产率保持续性关系，提高三要素中的任一要素，都能提高生产效率。但是由于刀具合理耐用度的影响，提高其中任一个切削用量，必须相应地降低另外两个切削用量，因此，选择切削用量，实际上是选择切削用量三要素的合理组合。

在切削用量三要素中，对耐用度影响最大的是切削速度 v，其次是进给量 f，背吃刀量 a_p 影响最小。通过计算表明：

（1）如果进给量 f 保持不变，背吃刀量 a_p 增加到 $3a_p$，如果仍然要保持合理的刀具耐用度，则切削速度 v 必须降低 15%，这时生产效率提高到原来的 2.54 倍。

（2）如果背吃刀量 a_p 保持不变，f 增加到 $3f$，如果仍然要保持合理的刀具耐用度，则切削速度 v 必须降低 39%，这时生产效率提高到原来的 1.83 倍。

（3）当切削速度高于一定的临界值之后，生产率反而会降低。

所以选择切削用量的基本原则是：首先选取尽可能大的背吃刀量，其次要根据粗加工过程中机床动力和刚度的限制，以及精加工过程中工件质量的限制（如精度及表面质量等），尽可能选取大的进给量，最后利用切削用量手册或切削速度公式确定合理的切削速度。

2. 切削用量合理选择的方法

1）切削用量合理选择的方法

（1）计算法。主要应用两个基本公式：切削力和切削速度公式；两个辅助公式：切削功率与切削扭矩公式。根据已知条件，通过实验求出或表格查出两个基本公式中的系数及指数后，即可大致计算出所需的切削用量。

首先选定背吃刀量 a_p，其次选择进给量 f，粗加工时限制进给量的条件是工艺系统的强度和刚性。因此，可通过切削力公式计算出容许的进给量，然后按主轴系统所能传递的扭矩进行校验。半精加工和精加工时限制进给量的是已加工表面粗糙度与加工精度，这时的进给量也可按经验公式计算，但根据加工要求直接从表格中查出却更为方便。最后选择切削速度。限制切削速度的条件是刀具耐用度和机床功率，因此在耐用度选定后可按切削速度公式计算出来。然后换算成工件转速，再进行机床功率的校验。切削用量选定后，最后计算出所需单件的机动时间。

（2）查表法。对于切削加工生产现场来说，最方便的是根据手册选择切削用量，其数据是在积累了大量生产经验及试验研究工作的基础上，经过科学的数据处理建立起一系列方程后制定出来的。

（3）图解法。把各公式绘制成各种图表，直接从其上选择切削用量。针对具体机床制成的切削用量图表，更适合于生产现场使用。

在选择切削用量时常可将计算法与查表法结合起来应用，这样可以取长补短，收到较好的效果。

2）切削用量合理选择的步骤

（1）背吃刀量的选择。根据加工余量确定。粗加工（$Ra80 \sim 10 \ \mu m$）时，一次走刀应尽可能切除全部余量。在中等功率机床上，背吃刀量可达 $8 \sim 10 \ mm$。半精加工（$Ra10 \sim 1.25 \ \mu m$）时，背吃刀量取为 $0.5 \sim 2 \ mm$。精加工（$Ra1.25 \sim 0.32 \ \mu m$）时，背吃刀量取为 $0.1 \sim 0.4 \ mm$。

在工艺系统刚性不足、机床功率不足、刀具强度不够、毛坯加工余量不均匀或断续切削时，粗加工要分几次走刀，并且应当把第一、二次走刀的背吃刀量尽量取得大一些。

（2）进给量的选择。粗加工时，由于对工件表面质量没有太高的要求，这时切削力往往很大，合理的进给量应是工艺系统所能承受的最大进给量。这一进给量受到下列一些因素的限制：机床进给机构的强度和刚性、刀杆的强度和刚度、硬质合金或陶瓷刀片的强度和工件的装夹刚性等。

在生产实践中，进给量常常根据经验来选取。

粗加工时，根据加工材料、刀杆尺寸、工件直径及已确定的背吃刀量按表 2-6 来选择进给量。这里已经考虑切削力的大小，也考虑了刀杆的强度和刚性及工件的刚性等因素。例如，当刀杆尺寸增大，工件直径增大时，可以选择较大的进给量；当背吃刀量增大时，由于切削力增大，故应选择较小的进给量等。

表 2-6　硬质合金及高速钢刀具粗车外圆和端面的进给量

工件材料	车刀刀杆尺寸 B×H/mm×mm	工件直径 /mm	背吃刀量 a_p/mm				
			≤3	3 ~ 5	5 ~ 8	8 ~ 12	>12
			进给量 f / (mm/r)				
碳素结构钢和合金钢	16×25	20	0.3 ~ 0.4	—			
		40	0.4 ~ 0.5	0.3 ~ 0.4			
		60	0.5 ~ 0.7	0.4 ~ 0.6	0.3 ~ 0.5		
		100	0.6 ~ 0.9	0.5 ~ 0.7	0.5 ~ 0.6	0.4 ~ 0.5	
		400	0.8 ~ 1.2	0.7 ~ 1.0	0.6 ~ 0.8	0.5 ~ 0.6	
	20×30；25×25	20	0.3 ~ 0.4	—			
		40	0.4 ~ 0.5	0.3 ~ 0.4			
		60	0.6 ~ 0.7	0.5 ~ 0.7	0.4 ~ 0.6		
		100	0.8 ~ 1.0	0.7 ~ 0.9	0.5 ~ 0.7	0.4 ~ 0.7	
铸铁及合金钢	16×25	40	1.2 ~ 1.4	1.0 ~ 1.2	0.8 ~ 1.0	0.6 ~ 0.9	0.4 ~ 0.6
		60	0.6 ~ 0.8	0.5 ~ 0.8	0.4 ~ 0.6		
		100	0.8 ~ 1.2	0.7 ~ 1.0	0.6 ~ 0.8	0.5 ~ 0.7	
		400	1.0 ~ 1.4	1.0 ~ 1.2	0.8 ~ 1.0	0.6 ~ 0.8	
	20×30；25×25	40	0.4 ~ 0.5	—	0.4 ~ 0.7		
		60	0.6 ~ 0.9	0.8 ~ 1.2	0.7 ~ 1.0	0.5 ~ 0.8	
		100 600	0.9 ~ 1.3 1.2 ~ 1.8	1.2 ~ 1.6	1.0 ~ 1.3	0.9 ~ 1.1	0.7 ~ 0.9

　　在半精加工和精加工时，则根据加工表面粗糙度的要求，以及工件材料、刀尖圆弧半径、切削速度等按表 2-7 来选择进给量。这里也考虑了几个主要因素对加工表面粗糙度的影响。当刀尖圆弧半径增大，切削速度提高时，可以选择较大的进给量。

表 2-7　精加工半精加工进给量的参考值

工件材料	表面粗糙度 /μm	切削速度 / (m/min)	刀尖圆弧半径 $r_ε$/mm		
			0.5	1.0	2.0
			进给量 f / (mm/r)		
铸铁 青铜 铝合金	Ra10 ~ 5	不限	0.25 ~ 0.40	0.40 ~ 0.50	0.50 ~ 0.60
	Ra5 ~ 2.5		0.15 ~ 0.25	0.25 ~ 0.40	0.40 ~ 0.60
	Ra2.5 ~ 1.25		0.10 ~ 0.15	0.15 ~ 0.20	0.20 ~ 0.35
碳钢及 合金钢	Ra10 ~ 5	<50	0.30 ~ 0.50	0.45 ~ 0.60	0.55 ~ 0.70
		>50	0.40 ~ 0.55	0.55 ~ 0.65	0.65 ~ 0.70

续表

工件材料	表面粗糙度 /μm	切削速度 /（m/min）	刀尖圆弧半径 r_ε /mm		
			0.5	1.0	2.0
			进给量 f /（mm/r）		
碳钢及 合金钢	Ra5~2.5	<50	0.18~0.25	0.25~0.30	0.30~0.40
		>50	0.25~0.30	0.30~0.35	0.35~0.50
	Ra2.5~1.25	<50	0.1	0.11~0.15	0.15~0.22
		50~100	0.11~0.16	0.16~0.25	0.25~0.35
		>100	0.16~0.20	0.20~0.25	0.25~0.35

2.9.3 切削液的选用

1. 切削液的作用

1）冷却作用

切削液能将切削热从切削区迅速带走，对切削区、刀具和工件起到冷却作用，从而降低切削温度，延长刀具的耐用度和减小工件的热变形。当刀具材料的耐热性较差，工件材料的热膨胀系数较大以及两者的导热性较差时，切削液的冷却作用就显得更为重要。切削液冷却性能的好坏主要取决于它的导热系数、比热、汽化热等。水的导热系数为油的 3~5 倍，比热约大一倍，故水比油的冷却性能好得多。切削液自身的温度对刀具耐用度也有影响，因此使用时要求有足够大的流量、流速和容器容量。喷雾冷却是利用气化时大量吸热来降低切削温度。一般说来，水溶液的冷却性能最好，油最差，乳化液介于两者之间而接近于水。

值得注意的是，当速度低于最佳切削速度 v_0 时，如切削高温合金速度低于 5~20 m/min 时，应用切削液会增加刀具磨损率。这是因为降低了切削温度，使之离最佳切削温度更远的缘故。当速度超过最佳切削速度使用切削液时，能降低切削温度使之接近于最佳切削温度，因而可减小刀具磨损率。由此可知，切削液对刀具磨损的影响还与切削速度以及切削温度有关，所以使用切削液时应考虑这些因素。

2）润滑作用

摩擦一般分为干摩擦、流体润滑摩擦和边界润滑摩擦三类，如图 2-75 所示。金属切削过程中，在切屑与前面以及工件与后面实际接触面之间有极大的压力、很大的温度，又没有形成油楔的必要条件，即使在大量使用切削液的情况下也不会像动压轴承那样形成润滑液膜，只能是金属与金属的摩擦，或者是边界润滑摩擦。设法使切削液进入切屑和刀具之间，这点非常重要，但也不太容易。理论表明，切屑和刀具接触面之间实际上并不是完全接触，因为无论是切屑或刀具的接触表面都不是理想的光滑表面，而总是微观高低不平，如图 2-75（a）所示。这样，当切屑在前面上流过时，只会在突起的高点上接触，在凹谷处并不接触。结果便在切屑同刀具接触的界面上形成毛细管网。切削液由物理吸附及化学吸附两种方式渗入，形成润滑膜，如图 2-75（c）所示。大多数难加工材料黏性大，切屑容易与前面黏结，使摩擦情况严重。这就要求切削液中应具有油性添加剂（物理吸附）和极压添加剂（化学吸附），以形成边界润滑状态。例如，油性添加剂脂肪酸中的羧基 COOH，一旦与金属接触，它的极性根就立刻吸附到金属表面，排列整齐形成一单分子牢固的吸附薄膜，极性分子的另一端是碳氢链尾。随着分子链长度的增大，润滑性能也跟着提高。但随之而来的问题是渗透到界面困难，影响其润滑性能的发挥。极压添加剂是含硫、氟、磷等的有机化合物。在高温下这些化合物与金属表面起化学反应，生成化学吸附物，它比物理吸附膜耐高温的能力强得多，可防止在高温高压（极压）状态下摩擦界面金属直接接触，保持润滑作用。

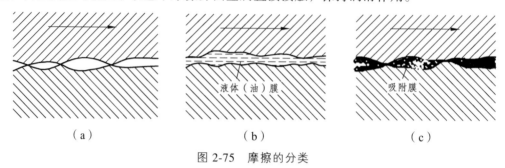

（a）　　　　　　　　（b）　　　　　　　　（c）

图 2-75　摩擦的分类

3）冲洗作用

在切削脆性材料如铸铁或者在珩磨和磨削加工中常常产生细小的切屑，为了防止碎屑黏附、镶嵌在刀具（磨具）上，或黏附在工件、机床上，影响已加工表面质量，加剧刀具磨损或划伤机床导轨，所以切削液还应具有良好的清洗作用，以便冲掉碎屑。这就要求切削液的表面张力小，流动性和渗透性好。此外，使用时也应有一定的压力和足够的流量。为了增强切削液的渗透性和流动性，应该提高切削液中的表面活性剂（能降低表面张力）的含量，并加少量矿物油。如以大的稀释比（95%～98%的水）制成乳化液（水溶液），可提高其清洗能力。

4）防锈作用

为了使工件、机床和刀具不受周围介质（如空气、水汽、杂质等）以及切削液本身的腐蚀，要求切削液具有良好的防锈蚀能力。防锈能力的好坏取决于切削液本身和防锈添加剂的作用。防锈添加剂是一种极性很强的化合物，与金属表面有很强的附着能力，形成保护膜或与金属化合生成钝化膜，使金属表面不与腐蚀介质接触，因而可以防锈。

此外，还要求切削液稳定性好，不污染环境，不损害人体健康等。

2. 切削液的分类和添加剂

1）切削液的分类

（1）切削油。切削油分非极压与极压切削油两类。

非极压（非活化）切削油是指一般矿物油和动植物油。矿物油常用的有 5、7、10、20、30 号机油和柴油、煤油等。我国的矿物油资源丰富，而且油质透明、稳定性好，是切削油的基本成分。但其缺点是在切削的高温、高压下润滑性显得不够好。动植物油常用的有豆油、菜油、棉籽油、蓖麻油、猪油、蚕蛹油、鲸油等，切削时能造成良好的边界润滑条件，有优良的润滑性能。但动植物油价格昂贵，容易腐败变质，会黏附金属表面结成黄痂不易清洗。动植物油应用越来越少，也可与矿物油混合使用，或由极压切削油来代替。

在矿物油中加入极压添加剂、油性添加剂，以便在极压条件下仍能维持良好的润滑性能。有代表性的是硫系、氯系、硫氯系和硫氯磷系等极压切削油。

（2）乳化液。乳化液是将乳化油用水稀释而成的乳白色或半透明的液体。乳化油是乳化剂与油，有时还可加防锈添加剂、乳化稳定剂等配制成的。乳化剂是一种表面活性物质，它的分子是由极性集团及非极性集团两部分组成。微小的油滴外面排满了亲油的非极性集团，使亲水的极性集团朝外，水包在油滴的外面，使油滴不能聚合起来，形成"水包油"型乳化液；也有一种"油包水"型乳化液，在切削液中不多用。如乳化油中有极压添加剂，所配制成的乳化液就为极压乳化液。

乳化液的润滑性取决于浓度和极压添加剂。浓度大时不仅含油多，表面活性物质也多，渗透性好，故润滑性好。但浓度过大时，黏度大、流动性差，使渗透性差及冷却性能下降。

（3）化学切削液。化学切削液的主要成分是水，因此冷却性能好。如配制成透明液，则便于操作者观察。最简单的化学切削液是在水中加入防锈添加剂。为了具有一定的润滑性能，可加入油性添加剂（如聚二乙酸、油酸等）。

离子型切削液也是一种化学切削液，其母液是由阴离子型表面活性剂、非离子型表面活性剂和无机盐配制而成的。这些物质在水溶液中能离解成各种强度的离子，切（磨）削液中由于强烈摩擦所产生的静电荷，可通过这种切削液的离子反应而迅速消除，因而可以提高刀具的耐用度。

2）切削液的添加剂

为了改善切削液的性能所加入的化学物质叫作添加剂。根据其作用，添加剂可分为油性添加剂、极压添加剂、乳化剂、乳化稳定剂、防锈添加剂等几类。切削液中常用的添加剂如表 2-8 所示。

表 2-8　切削液中常用的添加剂

分　类		添加剂
油性添加剂		动植物油，脂肪酸及其皂，脂肪醇、酯类、酮类和胺类等化合物
极压添加剂		硫化油，氯化石蜡，氯化脂肪酸，二烷基二硫代磷酸锌，环烷酸铅，三聚磷酸钾
防锈添加剂	水溶性	亚硝酸钠，磷酸三钠，磷酸氢二钠，三乙醇胺，苯甲酸钠，苯甲酸铵，碳酸钠
	油溶性	石油磺酸钡，石油磺酸钠，环烷酸锌，二壬基萘磺酸钡，硬脂酸铝
防霉添加剂		苯酚，五氯酚，硫柳汞等化合物
抗泡沫添加剂		二甲硅油
乳化剂	阴离子型	石油磺酸钠，油酸钠皂，松香酸钠皂，高碳酸钠皂，磺花蓖麻油，油酸三乙醇胺
	非离子型	聚氧乙烯脂肪醇醚，山梨糖醇油酯，聚氧乙烯山梨糖醇油酸酯，聚氧乙烯辛烷基酚醚
乳化稳定剂		乙醇，乙二醇，正丁醇，聚乙二醇，二乙二醇单正丁基醚，二甘醇，高碳醇，苯乙醇胺，三乙醇胺

3. 切削液的选用

应根据工件和刀具材料、加工方法以及其他具体要求，合理选择切削液，以便得到应有的良好效果。总的说来，粗加工时切削液以冷却作用为主。精加工时切削液以润滑作用为主，目的在于改善加工表面质量，保持刀具尺寸及形状精度，以提高加工精度。难加工材料切削时，因切削力大，切削温度高，容易黏刀，所以对切削液的冷却和润滑作用均提出较高的要求，因此宜选用极压切削油或极压乳化液。由于硬质合金刀具耐热性好，可以不用切削液，也可用浓度低的乳化液或化学切削液并且要求流量大，不中断供应，以免硬质合金刀片因受热冲击而出现裂纹。还应注意的是，切削铝合金和镍基高温合金时如果切削液中含有硫，或切削钛合金时切削液中含有氯，那么在切削加工之后应该立即彻底清洗零件，否则硫和氯有可能引起零件在使用过程中产生应力腐蚀作用。另一种意见是，凡是工作温度在 2 600 ℃以上的重要零件（高温合金或钛合金），切削时不要使用含硫、氯的切削液。

思考题

1. 怎样衡量金属切削过程中的变形程度？它们各有什么特征？
2. 切屑与前面的摩擦对第一变形区的剪切变形有什么影响？
3. 分析积屑瘤产生的原因及其对切屑过程的影响。
4. 金属切削过程中产生的切屑一般怎样分类？各有什么特征？
5. 分析影响切削力的主要因素及其对切削力影响的规律。
6. 分析影响切削温度的主要因素及其对切削温度影响的规律。
7. 说明切削区切削温度分布的规律。
8. 说明刀具磨损的形式。
9. 说明刀具磨损的基本原因及其作用机理。
10. 说明刀具破损的形态。刀具材料对破损形态有什么影响？
11. 一般怎样规定刀具的磨钝标准？
12. 何为材料的切削加工性？评价材料切削加工性的主要指标有哪些？
13. 分析影响工件切削加工性的因素，并说明改善材料切削加工性的措施。
14. 试述车刀前角、后角和刃倾角的作用，对切削过程有什么影响，并指出如何选择？
15. 主偏角的大小对三个切削分力有什么影响？当车削细长轴时，应怎样选择主偏角？为什么？
16. 切削用量与刀具角度是怎样影响刀具磨损的？影响最大的因素是什么？
17. 切削液有什么作用？切削液可分为哪几类？各有什么主要特点？
18. 粗车、精车时切削用量应该如何选择？

第 3 章　磨削原理基础

　　磨削加工是一种常用的金属精加工方法，磨削一般可以使加工精度达到 IT5 ~ IT7 的精度和 Ra1.25 ~ 0.08 μm 的表面粗糙度。另外，通过强力磨削，可以用磨削代替金属切削，从而 达到比较高的金属材料去除率。

3.1　砂轮的特性与选择

　　砂轮是由磨料和结合剂两种材料经过压制和烧结而制成的多孔组织，砂轮的特性主要由砂轮的磨料、粒度、结合剂、组织、硬度、形状和尺寸等特性确定。

3.1.1　磨　料

　　砂轮的磨料直接参与磨削工作，磨料应该具备很高的硬度、耐热性、强度和韧性。单个的磨料称为磨粒，为了进行切削，磨粒必须具备锋利的尖角。

　　常用的磨料有氧化物系、碳化物系和高硬磨料系三类。

　　氧化物系磨料的主要成分是氧化铝（Al_2O_3），又称为刚玉系。由于纯度不同或加入了不同的金属元素，刚玉系磨料又划分为不同的品种，包括棕刚玉、白刚玉、单晶刚玉、铬刚玉、锆刚玉及微晶刚玉等。

　　碳化物系磨料以碳化硅或碳化硼为基体，根据不同的纯度分为不同的品种。碳化硅系分为黑碳化硅、绿碳化硅、立方碳化硅及铈碳化硅等。碳化硼系包括碳化硼、碳硅硼。

　　高硬磨料系主要有金刚石（天然金刚石、人造金刚石）和立方氮化硼。

　　目前刚玉系磨料及碳化硅磨料应用较多，碳化硅磨料的磨粒比氧化铝磨料的磨粒锋锐且坚硬，但抗弯强度比氧化铝磨料差。所以磨削铸铁等材料时，碳化硅磨粒的磨削效率比氧化铝磨粒高，但磨削高强度的钢料时，氧化铝磨粒比碳化硅磨粒不容易磨钝。但碳化硅磨粒比刚玉系磨粒承受热冲击的能力高，在磨削温度下不容易产生裂纹，比刚玉系磨粒较少产生黏结磨损。

　　人造金刚石比天然金刚石脆，颗粒较细，表面粗糙，比较适合做砂轮。金刚石是最硬的材料，热传导系数大，适合加工硬质合金、光学玻璃、陶瓷等硬质材料，但不适合加工钢铁材料，因为金刚石与铁元素在高温下接触时，容易发生化学反应，使金刚石破损。

　　立方氮化硼的硬度仅次于金刚石，抗弯强度约为氧化铝的两倍，化学稳定性好，其耐热性（1 400 ℃）比金刚石（1 400 ℃）高一倍，特别适合于磨削高速钢、模具钢和耐热钢等既硬又韧的材料。立方氮化硼容易和水蒸气发生化学反应生成氨和硼酸，所以不能用水做磨削液，可用 5% ~ 10%以上的重油或 100%的纯油。立方氮化硼晶面比较光滑，黏结比较困难，可以在晶粒表面镀上一层镍，使之容易黏结。常用磨料的特性及应用见表 3-1。

表 3-1　常用磨料的特性及应用

系　列	磨料名称	代　号	显微硬度/HV	特　性	应　用
氧化物系	棕刚玉	A	2 200 ~ 2 280	棕褐色，硬度高、韧性好，价格便宜	碳钢、合金钢可锻铸铁、硬青铜
	白刚玉	WA	2 200 ~ 2 300	白色，硬度比棕刚玉高，韧性比棕刚玉低	淬火钢、高速钢、高碳钢、薄壁零件
	铬刚玉	PA	2 000 ~ 2 200	玫瑰红或紫红色，韧性比白刚玉高，磨削表面粗糙度低	淬火钢、高速钢、高碳钢、薄壁零件
	单晶刚玉	SA	2 200 ~ 2 400	浅黄色或白色，磨粒锋利多棱，硬度和韧性均比白刚玉高	不锈钢、高钒高速钢等强度大、韧性好的材料
	微晶刚玉	MA	2 000 ~ 2 200	棕褐色，强度和自锐性能良好	不锈钢和特种球墨铸铁
	锆刚玉	ZA	<1 965	黑褐色，强度和耐磨性都好	耐热合金
碳化物系	黑碳化硅	C	2 840 ~ 3 320	黑色，有光泽，硬度比白刚玉好高，性脆而锋利，导热和导电性能良好	铸铁、黄铜、铜、耐火材料
	绿碳化硅	GC	3 280 ~ 3 400	绿色，轻度和脆性比黑碳化硅高，导热和导电性能良好	硬质合金、宝石、陶瓷、玉石、玻璃、奥氏体不锈钢和钛合金
	碳化硼	BC	4 400 ~ 5 400	灰黑色，硬度高于碳化硅，耐磨性好	研磨或抛光硬质合金、宝石或玉石
高硬磨料系	人造金刚石	D	10 000	无色透明或淡黄色、黄绿色、黑色，硬度高，比天然金刚石脆	硬质合金、宝石或光学玻璃等硬而脆的材料
	立方氮化硼	CBN	8 000 ~ 9 000	黑色或淡白色，立方晶体，硬度仅次于金刚石，耐磨性高	高温合金,高钼、高钒、高钴钢,不锈钢

3.1.2　粒　度

磨料的粒度是指磨粒大小的程度。磨粒分为粗磨粒和微粉。粗磨粒根据磨粒尺寸的大小，分成了 26 级。微粉的中值尺寸不大于 60 μm，大致可以分为 13 级。粒度的大小用粒度号来表示，磨料粒度号及其应用范围如表 3-2 所示。

表 3-2 磨料粒度号及其应用范围

粗磨粒			微 粉		
粒度号	基本粒尺寸/μm	应 用	粒度号	粒度中值/μm	应 用
F4	4 750	荒磨、粗磨、打毛刺	F230	53±3.0	精磨、超精磨、珩磨、螺纹磨
F5	4 000		F240	44.5±2.0	
F6	3 350		F280	36.5±1.5	
F7	2 800		F320	29.2±1.5	
F8	2 360		F360	22.8±1.5	
F10	2 000		F400	17.3±1.0	精磨、精细磨、超精磨、镜面磨
F12	1 700		F500	12.8±1.0	
F14	1 400		F600	9.3±1.0	
F16	1 180		F800	6.5±1.0	精磨、超精磨、镜面磨、制作研磨膏,用于研磨和抛光
F20	1 000	磨钢锭、打磨铸件毛刺、切断钢坯	F1000	4.5±0.8	
F22	850		F1200	3.0±0.5	
F24	710		F1500	2.0±0.4	
F30	600		F2000	1.2±0.3	
F36	500				
F40	425	粗磨和半精磨			
F46	355				
F54	300	内圆、外圆、平面无心磨的精磨、半精磨			
F60	250				
F70	212				
F80	180				
F90	150	半精磨、精磨、珩磨、成型磨和工具刃磨			
F100	125				
F120	106				
F150	75				
F180	63～75				
F220	53～63				

砂轮粒度选用原则：

（1）精磨时，选用磨料粒度号较大或颗粒直径较小的砂轮，减小表面粗糙度。

（2）粗磨时，选用磨料粒度号较小或颗粒较粗的砂轮，以提高磨削的生产效率。一般用粒度号为 F12～F36 的砂轮；磨削一般工件或刃磨刀具采用粒度号为 F46～F100 的砂轮；磨螺纹及精磨、珩磨用粒度号为 F120～F280 的砂轮；超精磨用微粉 F320～F1000 的砂轮。

（3）砂轮速度较高或砂轮与工件接触面积较大时，用粗粒度的砂轮，以减少同时参加磨削的磨粒数，避免发热过多而引起工件表面烧伤。

（4）磨削软而韧的金属时，用粒度比较粗的砂轮，避免砂轮堵塞；磨削硬而脆的金属时，选用粒度比较细的砂轮，以增加同时参与磨削的磨粒数，提高磨削效率。

3.1.3 结合剂

磨料通过结合剂黏结成各种形状和尺寸的砂轮，以满足不同的用途。砂轮的强度、耐热性和耐用度等指标，在很大程度上和砂轮的结合剂有关。砂轮常用的结合剂有：陶瓷、树脂、橡胶和金属等。各种结合剂的代号和用途如表 3-3 所示。

表 3-3　常用结合剂的性能和应用

结合剂	代号	性　能	用　途
陶瓷	V	耐热、耐腐蚀，气孔多，易保持廓形，弹性差	除切断外的各类磨削加工
树脂	B	弹性好，强度较陶瓷高，耐热性差	高速磨削及切槽和切断
橡胶	R	弹性更好，强度更高，气孔少，耐热性差	切槽和切断，无心磨导轮
金属	M	强度最高，导电性好，磨耗少，自锐性差	制作金刚石砂轮

陶瓷结合剂应用广泛，其主要成分是黏土、长石、滑石、硼玻璃和硅石。由陶瓷结合剂制成的砂轮具有很好的化学稳定性，不怕潮湿空气和酸、碱的腐蚀，且耐高温。但陶瓷结合剂的砂轮脆性大，容易破裂。所以陶瓷结合剂砂轮的厚度不宜过小，且不能承受较大的轴向力，一般在 $v \leqslant 35$ m/s 下工作。

树脂结合剂和橡胶结合剂制成的砂轮具有良好的弹性，可以将砂轮做得很薄，用来在工件上开槽和切断。但树脂结合剂和橡胶结合剂制成的砂轮的化学稳定性较差，容易受到带酸、碱的磨削液的侵蚀。另外，这两种结合剂的砂轮不耐高温，当工作温度超过 200 ℃时，会发生软化，甚至烧坏。

在金属结合剂中，常用的是青铜结合剂，用它制成的金刚石砂轮具有较高的强度和韧性，能保持较好的型面，但自锐性较差。

3.1.4 硬　度

砂轮的硬度不是砂轮磨料的硬度，而是指砂轮在磨削力的作用下，磨粒从砂轮表面上脱落的难易程度。砂轮硬，表示磨钝的磨粒在磨削力的作用下难以脱落；反之砂轮软，磨粒容易脱落。

砂轮上的磨料磨钝后，作用在磨粒上的磨削力会增大，磨钝了的磨粒在增大了的磨削力作用下自行脱落，让里层新的磨粒代替钝化的磨粒参加磨削工作，上述过程称为砂轮的"自锐过程"。如果砂轮的硬度选择恰当，其自锐过程比较顺利。如果砂轮的硬度过高，则钝化了的磨粒不脱落，继续参与磨削过程，使磨削力增大，磨削表面质量恶化。反之如果砂轮硬度过软，没有钝化的磨粒过早脱落，一方面磨粒得不到充分利用，另一方面会使砂轮的形状和尺寸很快发生变化，影响磨削加工的精度。

根据国标，砂轮的硬度分为 18 级，其名称和代号如表 3-4 所示。

表 3-4　砂轮硬度的分级和代号

硬度级别	硬度等级			
超软	A	B	C	D
很软	E	F	G	—
软	H	—	J	K
中	L	M	N	—
硬	P	Q	R	S
很硬	T	—	—	—
超硬	—	Y	—	—

砂轮硬度的选用，应该根据下述原则：

（1）工件硬度。工件材料越硬，砂轮硬度应该选得软些，使磨钝的磨粒尽快脱落，以便砂轮经常保持由锐利的磨粒参与磨削工作，避免工件因磨削温度过高而烧伤。工件材料软，磨粒变钝的速度比较慢，为了防止未变钝的磨粒过早脱落，砂轮硬度选得硬些，以充分发挥磨粒的磨削作用。

（2）加工接触面。砂轮与工件的接触面积大，应该选择较软的砂轮，使磨粒尽早脱落，以免堵塞砂轮表面，引起工件表面烧伤。因此内圆磨削和端面平磨时，砂轮硬度会比外圆磨削的砂轮硬度低。磨削薄壁零件及导热性差的零件时，砂轮的硬度也应该选得低一些。

（3）精磨和成型磨。精磨和成型磨时，为了长时间保持砂轮必要的形状和精度，应该选较硬的砂轮。

（4）砂轮粒度大小。砂轮的颗粒尺寸小时，应该选软的砂轮，避免砂轮堵塞。

（5）工件材料种类。磨削有色金属、橡胶、树脂等软材料，选择较软的砂轮，避免砂轮堵塞。

3.1.5　砂轮的组织

砂轮的组织反映砂轮中磨粒、结合剂和气孔的比例关系。磨粒在砂轮中所占的比例越大，则砂轮的组织越紧密，反之砂轮的组织越疏松。砂轮的组织分紧密、中等和疏松三大类，共15级，如图3-1和表3-5所示。

（a）紧密　　　　　　　（b）中等　　　　　　　（c）疏松

图 3-1　砂轮的组织

表 3-5　砂轮的组织号

类别	紧密			中等					疏松						
组织号	0	1	2	3	4	5	6	7	8	9	10	11	12	13	14
磨粒占砂轮体积百分比/%	62	60	58	56	54	52	50	48	46	44	42	40	38	36	34

紧密组织的砂轮适用于重压力下的磨削。在成形磨削和精密磨削时，为了较好地保持砂轮的形状精度，以及获得较低的表面粗糙度值，需要选择紧密组织的砂轮。

中等组织的砂轮用于一般的磨削工序，如淬火钢的磨削或刀具的刃磨。

疏松组织的砂轮不容易堵塞，适用于平面磨、内圆磨等接触面积较大的磨削工序，以及热敏性强的材料或薄壁零件的磨削。磨削软质材料最好采用组织号为10以上的疏松组织的砂轮，避免砂轮堵塞。

大气孔砂轮的组织相当于10~14号的组织，砂轮气孔的体积或尺寸可能要比磨粒尺寸大几倍，适合于磨削热敏性材料（如磁钢、钨银合金）、软金属（如铝合金）、非金属材料（如橡胶、塑料）等。

3.1.6　砂轮的形状和尺寸

为了适应不同的磨削工艺要求，砂轮设计成不同的形状和尺寸。常用的砂轮形状如表3-6所示。

表 3-6　常用砂轮的形状、代号和用途

名　称	型　号	断面形状	用　途
平形砂轮	1	H　D　T	外圆磨、内圆磨、平面磨、无心磨、工具磨

名　称	型　号	断 面 形 状	用　途
筒形砂轮	2	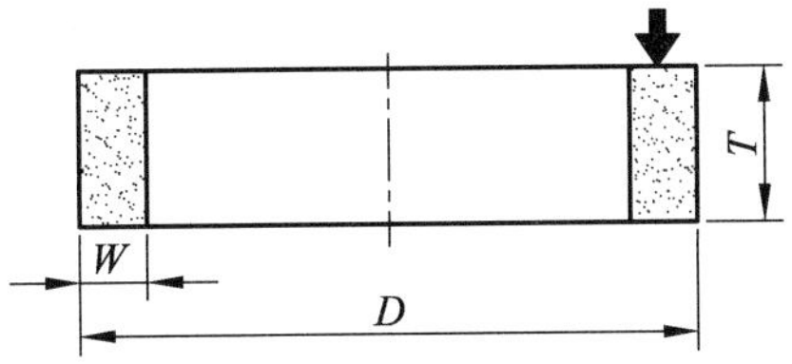	在平面上进行端磨
杯形砂轮	6	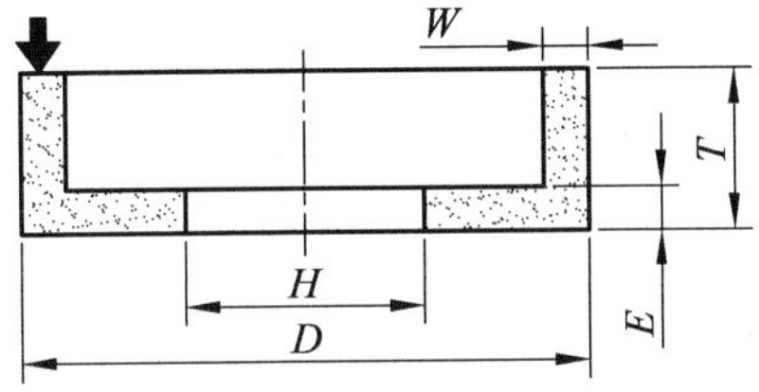	在平面上进行端磨、刀具刃磨
碗形砂轮	11	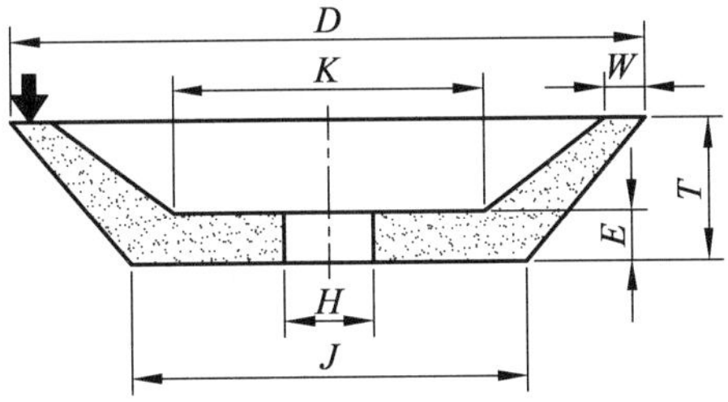	刀具刃磨，也可以在导轨磨床上磨机床导轨
碟形砂轮	12	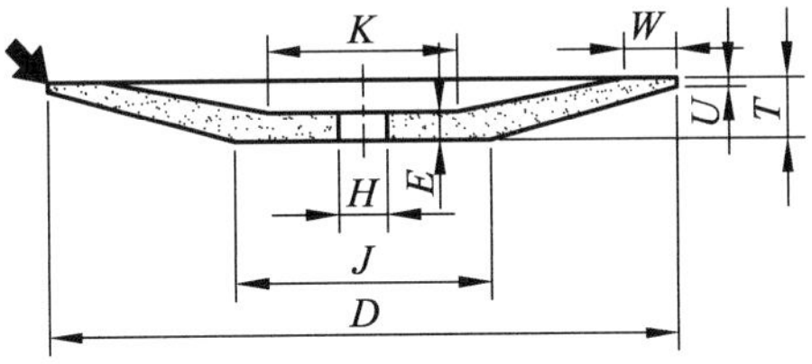	磨齿轮、铣刀、铰刀、拉刀和齿轮刀具

　　为了识别砂轮的全部特性，在砂轮端面一般都印有砂轮标记。根据国标 GB/T 2484—2018，砂轮标记按顺序为：磨具名称、产品标准号、基本形状代号、圆周型面代号、尺寸、磨料牌号、磨料种类、磨料粒度、硬度等级、组织号、结合剂种类和最高工作速度，如图 3-2 所示。

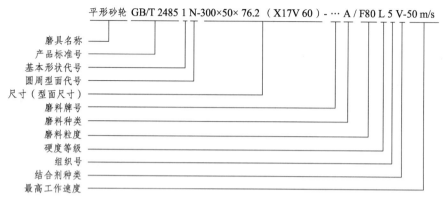

平形砂轮 GB/T 2485 1 N-300×50× 76.2 （X17V 60）- ··· A / F80 L 5 V-50 m/s

- 磨具名称
- 产品标准号
- 基本形状代号
- 圆周型面代号
- 尺寸（型面尺寸）
- 磨料牌号
- 磨料种类
- 磨料粒度
- 硬度等级
- 组织号
- 结合剂种类
- 最高工作速度

图 3-2　砂轮的标记

3.2　磨削运动与磨削要素

3.2.1　磨削运动

当前常用的磨削方法有：外圆磨削、内圆磨削、平面磨削等，如图 3-3 所示。在磨削过程中存在 4 个磨削运动：砂轮的旋转运动（磨削主运动）、工件的旋转运动（圆周进给运动，或工件的往复直线运动）、轴向进给运动和径向进给运动。

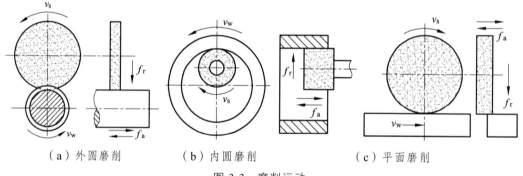

（a）外圆磨削　　　　　（b）内圆磨削　　　　　（c）平面磨削

图 3-3　磨削运动

（1）砂轮的旋转运动。砂轮的旋转运动是磨削的主运动，外圆处的线速度就是磨削速度 v_s，可以用公式表示如下：

$$v_s = \frac{\pi d_s n_s}{1\ 000} \qquad （\text{m/s}）$$

（3-1）

式中　　d_s——砂轮直径（mm）；

　　　　n_s——砂轮转速（r/s）。

磨削时工件表面的粗糙度值随着磨削速度的增大而降低，但这个速度受砂轮强度的限制。常用的磨削速度为 v=30 ~ 35 m/s，高速磨削时可以达到 v=50 ~ 70 m/s。

（2）工件的旋转运动。工件的旋转运动又称为圆周进给运动，工件外圆处的线速度就是圆周进给速度 v_w，也称为工件速度，可以用公式表示如下：

$$v_w = \frac{\pi d_w n_w}{1\,000} \qquad (\text{m/s}) \tag{3-2}$$

式中　　d_w ——工件直径（mm）；

　　　　n_w ——工件转速（r/s）。

平面磨削时的工件的运动是工件的往复直线运动，工件速度是往复运动的线速度。

磨削的生产率随着工件速度的增大而提高，并且随着工件速度的增大，对工件表面粗糙度值的影响不大，但对减轻磨削表面烧伤有好处，所以可以将工件速度选大一些。但工件速度大了以后，可能会使工件表面呈多角形并引起振动，所以工件速度的选择要综合考虑多方面的因素。

（3）轴向进给运动。轴向进给运动是砂轮相对于工件在砂轮轴线方向的运动。在工件每转一周时，砂轮相对于工件在砂轮轴线方向的位移称为轴向进给量 f_a（mm/r）。轴向进给量应该根据砂轮的宽度进行选择，粗磨时取砂轮宽度的 0.3 ~ 0.85 倍，精磨时取砂轮宽度的 0.2 ~ 0.3 倍。

（4）径向进给运动。径向进给运动是砂轮相对于工件在砂轮半径方向的运动。在工作台每个双（单）行程之后，二者在这个方向的相对位移量称为径向进给量 f_r（mm/单行程或 mm/双行程），其数值也称为磨削深度。粗磨钢料时可取 f_r=0.01 ~ 0.07 mm/单行程，精磨钢料时取 f_r=0.005 ~ 0.02 mm/单行程。

3.2.2　磨削时的切削厚度

磨削时的切削厚度是磨削过程中重要的切削要素，切削厚度的大小对磨削力、磨削温度、磨削表面质量和砂轮的磨损均有重要的影响。在实际磨削过程中，由于砂轮表面上的磨粒形状和分布很不规则，各磨粒的切削厚度差异很大，为了便于分析，通常将砂轮看成一把多齿铣刀，把每个磨粒看成一个细小的切削刃，可以分析单个磨粒的切削厚度。

1. 单个磨粒的切削厚度

图 3-4 所示为平面逆磨过程中磨屑的形成过程。

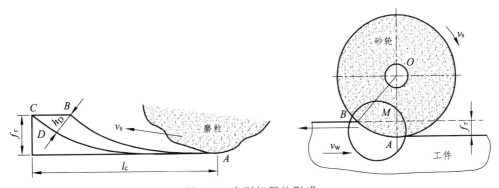

图 3-4　磨削切屑的形成

在假定的时间 T 内砂轮上某一点从 A 转到 B，同时，由于工件的进给运动，工件表面上的点 C 也运动到 B。在上述两个运动的共同作用下，砂轮在工件上切下了一块面积为 ABC 的切屑，实际上 ABC 就是切削层。把 OB 延长和 AC 的交点 D，可以认为 $\overline{BD}$ 就是切削层公称厚度 h_D 的最大值。

进一步假定砂轮圆周单位长度上的磨粒数是 λ，则圆弧 AB 上有磨粒数 m：

$$m = \frac{\lambda d_s \theta}{2} \tag{3-3}$$

其中：θ 表示砂轮半径 OA 和 OB 的夹角。

$$\cos\theta = \frac{d_s/2 - f_r}{d_s/2} = 1 - 2\frac{f_r}{d_s} \tag{3-4}$$

$$\sin\theta = \sqrt{1 - \left(1 - 2\frac{f_r}{d_s}\right)^2} = 2\sqrt{\frac{f_r}{d_s} - \left(\frac{f_r}{d_s}\right)^2} \approx 2\sqrt{\frac{f_r}{d_s}} \tag{3-5}$$

工件在 $\overline{BC}$ 进给位移上消耗的时间与砂轮从 A 转动到 B 的时间是一样的：

$$T = \frac{\overline{BC}}{v_w} = \frac{\theta \frac{d_s}{2}}{v_s} \tag{3-6}$$

如果把 CD 近似看作直线段，并把三角形 △BCD 近似看作直角三角形，把 ∠CDB 近似看作直角，那么切削层公称厚度 h_D 的最大值 $\overline{BD}$ 为

$$h_{Dmax} = \overline{BC}\sin\theta = 2\frac{v_w\left(\theta\frac{d_s}{2}\right)}{v_s}\sqrt{\frac{f_r}{d_s}} \tag{3-7}$$

单个磨粒的最大切削厚度 h_{Dmax} 为 $\overline{BD}/m$，即

$$h_{Dmax} = \frac{\overline{BC}}{m} = 2\frac{v_w\left(\theta\frac{d_s}{2}\right)}{v_s\lambda}\sqrt{\frac{f_r}{d_s}} \tag{3-8}$$

上述公式是在假定磨粒均匀的条件下得到的，实际上由于磨粒在砂轮表面分布是极不均匀的，每个磨粒的切削厚度相差很大。单由公式（3-8）可以得到各种对磨粒切削厚度影响因素的定性结论：

（1）h_{Dmax} 随着砂轮速度的提高而减少，所以，提高砂轮速度可以使工件的表面质量得到改善。

（2）h_{Dmax} 随着工件速度的提高而增大，所以提高工件速度会使磨粒的负荷加重，使砂轮磨损加快。

（3）砂轮圆周单位长度上的磨粒数 λ 越大，砂轮的组织越紧密，h_{Dmax} 越小，所以为了提高工件的表面质量，应该采用粒度小、组织较密的砂轮。

（4）h_{Dmax} 和径向进给量（磨削深度）的平方根成正比，因此径向进给量（磨削深度）增大一倍，单个磨粒的最大切削厚度会增大 40% 左右。在刚性较好的工作条件下，可以采用增

大径向进给量而降低工件速度的方法（深磨法）来提高磨削生产率。

（5）增大砂轮直径 d_s，可以使 h_{Dmax} 减少，从而使磨粒负荷减轻，工件表面质量得到改善。

2. 当量磨削厚度

由于砂轮速度高，每个磨粒的切削时间短，并且磨粒在砂轮表面的分布极不规则，实际参加切削的磨粒数和每个磨粒的切削微刃数目不稳定，导致在磨削过程研究中，很难像金属切削那样，用切削厚度作为切削层参数分析和研究磨削问题。为了研究的方便，提出了当量磨削厚度的概念，作为研究磨削过程的一个基本参数。

如图 3-5 所示，当量磨削厚度可以表达为在切削速度 v_s 下，沿砂轮速度方向磨去的材料的连续带的厚度。其体积等于在相同时间间隔内工件材料的去除体积，沿着有效砂轮宽度或有效砂轮轮廓线长度可以看到这条连续带。

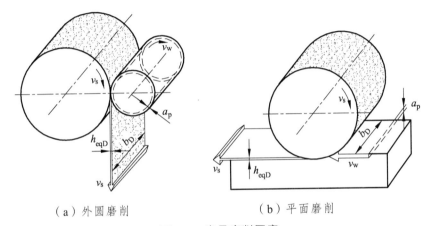

（a）外圆磨削　　　　　　　（b）平面磨削

图 3-5　当量磨削厚度

从砂轮方面分析，单位时间内砂轮切除的金属体积 V_w 应该等于砂轮速度 v_s、磨削宽度 b_D 和当量磨削厚度 h_{eqD} 三者的乘积，即

$$V_w = v_s \cdot b_D \cdot h_{eqD} \tag{3-9}$$

从工件方面分析，这部分金属体积没有切下来之前应该等于工件速度 v_w、磨削宽度 b_D 和磨削深度 a_p 三者的乘积，即

$$V_w = v_w \cdot b_D \cdot a_p \tag{3-10}$$

综合式（3-9）和式（3-10），得到当量磨削厚度：

$$h_{eqD} = \frac{V_w}{v_s} \cdot a_p \tag{3-11}$$

当量磨削厚度不是某一个磨粒所切下的切削层的厚度，而是一个假想的切削层厚度。当量磨削厚度只反映了磨削运动参数 v_s、v_w 和 a_p 的影响，没有反映砂轮性能的影响，作为研究磨削的基本参数，也有一定的局限性，没有单个磨粒切削厚度全面。

3.3 磨削原理

3.3.1 砂轮的几何特征

在磨削过程中，分布在砂轮表面的磨粒像一个一个的微刃在工件表面进行切削，形成磨削表面，所以研究单个磨粒的切削过程是研究磨削理论的基础。

砂轮表面的磨粒一般使用机械粉碎的方法并经过筛网筛选达到规定大小的粒度。但磨粒的形状不规则，大小存在差异，常见的磨粒如图 3-6 所示，其中以八面菱形体较为常见。这些磨粒存在以下几何特征。

（1）磨粒的刀尖角一般为 90°～120°，这样它们在切削时，基本上都是负前角切削，如图 3-7 所示。

（2）磨粒的切削刃和前面形状不规则，往往是空间曲线和空间曲面。

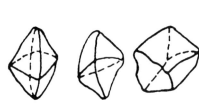

图 3-6　磨粒的形状

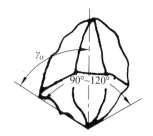

图 3-7　磨粒的角度

3.3.2 磨屑形成过程

由于单个磨粒的尺寸小，一般是负前角切削，单个磨粒的切削过程如图 3-8 所示，经历了滑擦、耕犁和切削三个阶段。

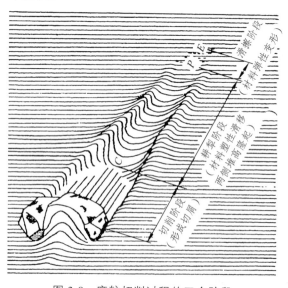

图 3-8　磨粒切削过程的三个阶段

当一个磨粒开始和工件接触时，这时的切削厚度很小，而刃口的相对半径比较小，不足以切下金属。这时磨粒挤压被加工金属表面，使其发生弹性变形，这个阶段称为滑擦阶段，这一阶段的主要特征是磨粒在工件表面的剧烈摩擦，产生大量的摩擦热。

磨粒继续前进，随着切削深度的逐渐增大，磨粒挤入工件表面的深度也增大，和工件表面之间的压力也增大，工件表面的金属由于受到的压力增大，由弹性变形过渡到塑性变形。工件表面的金属材料受磨粒的挤压发生塑性变形，在磨粒的两旁隆起，在磨粒经过的路径上刻划出一道沟痕。这个过程像耕犁在耕田一样犁出犁沟和两旁的隆起，所以称为耕犁阶段，有的也称为刻划阶段。

上述过程都没有使工件表面的金属和工件分离形成切屑。磨粒继续前进，磨粒前面的金属层厚度继续增厚，切削阻力也不断增大，当磨粒前面的金属层厚度增大到某一个临界值时，这部分金属开始剪切滑移形成切屑，这就是切削阶段。磨粒上的刃口圆弧半径越大，犁耕的路径越长，越不容易形成切屑。

在磨削过程中，并不是砂轮表面的每一个磨粒都会经历滑擦、犁耕和切削三个阶段，具体到某一个磨粒能够完成到哪一个阶段，取决于磨粒的刃口半径及在砂轮中的位置。某些磨粒的刃口圆弧半径过大，或本身在砂轮表面处于较低的位置使其切削深度很小，使这些磨粒的切削深度不足以达到形成切屑的临界值，所以这些磨粒只在工件表面刻划出一道道沟痕，不形成切屑。而还有一些磨粒的刃口圆弧半径更大或在砂轮表面的位置更低，它们在磨削过程中既不形成切屑，甚至都不犁耕出沟痕，它们只在工件表面发生滑擦。由于磨削速度高，这种滑擦作用下的摩擦会产生非常大的热量，形成很高的磨削温度，使磨削表面产生烧伤、裂纹等缺陷。

不论在磨削过程中是否形成切屑，大部分的磨粒都会在工件表面形成犁沟和犁沟旁的隆起，如图 3-8 所示，这些犁沟和隆起会影响工件表面的粗糙度。如果提高磨削时砂轮的磨削速度，会使材料来不及变形而磨削过程已经结束，从而减少因塑性变形而产生的隆起，起到降低粗糙度值的效果。

磨削时的切屑称为磨屑。磨屑有带状切屑和挤裂切屑，同时还有部分熔化了或经过高温燃烧成了灰烬，如图 3-9 所示。图中蝌蚪形切屑的头部，就是在高温下切屑的一段融化形成的。磨削时看到的火花，则是磨屑在高温下氧化或燃烧的现象。

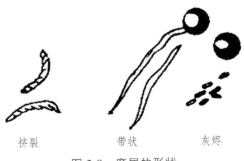

挤裂   带状   灰烬

图 3-9　磨屑的形状

3.3.3 磨削力和磨削功率

1. 磨削力的特征

与其他切削过程中的切削力相似，磨削力来源也包括两个方面：一是砂轮上各个磨粒的刃口挤压和切入工件，使工件材料发生弹、塑性变形时所产生的阻力；二是磨粒与切屑以及工件表面之间的摩擦力。由于每个磨粒的几何形状各不相同，它们在砂轮表面上的分布又极不规则，因此作用在每个磨粒上的力大小不等，方向也不相同。为了方便，以后研究的磨削力指磨削过程中砂轮所承受的总磨削力。

以外圆纵磨法为例，磨削力 F 可以分为切向分力 F_z、径向分力 F_y 和轴向分力 F_x，情况和车削外圆时相似，如图 3-10 所示。

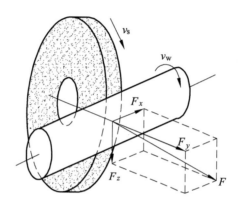

图 3-10　磨削力的三个分力

切向分力决定磨削时所消耗的功率，同时它还会使工件产生向下的弯曲变形。径向分力使工件产生水平方向的弯曲，直接影响工件的加工精度。由于磨削时的切削厚度比较小，而磨粒上的刃口圆弧半径相对比较大，同时因为磨粒上的切削刃一般都具有负的前角，所以磨削时径向分力 F_y 大于切向分力 F_z，这是磨削的主要特征之一。

F_y 和 F_z 的比值与被磨削材料的塑性有关。被磨削材料的塑性越小，F_y 和 F_z 的比值越大。不同材料的 F_y 和 F_z 比值如表 3-7 所示。

表 3-7　磨削不同材料时 F_y 和 F_z 的比值

工件材料	钢	淬火钢	铸铁
F_y/F_z	1.6～1.8	1.9～2.6	2.7～3.2

2. 磨削过程的三个阶段

由于径向分力 F_y 比较大，所以在磨削过程中机床-夹具-工件-砂轮系统（工艺系统）会在工件的半径方向发生较大的变形（俗称让刀）。这种让刀现象会使本来就比较小的磨削深度发生较大的变化。因此，磨削过程就出现了三个不同的阶段，如图 3-11 所示。

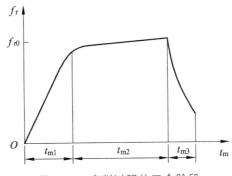

图 3-11　磨削过程的三个阶段

在第一个阶段 t_{m1} 中，由于工艺系统的弹性变形（让刀），使实际的磨削深度小于名义的径向进给量 f_{r0}，此时，实际磨掉的金属也少于名义值。随着进给次数的增加，工艺系统弹性变形的增大，变形抗力也逐渐增大，实际磨削深度也随着逐渐增大，当变形抗力增大到与名义的径向磨削力 F_y 相等时，实际磨削深度就与名义的径向进给量相等。这个阶段称为初磨阶段。工艺系统的刚性越好，则实际磨削深度增加得越快，初磨阶段就越短。

在第二个阶段 t_{m2} 中，工艺系统弹性变形的变形量基本保持不变，所以实际磨削深度基本上和名义径向进给量相等。这个阶段称为稳定阶段。

在第三个阶段 t_{m3} 中，机床的径向进给已经停止，所以此时的名义磨削深度等于零。由于工艺系统的弹性恢复，实际磨削深度不会突然下降到零，而是逐渐减小的，因此在这个阶段中仍然可以看到火花。随着工艺系统弹性变形量的逐渐减小，实际磨削深度也逐渐减小。与此同时，工件的精度提高，表面粗糙度也逐渐降低。这个阶段称为光磨阶段。

3. 磨削力和磨削功率的计算

为了估算磨床电机的功率以及工艺系统的刚性，同时也为了合理地选择磨削用量，必须知道磨削力的大小。

计算磨削力的公式有理论公式和经验公式两种。由于影响磨削力的因素很多，并且目前对磨削的机理研究还很不够，所以理论公式的精确度不高，实用意义不大。

经验公式是通过实验在不同条件下测量磨削力归纳总结而成的。由于实验条件各异，所以一些资料中所推荐的磨削力经验公式也不尽相同。

这些实验公式几乎都是以磨削条件的幂函数的形式表示的，对于外圆纵向进给的切向磨削力 F_z 归纳为下式：

$$F_z = K f_r^{\alpha} v_s^{\beta} v_w^{\gamma} f_a^{\delta} B^{\varepsilon} \quad (\text{N}) \tag{3-12}$$

式中　K——比例系数；

　　　B——砂轮宽度（mm）；

　　　α，β，γ，δ，ε——磨削用量的幂指数，各国研究工作者获得的幂指数不完全相同，现以日本渡边的资料为例介绍如下：$\alpha = 0.88$，$\beta = -0.76$，$\gamma = 0.76$，$\delta = 0.62$，$\varepsilon = 0.38$。

此外，针对平面磨削的切向力和法向力有如下实验公式：

$$F_z = K f_r^{\alpha} v_s^{\beta} v_w^{\gamma} \quad (\text{N}) \tag{3-13}$$

$$F_y = K'f_r^{\alpha'}v_s^{\beta'}v_w^{\gamma'} \quad （N）\tag{3-14}$$

对于硬钢而言，$\alpha=0.87$，$\beta=-1.03$，$\gamma=0.48$，$\alpha'=0.86$，$\beta'=-1.03$，$\gamma'=0.44$。

求得切向磨削力 F_z 后，可按下式计算磨削功：

$$P_m = \frac{F_z \cdot v_s}{1\,000} \quad （kW）\tag{3-15}$$

现有的各种磨削力经验公式，都是在各自的特定条件下得出的，因此都有一定的局限性。到目前为止，还没有找到一个能适用于各种条件下的磨削力公式。

4. 影响磨削力的因素

磨粒工作时所承受的力，与磨粒的切削厚度有关。因此，凡是影响单个磨粒切削厚度的因素，都将直接影响磨削力的大小。

当工件速度 v_w 和轴向进给量 f_a 增大时，单位时间内切除的金属量增大，如果其他条件不变，则每个磨粒的切削厚度也随之增大。因此，磨削力随工件速度和轴向进给量的增大而增大。

当径向进给量（磨削深度）增大时，每个磨粒的切削厚度随之增大。与此同时，砂轮和工件的接触面积也增大。因此，磨削力随径向进给量（磨削深度）的增大而增大。

当砂轮速度 v_s 增大时，单位时间内参与切削的磨粒数量随之增加。因此，每个磨粒的切削厚度减小，切削力也随之减小。

砂轮的磨损会使磨削力增大。因此，磨削力可以在一定程度上反映砂轮上磨粒磨损的程度。同时，磨削时工作台的行程次数反映了砂轮工作时间的长短，图 3-12 所示为工作台行程次数与磨削力之间的关系。可以看出，随着磨粒磨损程度的增加，径向磨削力 F_y 和切向磨削力 F_z 都将增大。但是 F_y 增加得更快。

砂轮硬度较大时，已经钝化的磨粒不易脱落，因此磨削力比较大；图 3-12 中，中等硬度砂轮的曲线 Z 上升较快，中软砂轮的曲线 ZR 上升较慢，软砂轮的曲线 R 上升最慢。

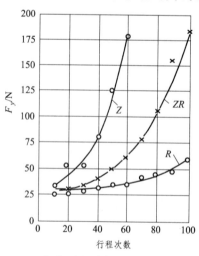

（a）砂轮磨损对 F_y 的影响

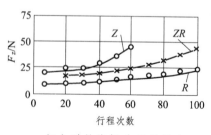

（b）砂轮磨损对 F_z 的影响

图 3-12　砂轮磨损对磨削力的影响

3.3.4　磨削热和磨削温度

1. 磨削热和磨削温度的特征

在磨粒对工件进行切削的过程中，滑擦、犁耕和切削三个阶段都要消耗能量，这些能量的绝大部分都将转化为热能。这就是磨削过程中产生热量或磨削热的原因。

磨削热通过工件、砂轮、磨屑和切削液等传出。由于一般砂轮的导热性很差，并且它和工件接触的时间很短，所以从砂轮传出的热量不多。高速旋转的砂轮就像风扇，由于这个作用使切削液不易进入磨削区，因此，由切削液带走的热量也比较少；磨屑的体积非常小，所以它能容纳的热量也不多。这样，大部分磨削热将传入工件。以外圆磨削软钢为例，磨削热传散的比例大致如下：80%～90%传入工件，10%～15%传入砂轮，1%～10%由磨屑带走。

磨削温度是指砂轮磨削区的温度。磨削时单位切削功（磨去单位体积金属所做的功）为车削的 10～20 倍，这些能量迅速转变为热能，磨粒通过磨削区的时间极短，一般只有几毫秒，在这样短暂的时间内，磨削区温度突然升高至高温，加热速度达到 $1×10^5$ ℃/s 的数量级。因此工件表层的金属组织将迅速改变，并产生表层残余应力，这种情况还可能造成磨削表面的热损伤，使表面出现烧伤和微裂纹。显然所有这些都将严重影响工件的疲劳强度和耐磨性。同时磨削区温度的急剧变化，还可能使工件产生热变形，从而影响加工精度。因此，控制与降低磨削温度是磨削加工中保证质量的重要环节。

长期以来人们曾从理论和实验两方面对磨削热和温度进行大量研究工作，但由于工程实际问题的复杂性，理论分析基本上还处于定性阶段，相对比较成熟的还是实验技术。

2. 影响磨削温度的主要因素

（1）砂轮速度 v_s。砂轮速度 v_s 增大，单位时间内参与切削的磨粒数增多，单个磨粒的切削厚度减少，摩擦和挤压作用加剧，滑擦产生的热量显著增大。另外砂轮速度增大，会使磨粒在工件表面滑擦的次数增加，使磨削热传入工件表面层的比例增加，所有这些因素，都会使工件表面磨削区的温度升高。

（2）工件材料。工件材料韧性大、强度高，磨削温度会比较高。同时工件材料的热导率比较低，散热困难，磨削温度也比较高。如磨削轴承钢，轴承钢的强度高，变形时消耗的能量大，并且热导率低，所以磨削温度高。磨削球墨铸铁时，容易形成崩脆切屑，金属的变形和摩擦均比较小，所以磨削温度比较低。

（3）砂轮的特性。随着磨削时间的增加，砂轮上的磨粒逐渐变钝，磨削过程逐渐变得困难，磨削力增加，产生的磨削热也增加，导致磨削温度上升。因此为了控制磨削温度，要正确选择砂轮，如选用硬度高、脆性大的磨料，在磨削过程中不容易变钝，即使变钝后容易破碎形成新的切削刃，这样对降低磨削温度，防止工件表面烧伤是有益处的。

（4）工件速度 v_w。工件速度 v_w 增大，一方面使单个磨粒的切削厚度增大，从而使金属切除率增大，消耗的功率增大，发热量增大，磨削区的温度升高；另一方面，导致磨削热源（磨削区）在工件表面上的移动速度加快，传入工件表面的热量减少，使工件表面的温度降低。所以适当提高工件速度，有利于防止工件表面烧伤。

（5）径向进给量 f_r。径向进给量也就是磨削深度，随着磨削深度增加，单个磨粒的切削厚度和长度增大，产生的热量增加，导致磨削温度上升。

综上所述，为了降低磨削温度，除应该正确选择砂轮、v_s、v_w 和 f_r 外，还需要正确使用磨削液和冷却方式，从外部直接冷却磨削点，降低磨削温度。

3.3.5　砂轮的修整

砂轮在磨削过程中，由于磨粒变钝，磨削力增大，变钝的磨粒在磨削力的作用下脱落，让里面锋锐的磨粒进行磨削，这就是砂轮的"自锐性"。但是在磨削过程中，如果砂轮选择不当（如砂轮的硬度），或切削条件变化，磨钝的磨粒不能自动脱落，砂轮的自锐过程不能顺利进行，砂轮将会丧失磨削功能。如果让钝化了的砂轮继续磨削，将可能引起工艺系统振动、噪声增大，甚至工件表面粗糙度增加，产生裂纹或烧伤。为了保证加工质量，在必要时可以对砂轮进行修整，恢复磨削功能。

1. 砂轮钝化机理

砂轮钝化的原因可以归结为砂轮的磨损、堵塞和形状失真三个方面。

砂轮的磨损有磨耗磨损和破碎磨损两个方面。如图 3-13 所示，磨耗磨损是由于磨粒和工件之间的摩擦、黏结和扩散引起的，发生在磨粒和工件接触的表层，磨粒的部分材料被工件带走，如图中的 $C—C$ 处。而破碎磨损是由于磨粒的破碎或结合剂破碎而引起的，前者发生在磨粒内部（如图中的 $B—B$ 处），后者发生在两个磨粒之间（如图中的 $A—A$ 处）。

砂轮的磨损过程也可以划分为如图 3-14 所示的三个阶段。在初期磨损阶段，由于砂轮刚经过修整，表面很不平整，有少数磨粒或磨粒的切削刃明显突出在外，这些磨粒或切削刃的负荷较大，很容易破碎，所以这个阶段磨粒的破碎磨损占较大的比重。另外，在砂轮修整过程中，磨粒受修整器的作用，内部产生内应力及裂纹。这些有裂纹和应力的磨粒也会在初期磨损阶段迅速破碎。由于上述原因，初期磨损的曲线很陡。正常磨损阶段主要是磨粒的磨耗磨损，因此这段曲线比较平坦。剧烈磨损阶段主要是结合剂的破碎，因此这段曲线也比较陡。

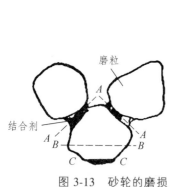

图 3-13　砂轮的磨损

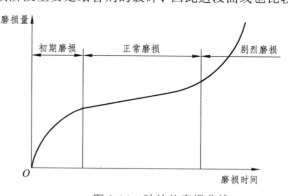

图 3-14　砂轮的磨损曲线

实验证明，在正常磨损阶段快要结束时，径向磨削力 F_y 会迅速增大，而切向磨削力 F_z 的增大不甚明显。因此，可以用磨削测力仪随时测量这两个磨削分力，并且以比值 F_y / F_z 作为衡量砂轮磨钝的标准。当 F_y / F_z 超过某一数值时，就修整砂轮。这种想法为砂轮磨损的"过程实时检测"找到了一条解决的途径，也就是说，可以根据 F_y / F_z 比值的变化来对砂轮磨损状态进行预测。

除砂轮磨损外，砂轮的堵塞也可能使砂轮无法继续工作。在磨削韧性材料时，磨粒之间的空隙常常被磨屑等杂物堵塞，使砂轮失去容屑空间，最终导致砂轮失去切削能力。由此可见，砂轮的钝化不仅与磨粒切削刃的大小、形状及其分布有关，而且砂轮的空隙条件也起到很重要的作用。

有三种主要机理说明砂轮堵塞原因：第一种堵塞机理是切屑与工作磨粒之间产生化学反应；第二种堵塞机理是切屑机械地聚集在工作磨粒的相邻空间；第三种堵塞机理是在原有的切屑与被堵塞磨粒新形成的切屑之间，发生压焊现象，难以保证切屑形成过程的正常进行。

在成形磨削时，砂轮的轮廓显得特别重要，因为此时的加工精度与砂轮的轮廓直接有关。所以在这种情况下，一旦砂轮失去必要的轮廓精度，虽然此时它可能仍有切削能力，也应列为钝化。

2. 砂轮的耐用度和磨削比

砂轮的耐用度 T，就是砂轮在相邻两次修整间的磨削时间，一般用分钟（min）作单位。砂轮达到耐用度的判据是砂轮的磨损量达到一定程度使工件发生颤振、工件表面粗糙度恶化或工件表面发生烧伤。

外圆磨削时，增大砂轮速度 v_s、砂轮直径 d_s、砂轮宽度 B 和工件直径 d_w 可以使单个磨粒的切削厚度减小，从而使砂轮的耐用度提高；反之增大工件转速 v_w、轴向进给量 f_a 和径向进给量 f_r，则单个磨粒的切削厚度增大，从而使砂轮的耐用度降低。

外圆磨削过程中一般砂轮宽度不容易改变，砂轮速度变化范围也不大，所以可以建立如式（3-16）所示的耐用度经验公式。

$$T = \frac{C_T d_w^{0.6}}{v_w^{1.82} f_a^{1.82} f_r^{1.1}} \qquad （\text{min}） \tag{3-16}$$

式中，轴向进给量 f_a 一般为（0.3 ~ 0.6）B；f_r =0.005 ~ 0.05 mm/单行程；常数 C_T 反映工件材料的修整系数，修正系数可以按表3-8选取。

表 3-8　修正系数 C_T

工件材料	未淬硬钢	淬硬钢	铸铁
修正系数 C_T	2 550	2 260	2 870

磨削钢时，以工件表面发生烧伤作为耐用度判据；磨削铸铁时，以工件表面出现晶亮面作为耐用度判据。

各种磨削方式常用的砂轮耐用度值可以参考表3-9。

表 3-9　常用砂轮耐用度值

磨削方式	外圆磨			无心磨		内圆磨	平面磨		成形磨
	纵向进给	横向（切入）进给	台阶轴	纵向进给	横向进给		纵向进给	横向进给	
耐用度/min	30 ~ 40	30	20	60	30	10	25	10	10

另外，还可以通过磨削比来衡量砂轮的切削性能，砂轮磨削比（G）的定义是：单位时间内切除的金属的体积与同一时间内砂轮自身的磨耗体积之比，即

$$G = \frac{V_w}{V_s} \qquad\qquad (3-17)$$

式中　　V_w——每秒钟金属的切除量（mm³/s）；

　　　　V_s——每秒钟砂轮的磨耗体积（mm³/s）。

磨削比的倒数称为磨耗比 ϕ_s。

$$\phi_s = \frac{1}{G} = \frac{V_s}{V_w} \qquad\qquad (3-18)$$

在选择砂轮时，应该使磨削比尽可能大（使磨耗比尽可能小），以达到较好的经济效果。

3. 砂轮的修整

砂轮的表面形态（形貌图）不仅与砂轮的粒度、组织等要素有关，而且在很大程度上取决于修整砂轮时所采用的修整工具和修整用量。

修整砂轮的主要目的：① 去除已经钝化的磨粒或去除被磨屑堵塞了的磨粒，让里层的新磨粒出来参与切削；② 使砂轮通过修正获得足够数量的切削刃，从而降低表面粗糙度值；③ 把砂轮工作表面修整成所要求的廓形。

修整砂轮所用的工具有金刚石修整工具、磨料修整工具、硬质合金和金属修整工具等几种。

金刚石笔用于修整精密砂轮和成形砂轮。如图 3-15 所示，修整时应将金刚石笔的尖端安装得比砂轮中心低 1～1.5 mm，同时将金刚石笔的尖端向下倾斜（逆砂轮旋转方向）约 10°。

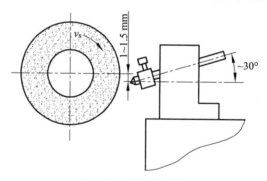

图 3-15　砂轮的修整

修整用量（修整进给量和修整深度）对砂轮的修整质量有很大影响。

修整进给量小于或等于砂轮磨粒的平均直径 d_g 时，砂轮上的每个磨粒都能在修整过程中与修整器上的金刚石相碰而被切削，因此就能产生较多的有效切削刃。砂轮上有较多的有效切削刃参与切削，就可以在工件上得到较低的表面粗糙度。修整时所采用的修整进给量越小，磨削工件表面粗糙度值就越低。

修整深度对修整质量的影响与修整进给量相似。另外，它的大小将直接影响砂轮的使用寿命。如果修理深度过大，则大量的磨粒和结合剂将在修整过程中被打掉。其结果是导致砂

轮直径迅速变小。

修整进给量和修整深度的确定都与磨粒的平均距离有关。一般情况下粗磨时修整深度选 $5\sim10~\mu m$，精磨时选 $1\sim5~\mu m$。而修整进给量 $f_d=n\cdot l_g$，其中 n 为比例系数，粗磨时取 $0.5\sim1$，精磨时取 $0.2\sim0.5$，高精密磨削时可以取 $0.1\sim0.2$。

3.3.6 磨削表面的完整性

磨削表面的完整性，是指磨削加工的表面粗糙度和表面层的物理机械性能。因为磨削常常用作最后精加工工序，所以磨削时的表面完整性对工件的耐磨性、抗疲劳强度、密封性、耐腐蚀性和配合质量等均有较大的影响。

1. 磨削加工的表面粗糙度

与其他金属切削加工相比较，磨削加工的表面粗糙度值是比较低的。可以根据理论公式进行计算，但计算结果与实际测量值相差悬殊。因此，许多学者致力于实验研究，获得各种实验公式，其一般形式如下：

$$R_a=k\cdot f_r^a\left(\frac{v_w}{v_s}\right)^b\left(\frac{f_a}{B}\right)^c\quad(\mu m)\qquad(3\text{-}19)$$

式中，磨削参数的意义同前；k 是因磨削条件不同而存在的系数；a，b，c 为相关指数，根据日本渡边的研究，$a=0.25$，$b=0.5$，$c=0.38$。

根据式（3-19）可知影响磨削表面粗糙度的相关因素如下：

（1）工件速度和砂轮速度的比值越小，磨削表面的粗糙度值越小。

（2）轴向进给量和砂轮宽度的比值越小，工件表面上同一点被磨的次数越多，磨削的表面粗糙度值越小。

（3）径向进给量越小，则磨削表面粗糙度值越小。

另外，根据磨削原理，下列因素也对磨削表面粗糙度存在影响：

（1）砂轮的磨粒越细，则磨削表面粗糙度值越小。

（2）磨粒切削刃在砂轮表面上的等高性越好，则磨削表面粗糙度值越小。

（3）砂轮直径 d_s 越大，则磨削表面粗糙度值越小。

实际磨削过程中，表面粗糙度值主要取决于磨削主轴的振动和磨粒切削刃高度的不一致性，即磨削表面粗糙度值的降低往往首先受这两方面因素的限制。因此，改善磨床主轴轴承的结构和砂轮的质量，可以使磨削表面粗糙度值大大减小。

2. 磨削表面的物理机械性能

磨削表面层的物理机械性能主要是指磨削表面层显微硬度的变化、残余应力、烧伤和裂纹，因为这些现象对工件的强度、硬度、疲劳强度、耐磨性等有很大影响。

1）显微硬度的变化

在磨削过程中，金属因剧烈的塑性变形而发生加工硬化，其表面层的显微硬度明显提高；磨削热使表面层金属温度急剧上升，引起这部分金属的软化（回火、再结晶等）；大量的切削液使表面层金属迅速冷却，起到表面淬火的作用。这三种错综复杂的过程是在极短的时间内完成的。因此，表面层金属中硬度的变化和分布情况是十分复杂的。对实验结果所作的分析表明，一般磨削加工后，工件表面层金属的硬度变化可能有图 3-16 所示的四种情况。

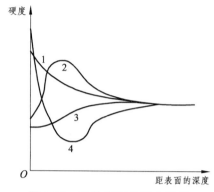

图 3-16　工件表面的硬化程度

曲线 1 表示磨削退火钢时，工件表面层金属硬度变化的情况。由于此时的磨削温度较低，磨削热所引起的软化作用较小，加工硬化起主导地位。因此，表面层的硬度高于内层。

曲线 2 表示磨削淬火钢时，工件表面层金属硬度变化的情况。此时，工件外层的温度已达到回火温度，外层金属由原来的马氏体组织转变成回火马氏体或索氏体组织，硬度降低。稍内层的温度较低，不会发生组织转变，但由于变形而发生了加工硬化，所以硬度上升。

曲线 3 表示磨削区温度特别高时，工件表面层金属硬度变化的情况。例如，在磨削淬火钢时，由于砂轮修整得不好、磨削深度过大、切削液不充分等原因，使磨削区的温度上升，外层金属发生退火，内层金属发生回火，硬度均低于原来的淬火硬度。

曲线 4 表示磨削区温度达到相变温度后又迅速冷却时，工件表面层金属硬度变化的情况。在磨削淬火钢时又在充分冷却的条件下，外层金属发生二次淬火，硬度明显提高，稍内层的温度不到淬火温度，发生回火，硬度有明显下降。

2）残余应力

磨削表面的残余应力有如下三方面的内容：由塑性变形引起的塑性应力；由磨削热引起的热应力；由金相组织变化（不同组织的密度不同）引起的相变应力。由于影响的因素较多，所以在不同条件下形成的残余应力分布情况也不相同。一般情况下，磨削残余应力的分布有如下三种情况，如图 3-17 所示。

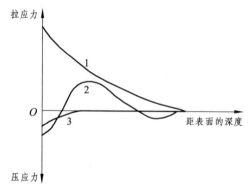

图 3-17　磨削时的残余应力

曲线 1 为干磨淬火钢时的情况。此时的磨削区温度比较高，外层钢料的淬火马氏体组织将转变成回火马氏体。因回火马氏体的比容较小，所以外层金属要发生收缩。外层收缩时，受到内层金属的牵制，因此外层金属中将产生残余拉应力。

曲线 2 为磨削淬火钢并且采用水溶性切削液时的情况。此时，外层金属的温度超过了相变温度，在切削液的作用下它又迅速冷却，产生二次淬火，外层金属中的残留奥氏体转变成淬火马氏体，比容增大，导致外层膨胀。外层膨胀时，受到内层金属的牵制，因此外层金属中将产生残余压应力。内层金属的温度较低，其中的淬火马氏体将转变成回火马氏体或索氏体，比容缩小，因此，内层金属中将产生拉应力。

曲线 3 表示比较理想的情况。在适当的工作条件下磨削淬火钢，外层的温度热量传入工件的深度也不大，于是外层产生较小的残余压应力。

残余拉应力会使工件的疲劳强度下降，残余压应力对工件强度有好处。因此，磨削时应尽可能减小或避免残余拉应力的产生。

在停止径向进给以后，进行若干次光磨行程，可以减少表面层金属中的残余应力。

3）烧伤和裂纹

工件上的外层金属在较高的磨削温度下产生一层氧化膜，即所谓的烧伤。可以根据烧伤的颜色判断氧化膜的厚度（烧伤深度）和当时的温度。随着烧伤斑点颜色的逐渐加深，表明烧伤深度逐渐增加，烧伤时温度逐渐升高。

图 3-18 所示为淬火高速钢磨削后烧伤表面层硬度变化的情况。离表面 0.05 mm 的深度内硬度最高，这是回火马氏体相变成奥氏体，然后又急冷而转成白色马氏体所致。再往深处，出现回火组织，硬度逐渐下降。深度为 0.1 mm 处的硬度最低。此后，随着深度的增大，硬度又有回升。当深度到达 0.175 mm 时，重新恢复到工件基体的硬度。

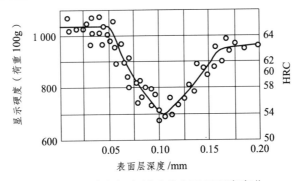

图 3-18 淬火钢磨削后的表面层硬度变化

烧伤使工件的表面层组织遭到破坏，严重时表面层还会产生裂纹，从而严重地影响工件的耐磨性和疲劳强度。因此，磨削时必须避免烧伤的出现。

磨削过程中，当形成的残余拉应力超过工件材料的强度极限时，工件表面就会出现裂纹。磨削裂纹极浅，呈网状或垂直于磨削方向。有时不在表层，而存在于表层之下。有时在研磨或使用过程中，由于去除了表面金属层后，残余应力失去平衡，形成微细裂纹。这些微细裂纹，在交变载荷的作用下，会迅速扩展，并造成工件的破坏。

磨削表面烧伤和裂纹均与磨削温度有密切关系。因此，为了避免磨削烧伤和裂纹，应减少磨削热的产生或加速磨削热的散出。

减小径向进给量，选用较软的砂轮，减小工件和砂轮的接触面积，及时修整砂轮等措施可以使磨削热减小，采用有效的冷却方法（喷雾冷却、高压冷却等）有助于磨削热的传出，因此，可以通过这些措施使烧伤得到控制或避免。

3.4 先进磨削技术

1. 高速磨削

普通磨床的砂轮速度为 30 ~ 35 m/s。当速度提高到高于 45 m/s 时，称为高速磨削。目前试验中的磨削速度可达到 200 ~ 250 m/s，生产实践中磨削速度可达到 80 ~ 125 m/s。

砂轮速度提高后，使单位时间内通过磨削区的磨粒数增加。若进给量保持与普通磨削时相同，则高速磨削时每颗磨粒切削厚度变薄，同时使每个磨粒的负荷减小。因此使砂轮耐用度提高，磨削表面粗糙度降低，工件精度较高，生产率提高。

由于高速磨削的砂轮速度高，因此磨床的功率应相应增加，在防振和砂轮安全方面都要采取适当的措施。

2. 缓进给大切深磨削（蠕动磨削）

缓进给大切深磨削是以较大的切削深度（每次可为 1 ~ 30 mm）和很低的工作台进给量（10 ~ 300 mm/min）磨削工件，经一次或数次即可磨到所要求的尺寸精度，适用于磨削高硬度、高韧性材料，如耐热合金、不锈钢、高速钢等的型面和沟槽。其磨削精度高、表面粗糙度低，砂轮能在较长时间内保持原有廓形精度。但磨削过程产生的磨屑较多，排屑及冷却困难，极易引起工件表面的烧伤。

由于缓进给大切深磨削具有与普通磨削不同的特点，因此对磨削用砂轮、机床、冷却液及冷却液应用方式等有特殊的要求。

3. 砂带磨削

如图 3-19 所示，砂带是在柔软的基体上用黏结剂均匀地粘上一层磨粒而成。每颗磨粒在高压静电场的作用下直立在基体上，并以均匀的间隔排列。制造砂带的磨料多为氧化铝、碳化硅或氧化铁，也可采用金刚石或立方氮化硼。基体的材料是布或纸，黏结剂可用动物胶或合成树脂胶。

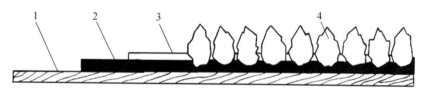

1—基体；2—底胶；3—覆胶；4—磨粒。

图 3-19 砂带及其磨粒

砂带磨削作为一种高效磨削方法发展极为迅速，应用范围也越来越广泛，可用来粗磨钢锭、钢板，磨削难加工表面，特别是磨削大尺寸薄板、长径比大的外圆和内孔（直径 $\phi 25$ mm 以上）、薄壁件和复杂型面更为优越。它与砂轮磨粒的空间随机分布不同，大量磨粒在加工时能同时发生切削作用，加工效率可比砂轮磨削高 5 ~ 20 倍。它能保持恒速工作，不需修整，对工件热影响小，能保证高精度和低表面粗糙度。但砂带磨削有占用空间大和噪声高等缺点。

如图 3-20 所示是几种常见的砂带磨削方式。

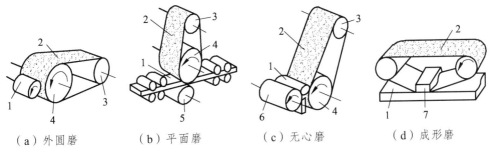

（a）外圆磨　　　（b）平面磨　　　（c）无心磨　　　（d）成形磨

1—工件；2—砂带；3—张紧轮；4—接触轮；5—支承轮；6—导轮；7—成形压块。

图 3-20　砂带磨削

思考题

1. 常用的磨料有哪些种类？主要成分是什么？都适合磨削什么工件材料？
2. 什么是砂轮的硬度？怎样选择砂轮的硬度？
3. 磨料的粒度号是如何制定的？选择粒度的依据是什么？
4. 砂轮的结合剂主要有哪些种类？有何特点？怎样选择？
5. 砂轮的组织怎么定义？如何选用？
6. 外圆、内圆和平面磨削中有哪些磨削运动？
7. 说明磨屑形成的过程。
8. 与切削加工相比，磨削加工有什么特点？
9. 什么是砂轮的耐用度和磨削比？
10. 为什么要修整砂轮？怎样修整砂轮？
11. 磨削表面质量包含什么内容？

第4章 机械加工工艺设计基础

任何机械产品的基本组成单元都是零件,零件的毛坯可以由不同的材料经过热加工制成,毛坯经过机械加工达到零件图规定的几何结构和质量要求,然后经过组件、部件和整机装配而达到产品的功能和性能要求,最终成为产品。零件的机械加工工艺过程和产品的装配工艺过程统称为机械制造工艺过程。

各种机械产品的用途和零件结构虽然差别很大,不同的零件和产品有不同的制造工艺过程,但是制定它们的制造工艺过程必须遵循共同的制造规律。同一个零件或产品可以采用不同的制造工艺过程,但是这将会对产品的质量、劳动生产率和产品的经济性产生重要的影响。

4.1 机械加工工艺过程概述

4.1.1 生产过程与工艺过程

产品的生产过程是指原材料或半成品转变为成品所进行的全部过程。产品在工厂的生产过程可以划分为几个主要阶段。

（1）毛坯制造:在锻压和铸造车间生产毛坯。

（2）零件加工:在机械加工、冲压、焊接、热处理和表面处理车间进行零件的加工。

（3）零件装配:在装配车间把零件组装成产品。

（4）检验试车:在试验台上测试和检验产品的各项性能。

产品的生产过程是一个十分复杂的过程,它不仅包括直接作用到生产对象上的工作,即工艺过程,也包括许多的生产准备工作（如生产计划的制订、工艺规程的编制与生产工具的准备等）和生产辅助工作（如设备的维修、工具的刃磨、原材料和半成品的供应与运输以及生产中的统计与核算等）。

在产品的生产过程中,工艺过程占有最重要的地位。工艺过程是指直接改变原材料或半成品使之成为成品的过程。工艺过程有锻压、铸造、焊接、机械加工、冲压、热处理、表面处理、装配和特种加工等。

机械加工工艺过程是指用机械加工方法逐步改变毛坯的形状、尺寸和性质,使之成为合格零件的全过程。在机械产品的制造过程中,机械加工在总劳动量中所占的比重约为60%,并且机械加工也是当今获得零件复杂构形和高精度的主要加工阶段。

把工艺过程的操作方法等按一定的格式用文件的形式固定下来,便成为工艺规程。工艺规程设计在生产准备工作中起着决定性的作用。按照规定的工艺规程组织生产,对保证产品的质量、经济性和提高劳动生产率具有十分重要的意义。同时工艺规程也是进行各种生产准备工作和生产辅助工作的依据。只有严格执行工艺规程，才能够建立起正常的生产秩序。工艺规程是一切与生产有关的人员都必须严格遵守并执行的纪律性文件。

4.1.2 工艺过程的组成

一个零件的机械加工工艺过程由一系列的工序组成，毛坯依次通过这些工序而变成成品。工序是指由一个（或一组）工人在一台（或一组）机床上对同一个（同时对几个）工件所连续完成的那一部分工艺过程。工序是工艺过程的基本组成单元。

工序又可以划分成不同的工步。工步是指被加工表面、切削工具和机床的切削用量（指切削速度和进给量）都不变的条件下所进行的工作。

为了提高劳动生产率，常常将几个工步合并成一个复合工步。复合工步的特点是用几个工具同时加工几个表面。例如加工如图 4-1（a）所示的零件，图 4-1（b）即是进行复合加工，用两把铣刀同时加工两个表面的情况。在多刀多轴的自动、半自动机床上进行零件加工时，常常利用复合工步来提高劳动生产率。

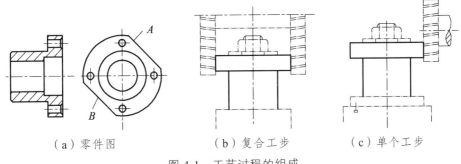

（a）零件图　　　　　（b）复合工步　　　　　（c）单个工步

图 4-1　工艺过程的组成

一个工步又可以分为几次走刀。走刀是指在一个工步中，切削工具从被加工表面上每切去一层金属所进行的工作。当工件表面切去的金属太厚，不可能或不宜一次切下时，就需要分几次走刀来进行。

完成一个工序，需要进行许多工作，这些工作可以划分为基本的切削工作和辅助工作两部分。辅助工作包括装卸工件、开动机床、引进刀具和检测工作等，在辅助工作中，工件的安装对保证机械加工质量和提高劳动生产率具有非常重要的意义。

安装是使工件在机床上占有正确的位置，并夹紧使之固定在这个位置上。安装包括定位和夹紧两方面的内容。在一个工序中，可以用一次安装或几次安装来进行加工。工件在一个工序中进行多次安装，往往会降低加工质量，并且会花费很多的装夹时间。因此，当工件必须在不同的工位加工时，可以利用夹具来改变工件的位置。

工位是工件在一次安装后，在机床上所占有的各个位置。图 4-1（c）所示为利用夹具在两个工位上进行铣削平面的情况。工件的 A 侧面加工后，不必卸下工件，拔出定位销，使夹具的上半部分带着工件一起旋转 180°，再插入定位销，使工件的 B 侧面占据 A 侧面的位置，从而使工件由第一工位转到第二工位。

有关工艺过程的术语，可以通过六角螺栓的机械加工工艺过程来说明。螺栓的零件图如图 4-2 所示。工艺过程如表 4-1 所示。

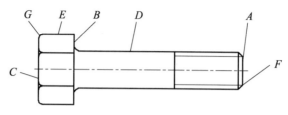

图 4-2 螺栓

表 4-1 加工螺栓的工艺路线

工序号	工序名称	安装	工步	走刀	工位
5	车	1（三爪卡盘）	（1）车端面 A	1	1
			（2）车外圆 E	1	
			（3）车螺纹外径 D	3	
			（4）车端面 B	1	
			（5）倒角 F	1	
			（6）车螺纹	6	
			（7）切断	1	
10	车	1（三爪卡盘）	（1）车端面 C	1	1
			（2）倒棱 G	1	
15	铣	1（分度夹具）	（1）铣六方（复合工步）	3	3

4.1.3 工件的安装

工件在机床上的安装质量直接影响到工件机械加工的质量、效率和经济性。根据工件的生产类型、加工要求的精度以及工件的构形、大小和质量，可以采用不同的安装方法。

1. 直接找正安装

这种方法直接把工件安装在机床上或用通用夹具安装工件，用划针、百分表、千分表等直接找正工件在机床上的位置。例如，在四爪卡盘上加工一个偏心零件，通过调整卡盘的四个卡爪，用划针或百分表来找正加工表面的位置。当定位精度要求不高时用划针，定位精度可达 0.5 mm；精度要求很高时用百分表或千分表，定位精度可达 0.01~0.005 mm。

直接找正安装费时费事，一般应用于工件批量小、采用夹具不经济的场合，或者应用于工件定位精度要求很高（0.005~0.01 mm）的场合。

2. 划线找正安装

对于形状复杂的零件，如柴油机的机体，由于构形复杂，在加工其上的表面时，先按零件图在毛坯上划出加工表面的中心线、对称线以及各个待加工表面的加工线，并检查它们与各个不加工表面的尺寸和位置，然后按照划好的线找正工件在机床上的位置。对于形状复杂的工件，需要经过多次划线。划线找正的精度一般为 0.2~0.5 mm。

划线找正也费时费事，对划线工要求很高，所以它一般适用于以下场合：

（1）批量不大，形状复杂的铸件。

（2）在重型机械制造中，尺寸和质量都很大的铸件或锻件。

（3）毛坯的尺寸公差很大，表面粗糙，不适宜用夹具进行安装。

3. 用机床夹具安装

对于中小尺寸的工件，在批量比较大时，采用专用夹具进行安装，这里所说的夹具主要指非通用夹具，即专用夹具。在用专用夹具安装工件时，零件的装夹定位精度与夹具的定位误差和夹紧误差有关，而装夹效率较高。在数控机床上用夹具安装零件时，其定位精度主要与对刀找正的精度有关。

4.1.4 设计工艺过程的技术依据

设计零件机械加工的工艺过程，必须具备下列原始资料作为基本的技术依据。

1. 零件图及技术条件

零件图及技术条件是被加工零件的工程描述，是设计工艺过程的最主要的技术依据。在零件图上应包括：

（1）零件的构形和尺寸。零件图上有必要的投影、剖视或剖面，必须使零件在空间的形状确定下来。另外，零件图上还必须有确定构形大小的全部尺寸。总之，零件图应能够在空间还原出零件的结构形状和尺寸大小。

（2）技术要求。有关尺寸、形状和位置关系所允许的偏差、表面粗糙度以及某些特殊的技术要求，如动平衡和质量等。

（3）材料及热处理。有关零件材料的牌号、热处理方式、硬度、无损探伤、毛坯种类及检验等级等。

另外，所有不能用制图语言表示的要求或说明，可以写在图纸上或写在另附的文件上，称之为技术条件。

2. 生产纲领和生产类型

生产纲领是企业在计划期内应当生产的产品产量。某零件的年生产纲领包括备品和废品在内的年产量，可以按下式计算：

$$N = Q \cdot n(1+a\%)(1+b\%) \quad （件/年） \tag{4-1}$$

式中　N——零件的年生产纲领（件/年）；

Q——产品的年产量（台/年）；

n——每台产品中，该零件的数量（件/台）；

$a\%$——备品率；

$b\%$——废品率。

生产类型是企业、车间、工段生产专业化程度的分类。生产类型一般可以分为单件生产、成批生产和大量生产。

（1）单件生产。单个地生产不同结构和尺寸的产品，并且很少量重复甚至不重复生产，如重型机器制造、工具制造、专用设备制造以及新产品试制等。

（2）成批生产。成批次地制造相同的产品，并按一定的时期交替地重复。每批制造的相同的产品或工件的数量称为批量，根据批量的大小，成批生产又可以分为大批量生产、中批量生产和小批量生产三类。大批量生产的产品品种有限而产量大，类似于大量生产；小批量生产的产品品种多而产量小，类似于单件生产；中批量生产的特点介于小批量生产和大批量生产之间。

（3）大量生产。当产品的制造数量很多，在大多数工作地点经常重复地进行某一工件的某一工序的加工称为大量生产。例如汽车、标准件等工厂通常都以大量生产的方式组织生产。

生产量和生产类型的关系及其工艺特点，一般可以归纳为表4-2所示。

表 4-2　产量、生产类型与工艺特点

生产类型		单件生产	成批生产			大量生产
			小批	中批	大批	
年产量	重型机械	<5	5~100	100~300	300~1 000	>1 000
	中型机械	<20	20~200	200~500	500~5 000	>5 000
	轻型机械	<100	100~500	500~5 000	5 000~50 000	>50 000
工艺特点	毛坯特点	用木模手工造型及自由锻，毛坯精度低，加工余量大	用金属模造型及模锻，部分采用精铸、碾压与空心锻造等先进方法，毛坯精度及加工余量中等			广泛采用机器造型及精铸、碾压与精锻等先进方法，毛坯精度高，加工余量小
	机床设备	通用机床，部分采用数控机床及加工中心	通用机床，部分采用专用机床、组合机床及柔性制造单元			广泛采用专用机床及自动机床
	设备布置形式	按机群式布置	按零件类别分工段排列			按流水线或自动生产线排列
	工艺装备	采用标准附件、通用夹具、刀具与量具	采用通用夹具，并广泛采用专用夹具、刀具和量具			广泛采用专用夹具、刀具和量具，并采用自动检测
	生产率	较低，可采用数控技术提高	中等			高
	成本	较高	中等			低

一般情况下，生产类型不同，设计工艺过程的详细程度也不同，单件生产时，一般只设计工艺路线，在成批和大量生产时，要详细设计工艺规程。

3. 生产条件

设计工艺过程，可能是在现有的条件下，或者在新设计的工厂条件下进行。在后一种情况下，可以根据需要和国内外当前可能的条件来选择设备，因而可以采用较为先进的技术。如果在前一种情况下，主要应从企业当前的机床设备出发来设计较为合理的工艺过程，使现有设备得到充分利用。

4. 新技术、新工艺、新设备的采用

随着新技术、新工艺的发展，新设备不断出现，这标志着工艺技术的不断提高。为了更好地保证质量、提高劳动生产率并降低生产成本，在设计工艺过程时，要充分利用新技术。

4.1.5 制定工艺规程的步骤

（1）分析零件的装配图和零件图；
（2）确定零件的毛坯类型并绘制毛坯图；
（3）拟定工艺路线，选择定位基面；
（4）确定各工序所采用的设备和工装；
（5）确定各工序的技术要求及检验方法；
（6）确定各工序的加工余量，计算工序尺寸及偏差；
（7）确定切削用量及工时定额；
（8）进行技术经济分析；
（9）填写工艺文件。

4.2 零件的工艺分析

对零件进行工艺分析的主要内容是对零件进行机械加工工艺性分析和零件图的加工工艺分析。

4.2.1 零件的加工工艺性分析

机械加工是机械产品制造过程中最主要的过程之一，零件设计的工艺性好坏对机械加工的生产率和经济性有很大的影响。零件的机械加工工艺性包括的内容非常广泛，在此仅讨论零件机械加工的结构工艺性。

1. 零件构形要规格化和统一化

无论是整个零件，还是其中某些部分结构，均应统一化与规格化。统一化将使工具数量减少，生产易于进行；规格化有利于采用标准刀具。图 4-3 所示为一小轴，其上的倒角、转接圆角、退刀槽和键槽的尺寸规格不一致，应进行规格化、统一化设计。

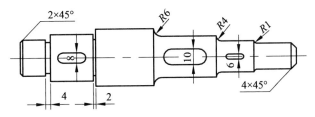

图 4-3 零件构形要素要规格化

2. 零件的构形要便于加工

1）切削工具便于接近被加工表面

如图 4-4（a）所示的工件，由于小孔轴线太靠近邻近的外壁，致使用普通标准的麻花钻无法加工，宜作如图 4-4（b）所示的改进。

2）转移结构要素，简化加工

如图 4-5 所示的结构，图 4-5（a）的环槽设计在件 2 的内孔上，将使加工相对比较困难。如图 4-5（b）所示，如果环槽设计在件 1 的外圆柱面上，同样能满足工作性能的要求，但加工相对比较容易。

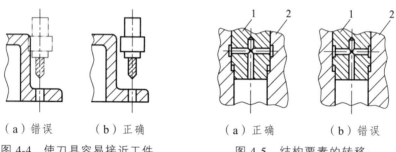

（a）错误　　（b）正确　　　　　　（a）正确　　　　（b）错误

图 4-4　使刀具容易接近工件　　　　图 4-5　结构要素的转移

3）保证切削工具有退刀的余地

如图 4-6 所示，图 4-6（a）的设计均未考虑退刀要求，这样的要求将使经济性下降，甚至根本加工不出来，应作图 4-6（b）所示的改进设计。

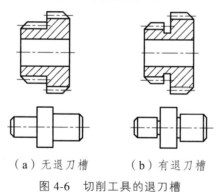

（a）无退刀槽　　　　（b）有退刀槽

图 4-6　切削工具的退刀槽

4）保证有良好的切入和切出条件

如图 4-7（a）、（d）、（f）、（h）所示，钻孔时，当钻入与钻出表面与工具轴线不垂直时，由于受力不均匀将使钻头引偏，甚至使钻头折断。宜作图 4-7（b）、（c）、（e）、（g）、（i）所示的改进。

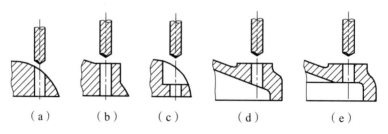

（a）　　　（b）　　　（c）　　　（d）　　　（e）

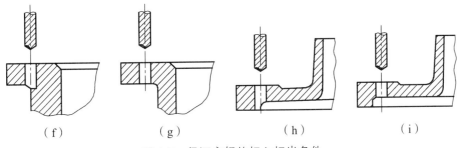

图 4-7 保证良好的切入切出条件

3. 零件构形便于提高生产率

1）减少安装次数

减少安装次数，不但可以提高劳动生产率，而且可以在一次装夹的条件下，保证各个加工表面之间有较高的位置精度。如图 4-8（a）所示，如果左右两边孔的精度、孔轴线的平行度以及同轴度要求比较高，不便于在一次装夹中加工，如果一定要在一次装夹中加工，只能采用专用设备。对零件的结构进行图 4-8（b）所示的改进，就可以在普通设备上一次装夹进行加工，并保证这些孔之间的位置精度。

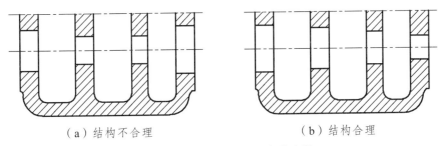

（a）结构不合理 　　　　　　　　　（b）结构合理

图 4-8 减少孔加工时的安装次数

2）提高零件刚度

增加零件的刚度，从而提高工艺系统的刚度，可以增大切削用量。如图 4-9（a）所示，在加工顶面的导轨面时，为了减少变形，采用较小的切削用量，降低了劳动生产率。作如图 4-9（b）所示的改进，增加了工件的刚度，导轨面不易受切削力而变形，因此可以采用较大的切削用量。

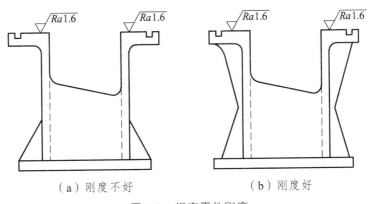

（a）刚度不好 　　　　　　　　　（b）刚度好

图 4-9 提高零件刚度

3）便于多件加工

多件同时加工，可以大大提高劳动生产率。如图 4-10（a）所示的构形，不便于多件加工，作图 4-10（b）、（c）所示的改进，就便于多件加工了。

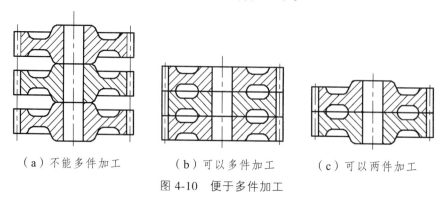

（a）不能多件加工　　　（b）可以多件加工　　　（c）可以两件加工

图 4-10　便于多件加工

对于零件的结构工艺性分析要结合先进的加工技术。在传统的结构设计中，非圆孔、小孔和窄缝的结构工艺性很差。随着特种加工技术的广泛应用，改变了非圆孔、小孔和窄缝的加工工艺性。另外，随着数控机床的普及，各种型面的加工工艺性也得到了改善。

4.2.2　零件的加工工艺分析

零件图是制造零件的主要技术依据，在设计工艺过程之前，要对零件图进行仔细的工艺分析，从而了解零件的功用和工作条件，分析其精度和其他技术要求，便于更好地掌握零件的结构特点和工艺关键。

在零件图上，应该完整地表达零件构形的视图、剖面和剖视，表示零件构形大小的定形尺寸、尺寸精度和技术要求，同时还有零件材料的牌号、热处理、表面处理与特种检验等要求。在了解零件图的基础上，对零件进行工艺分析。

1. 零件主要表面的要求及保证方法

零件的主要表面是指零件与其他零件相配合的表面，或是直接参加机器工作过程的表面。除主要表面以外的表面，称为自由表面。主要表面本身的精度和粗糙度要求一般都比较高，因此零件的构形、精度及材料的加工性等问题，都会在主要表面的加工中反映出来。主要表面的加工质量对零件的工作性能和使用寿命有很大的影响，所以，在设计工艺路线时首先要分析如何保证主要表面的要求。

根据主要表面的构形、尺寸和精度要求等因素，可以初步确定这些表面的最终加工方法，然后根据最终加工方法，进一步确定最终工序以前的一系列准备工序的加工方法。

2. 重要的技术要求及保证方法

重要的技术要求一般指表面的形状精度、位置关系精度、热处理、表面处理、无损探伤及其他特种检验等。

位置精度要求影响工艺路线的设计。当某些表面之间位置精度要求较高时，最好用一次安装的方法加工出来。如果某些表面之间有位置精度要求时，尽量先把位置关系基准加工出来。

热处理的要求也是影响工艺路线的重要因素，热处理后的工件变形和材料硬度对加工方法的选择有很大的影响。如零件的最终热处理是淬火，淬火后零件表面的硬度很高，不能再选用传统的机械切削加工方法，只能用磨削的方法进行精加工。但随着特种加工的出现，淬火后的工件，特种加工的加工性可能反而会更好。

3. 表面位置尺寸的标注

在零件图上，某一个方向上的一维直线尺寸系统中，N 个表面间的位置尺寸有 $N-1$ 个，这 $N-1$ 个尺寸标注时，标注方案极多，因此，表面较多的零件，位置尺寸的设计和分析就相对比较复杂。

表面位置尺寸的标注一般有三种方式：坐标式、链接式和混合式，如图 4-11 所示。位置尺寸标注的方式，在一定程度上决定了加工顺序。如图 4-11（a）所示的坐标式标注法，尺寸都从一个基准表面 A 标注，因此先加工基准表面 A，其他表面的加工顺序就可视情况任意确定。图 4-11（b）所示为链接式标注，尺寸前后衔接，前一个表面是后一个表面的基准，所以，各个表面的加工顺序应该按尺寸标注的顺序进行。混合式标注法如图 4-11（c）所示，是坐标式和链接式的混合标注，在设计零件时，大多数采用这种方式标注。如图 4-11（c），可以先加工 A 面，然后可任意加工 B、C 或 F 面，D 面则必须在 C 面加工完之后进行。

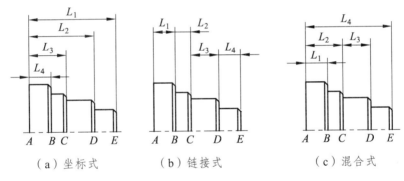

（a）坐标式　　　　（b）链接式　　　　（c）混合式

图 4-11　位置尺寸标注方式

对零件图进行工艺分析，重点分析零件的主要表面、重要的技术要求和主要的位置尺寸标注，从而掌握零件加工过程中的工艺关键以及主要工序的基本情况，为具体设计工艺路线提供必要的技术参考。

4.3　零件的机械加工工艺路线设计

4.3.1　加工方法的选择

选择零件各表面的加工方法，不但影响零件的加工质量，而且对零件制造的生产率和经济性有很大的影响。在设计工艺路线时，各表面由于精度和表面质量的要求，一般不可能只用一种方法一次加工就能达到要求。对于主要表面，往往需要经过几次加工，由粗到精逐步达到要求，因此有时又把一个表面的所有加工方法按顺序表示成为加工方法链。

影响零件表面加工方法的主要因素可以归纳为如下几个方面。

1. 表面的形状和尺寸

工件表面的加工方法应该与表面的形状相适应。如圆孔可以用钻削和镗削等加工方法，非圆孔可以采用拉削、插削和电加工等方法加工。平面和型面可以采用刨削、铣削和磨削的加工方法。同时表面的尺寸大小，也会影响加工方法的选择，如小孔，可以用钻、铰和拉削的加工方法，大尺寸的孔一般采用镗和磨削等加工方法。

2. 表面的精度与粗糙度

在正常生产条件下，某一种加工方法所能达到的加工精度，成为该方法的经济加工精度。一般情况下，经济加工精度对应着一定的粗糙度。工件表面加工方法的选择，应该与经济加工精度和相应的粗糙度相适应。如精度为 IT10，粗糙度为 $Ra1.6$ 的外圆表面，可以用细车的方法；若精度为 IT5，粗糙度为 $Ra0.1$ 的外圆，可以选用精磨的加工方法。

3. 工件的材料与热处理

工件的材料及热处理后的硬度，对加工性有很大的影响。硬度低而韧性较大的材料，如有色金属，一般不用磨削的加工方法。对于淬火钢，由于硬度很高，不能采用金属切削刀具进行加工，只能采用磨削或特种加工方法进行加工。

特种加工技术的广泛应用，改变了对材料可加工性的认识，以前的难加工材料如淬火钢、硬质合金、陶瓷、立方氮化硼和金刚石等，都可以采用电火花、电解、超声波和激光等多种方法加工。淬火钢在淬火后再进行加工，这样可避免由于精加工后热处理引起的变形。

4. 工件的整体构形与质量

某些工件的表面，不能只从表面本身的特性来考虑加工方法的选择，而应该考虑工件的整体构形和质量。如 $\phi25H7$ 的孔，可以用拉削的加工方法，若孔有阻挡或盲孔，则就不能用拉削的加工方法，则采用精镗或磨削的加工方法。对于工件的质量与尺寸，对加工方法的选择也有较大的影响，例如回转面的加工，当工件尺寸和质量比较大时，应选用在立车上，工件不动，刀具做高速圆周运动来进行加工。

5. 零件的产量与生产类型

选择加工方法时，不但要保证工件的质量，还要考虑生产率和经济性。在大批大量生产时，一般均采用高效先进的加工方法；在单件小批生产中，大多采用通用设备和常规的加工方法。现在，为了提高单件小批生产的生产率和缩短生产周期，同时适应产品品种多、变化快的特点，常常采用数控机床和加工中心进行加工。

6. 现场生产条件

选择加工方法，应基于现场的生产条件，在充分利用现有的设备和人力的同时，还可以对现有设备进行技术改造，以促进生产力的发展。

在选择具体的加工方法时，上述因素的影响是综合体现的，在综合分析具体问题的前提下，采用最佳的加工方法方案。

在选择某一表面的加工方法时，首先应该选定该表面的最后加工方法，然后再选择最后加工之前的一系列准备工序的加工方法。也可以根据该表面的具体要求，通过机械加工手册选取该表面的加工方法链。

表 4-3、表 4-4 和表 4-5 分别给出了外圆加工、孔加工和平面加工中各种加工方法链的加工经济精度和表面粗糙度，供选择加工方法时参考。

表 4-3　外圆表面的加工方法链的加工精度与表面粗糙度

序号	加工方法链	尺寸精度（IT）	粗糙度 $Ra/\mu m$
1	粗车	12~13	12.5~50
2	粗车—细车	10~11	3.2~6.3
3	粗车—细车—精车	6~8	0.8~1.6
4	粗车—细车—粗磨	7~8	0.8~1.6
5	粗车—细车—粗磨—精磨	5~6	0.1~0.4
6	粗车—细车—粗磨—研磨	4~6	0.05~0.2
7	粗车—细车—粗磨—精磨—抛光	4~5	0.025~0.1
8	粗车—细车—粗磨—精磨—超精加工	3~5	0.05~0.1

表 4-4　内圆表面的加工方法链的加工精度与表面粗糙度

序号	加工方法链	尺寸精度（IT）	粗糙度 $Ra/\mu m$
1	钻	12~13	12.5
2	钻—扩	10~11	6.3~12.5
3	钻—扩—铰	7~9	1.6~3.2
4	钻—扩—拉	7~9	0.1~1.6
5	粗镗	12~13	6.3~12.5
6	粗镗—细镗	10~11	1.6~3.2
7	粗镗—细镗—精镗	6~9	0.8~1.6
8	粗镗—细镗—磨削	6~9	0.2~0.8
9	粗镗—细镗—磨削—珩磨	6~7	0.025~0.2
10	粗镗—细镗—磨削—研磨	5~7	0.012~0.1
11	粗镗—细镗—磨削—超精加工	3~5	0.05~0.4

表 4-5　平面表面的加工方法链的加工精度与表面粗糙度

序号	加工方法链	尺寸精度（IT）	粗糙度 $Ra/\mu m$
1	粗铣	12~13	12.5~25
2	粗铣—细铣	8~11	0.8~3.2
3	粗铣—细铣—精铣	6~7	0.4~0.8

序号	加工方法链	尺寸精度（IT）	粗糙度 Ra/μm
4	粗车	12~13	6.3~12.5
5	粗车—细车	8~9	3.2~6.3
6	粗车—细车—精车	6~7	0.8~1.6
7	粗铣—细铣—磨削	6~7	0.4~0.8
8	粗车—细车—磨削	6~8	0.2~0.8
9	粗铣—细铣—磨削—研磨	5~7	0.012~0.1
10	粗铣—细铣—磨削—超精加工	4~5	0.025~0.4

4.3.2 基准的选择

在设计工艺过程时，不仅要保证加工表面本身的精度和表面质量，同时必须保证表面间的位置精度要求，这就要考虑工件在加工过程中怎样选择基准的问题。

基准是指零件上用来确定某些点、线、面的位置的点、线、面。基准包括设计基准和工艺基准。

设计基准是在零件图上用来确定其他点、线、面位置的基准。在零件图上，按零件在产品中的工作要求，根据设计基准，用一定的位置尺寸或位置精度要求来确定各表面的相对位置。图 4-12 所示是某零件图的部分要求，中心线 O—O 是圆柱面 A、B 和 C 的设计基准；虽然 A 面和 C 面之间没有位置尺寸，但有位置精度要求，所以 A 面是 C 面的设计基准；D 面是 E 面的设计基准，F 面和 D 面互为设计基准。

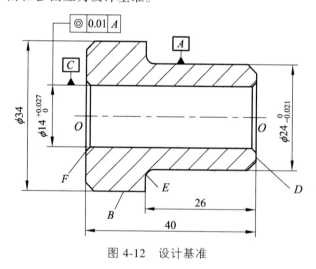

图 4-12　设计基准

工艺基准是工艺过程中使用的基准。最常用的工艺基准有工序基准、定位基准和测量基准。

工序基准是在工序单或其他工艺文件上用来确定被加工表面位置的基准。标定被加工表面位置的尺寸称为工序尺寸或工序尺寸。图 4-13 为某零件钻孔工序的简图，这两种方案对被加工孔的工序基准选择不同，工序尺寸也就不同。

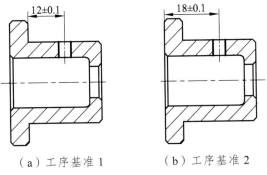

（a）工序基准 1　　　　（b）工序基准 2

图 4-13　工序基准

定位基准是在加工中使工件在机床或夹具上相对于切削刃或切削成形运动所占有正确位置所采用的基准。图 4-14 为加工某工件的两个工序简图，图 4-14（a）中，工序尺寸为 H_1，工件以底面定位，在图 4-14（b）中，工序尺寸为 H_2 和 H_3，工件以底面和圆孔（轴线）定位。

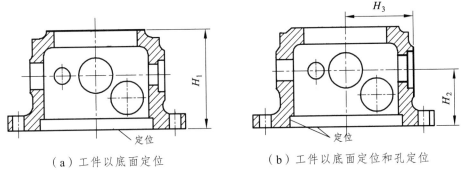

（a）工件以底面定位　　　　　　（b）工件以底面定位和孔定位

图 4-14　定位基准

测量基准是在测量时所采用的基准。

图 4-15 所示为检测被加工平面时所用的两种方案。工序基准不同，选择的测量基准也不同。

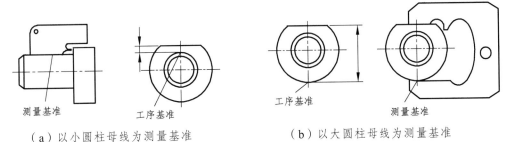

（a）以小圆柱母线为测量基准　　　　（b）以大圆柱母线为测量基准

图 4-15　测量基准

1. 工序基准的选择

零件图上各个表面间的位置尺寸和位置精度，是通过一系列工序来保证的，这些工序的工序基准和工序尺寸的确定，对产品的生产率和经济性将产生重要的影响。

凡是直接或间接保证零件的设计尺寸的工序，视为最终工序。在选择最终工序的工序基准时，应该遵循以下原则：

（1）工序基准和设计基准重合。工序基准和设计基准重合，可以避免因基准不重合而引起的工艺尺寸换算，因为工艺尺寸换算会压缩工序尺寸的公差，从而使加工难度提高。

（2）工序基准便于作测量基准，使测量方便和测具简单。

除了最终工序之外的工序，均称为中间工序。中间工序的工序基准的选择，应遵循下列原则：

（1）当中间工序的工序尺寸参与间接保证零件的设计尺寸时，工序基准的选择应该使参与尺寸换算的尺寸链的环数尽可能小。

（2）中间工序的工序基准的选择应该使精加工时的余量变化量小。

（3）中间工序的工序基准的选择也要便于作测量基准，使测量方便和测具简单。

2. 定位基准的选择

1）定位基准选择的原则

在加工过程中，定位对加工质量和劳动生产率有很大的影响，因此需要合理地选择定位基准。由于工序性质不同，在不同的加工阶段，对定位基准的要求不同。

在粗加工阶段，主要任务是切除大部分余量，要考虑用较大的切削用量以提高劳动生产率。在选择定位基准时，应注重保证工件在安装时要稳定可靠；在半精加工阶段，一般自由表面要达到最终要求，并且为主要表面精加工作准备，因此要较多地考虑位置精度的保证问题。在半精加工阶段，要将某些表面进一步加工精确，尤其在粗加工阶段后有热处理工序时，对作为定位基准的表面，有必要进行修复；在精加工阶段，主要问题是保证精度问题，因为大部分余量已经切除，工件的刚度相对下降，而加工精度要求更高，要特别注意保证有较高的定位精度。

在用试切法获得精度时，工件在工序尺寸的方向上可以不定位，工序尺寸和定位基准不发生关系。如图 4-16（a）所示，轴向尺寸 $60_{-0.12}$ mm 用试切法保证，工件在轴向可以不定位。

在自动获得精度的条件下，定位基准用来确定被加工表面在工序尺寸方向上的位置，从而保证工序尺寸的精度，因此定位基准直接和工序基准有关。如图 4-16（b）所示，在自动获得精度时，工件在轴向需用 A 面来定位，以保证轴向尺寸 $60_{-0.12}$ mm 的精度。

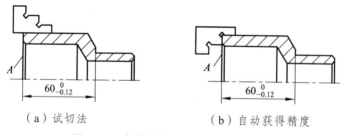

（a）试切法   （b）自动获得精度

图 4-16　定位基准和工序尺寸的关系

在自动获得精度的情况下，定位基准和工序基准如果不重合，将产生定基误差，其数值的大小等于从工序基准到定位基准之间距离的公差。如图 4-17 所示，图 4-17（a）为车外圆及端面的工序简图，图 4-17（b）、（c）、（d）为后续钻孔的工序简图和三种轴向定位基准选择的方案。图 4-17（b）中定位基准和工序基准重合，没有定基误差；图 4-17（c）用 A 面作定位基准，造成定位基准和工序基准不重合，两者之间的位置尺寸是 $6_{-0.075}$ mm，产生 0.075 mm 大小的定基误差，由于定基误差的存在，允许的加工误差就要比工序公差来得小；图 4-17（d）用 C 面作定位基准，由于定位基准和工序基准不重合，造成 0.13 mm 的定基误差。

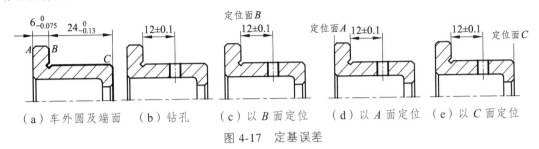

（a）车外圆及端面　（b）钻孔　（c）以 B 面定位　（d）以 A 面定位　（e）以 C 面定位

图 4-17　定基误差

由于定位基准不同，定基误差的大小也不同。定基误差只与定位基准的选择有关，和定位方法、加工方法没有关系。

综上分析，定位基准的选择：① 定位基准力求与工序基准重合；② 定位基准应准确、稳定可靠，并使夹具结构简单。

2）初次定位基准的选择

当工件由毛坯进行初次加工时，所采用的定位表面称为初次定位基准。初次定位基准是毛坯上的表面，一般精度较低，粗糙度数值较大，所以一般只使用一次，后续工序中，应使用经过机械加工的表面作为定位基准。

选择初次定位基准，应遵循下列原则：

（1）对于不需要加工全部表面的零件，应选取始终不加工的表面作为初次定位基准。

该原则可以保证加工表面和不加工表面之间有较高的位置精度。如果零件上有多个不加工表面，应选择与加工表面有较高位置精度的表面作为初次定位基准。

（2）对于需要加工全部表面的零件，应选取加工余量小的表面作为初次定位基准。

由于毛坯上各个表面本身的精度和各表面之间的位置精度都很低，为了保证余量小的表面余量分布均匀，加工中不出现次品和废品，应选择加工余量小的表面作为初次定位基准。

（3）由于初次定位基准的精度低，粗加工阶段切削余量大，所以要特别注意定位和夹紧的稳定和可靠。

3）定位基准转换

在设计工艺路线时，选择定位基准不能只考虑一个工序的要求，而应该对整个工件加工过程中的定位基准进行系统分析。对于构形复杂、位置精度要求很高的零件，一般不可能在一次安装或只用一个定位基准来完成全部加工，这样就存在基准转换问题。

定位基准转换，一方面要影响余量的不均匀和表面本身的精度；另一方面，更重要的是要影响零件的位置精度的保证问题。定位基准转换有以下四种方法：

（1）一次安装

一次安装是有位置精度要求的多个表面，在工件一次安装的条件下进行加工。这样这些表面之间的位置精度，主要取决于设备的精度，与定位误差和定基误差没有关系，从而可以保证在一次安装条件下的各表面之间有较高的位置精度。

如图 4-18 所示的零件，如果以 A 和 G 表面定位，夹紧 A 面，加工 B、C、H 和 K 表面，因为是一次安装，所以 B 与 C 的同轴度、H 对 B 和 K 对 C 的垂直度、H 对 K 的平行度以及 H 与 K 之间的距离 $L_{-\Delta L}$ 等，均不受定位误差和定基误差的影响。而定位误差只影响这一组加工表面相对于定位基准（A，G）的位置精度。

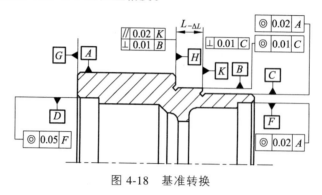

图 4-18 基准转换

（2）互为基准

有位置精度要求的两个表面，在加工时用其中一个表面作为定位基准来加工另外一个表面，这种保证位置精度的方法称为互为基准法。这种方法的定位基准和工序基准重合，不产生定基误差，但有一次定位误差的影响。这种方法只要使定位准确，也能保证有较高的位置精度。

在图 4-18 中，A 面和 F 面之间有同轴度要求，若用 A 面来定位加工 F 面或用 F 面定位来加工 A 面，就是互为基准加工，存在 A 面或 F 面的定位误差，但没有定基误差。

（3）同一基准

有位置精度要求的两个表面，在加工时都采用另外一个表面作为定位基准，用这种方法来保证位置精度称为同一基准法。当有位置精度要求的两个表面均不适宜作定位基准，又不能在一次安装中进行加工，则最好采用同一基准的方法进行加工。同一基准方法既有定位误差，又有一次定基误差，产生误差的环节有两个，只能保证一定精度的位置精度。

在图 4-18 中，面 D 和 F 之间有同轴度要求，若先加工 D 面时用 A 面来定位，由于有定位误差及其他加工误差造成 D 面和 A 面不同心，产生同轴度误差 δ_{DA}。在另一工序中，经过重新安装后，加工 F 面时也用 A 面来定位，同理也产生 F 面和 A 面不同心的定位误差 δ_{FA}。这样影响面 D 和 F 之间同轴度误差的因素有定基误差 δ_{DA} 和定位误差 δ_{FA}。

（4）不同基准

有位置精度要求的两个表面，在加工时，分别采用两个不同的表面作为各自的定位基准，这就称为不同基准法。这种方法不但有定位误差的影响，还有比同一基准法更大的定位误差的影响。在这种方法中，定基误差包括工序基准与第一个定位基准之间的第一次定基误差和第一个定位基准与第二个定位基准之间的第二次定基误差。因此，这种方法只能保证较低的位置精度，一般用于保证自由表面之间的位置精度。

4.3.3 加工阶段的划分

工艺路线按工序性质的不同，一般可以划分为粗加工阶段、半精加工阶段和精加工阶段。

粗加工阶段的主要任务是切除大部分的余量，其特点是工序余量比较大。因此切削力、切削热和夹紧力都比较大。所以在粗加工阶段的加工精度不高，一般在 IT12 左右，$Ra=12.5\sim50\ \mu m$。在这个阶段主要考虑的问题是如何提高劳动生产率的问题。

半精加工阶段的主要任务是达到工件的一般技术要求，即各自由表面达到最终要求，并为主要表面的精加工作准备。本阶段的特点是工序余量比较小，加工精度有所提高，达到 IT9~11，$Ra=1.6\sim6.3\ \mu m$。

精加工阶段的主要任务是达到零件的全部技术要求，重点是保证主要表面的加工质量。其特点是工序余量小，加工精度高。这个阶段的主要问题是考虑如何保证加工质量。

在毛坯余量特别大的情况下，有时在毛坯车间还进行去外皮加工。在零件上有要求特别高的表面，精度在 IT5 级以上，粗糙度在 $Ra=0.01\sim0.1\ \mu m$ 时，在精加工阶段后，还要进行光整加工。

工艺路线划分加工阶段的主要原因是零件依次按阶段进行加工，有利于消除或减少工件变形对精度的影响。在粗加工阶段切除的余量大，切削力、切削热和内应力等引起的工件变形比较大。半精加工阶段切除的余量较小，工件的变形也相对较小。精加工阶段的变形就更小。工艺路线划分加工阶段，可以避免发生已加工表面精度遭到破坏的现象。

工艺路线划分阶段，可以带来如下好处：

（1）粗加工各个表面后便于及早发现毛坯缺陷，及时报废或修补，以免继续加工而浪费工时和制造费用。

（2）在安装和搬运过程中，使已加工表面减少或消除损伤的机会。

（3）可以合理选择设备，有利于车间设备的布置。

工艺路线是否要划分加工阶段以及划分加工阶段的严格程度的主要依据是工件的变形对零件精度的影响程度。对于刚性较好、精度要求不太高或加工余量不大的工件，则不一定要划分或严格划分加工阶段。因为划分加工阶段，不可避免要增加工序数目，使工艺管理更加复杂。

另外在机械加工过程中，如果工件需要进行热处理，会引起较大的变形，并使粗糙度值增大，所以工件必须划分加工阶段。

4.3.4 工序的集中与分散

在设计工艺路线时，当选定了各表面的加工方法并划分了加工阶段之后，应该把同一阶段的各表面的加工内容组合成若干工序，工序的组织可以采用工序集中或工序分散的原则。

1. 工序集中原则

工序集中原则是使每个工序包括尽可能多的内容，因而使总的工序数目减少。工序集中有如下特点：

（1）工序数目少，简化了生产组织工作；

（2）减少了设备数目，从而节省了车间生产面积；

（3）减少了安装次数，缩短了工件的运输路线，有利于提高劳动生产率和缩短生产周期；

（4）有利于采用高生产率的设备，如数控机床和加工中心等，可以提高生产率和产品质量；

（5）设备复杂，成本高，调整、维修费时，生产准备时间较长。

2. 工序分散原则

工序分散原则和工序集中原则相反，每个工序的加工内容尽可能少，因而工序数目多。工序分散的极端情况是每一个工序只包含一个工步。工序分散的特点如下：

（1）设备和工艺装备简单，调整、维修也简单；

（2）生产准备工作量小，产品变换容易；

（3）设备数量多，生产面积大，生产组织工作复杂，生产周期长。

在选择工序集中或工序分散原则时，可以考虑以下三方面的因素：

（1）生产量的大小。在通常情况下，单件小批时，为了简化计划与调度工作，选取工序集中的原则便于组织生产。当大批大量生产时，采用工序分散的原则，便于采用流水线生产。

（2）工件的尺寸和质量。对于质量和尺寸较大的工件，由于安装和运输困难，一般宜采用工序集中的原则组织生产。

（3）工艺设备条件。工序集中，由于工序内容复杂，要提高劳动生产率，需要采用高效和先进的数控机床或加工中心。

4.3.5　热处理和辅助工序的安排

1. 热处理工序的安排

只经过机械加工的零件往往不能满足零件的使用性能，普遍需要进行热处理。热处理工序的主要目的有以下三个。

1）提高材料的机械性能

提高材料的机械性能是对零件材料进行热处理的最主要和最常见的原因。材料在供应状态下或毛坯制造后，其硬度、强度和其他机械力学性能一般都达不到产品的设计要求，所以要对零件材料进行最终热处理。最终热处理常采用淬火、调质和化学热处理（渗碳、渗氮和碳氮共渗）等方法。

2）改善材料的加工性

材料的切削加工性可以用切削速度、切削力、加工所能达到的表面粗糙度来表示。切削某种材料的切削速度高、切削力小且表面粗糙度值小，则这种材料的加工性好。对于含碳量高的合金钢，采用退火降低工件的硬度；对于低碳合金钢，采用正火适当提高工件材料的硬度，从而改善工件的切削加工性。

3）消除残余应力

在毛坯制造和机械加工的过程中，由于金属晶格的歪扭和破碎等，工件材料内部在没有外界载荷的情况下，存在应力，称为残余应力。随着时间的流逝，残余应力的平衡条件会发生变化，残余应力要逐步降低直至消失。在残余应力释放的过程中，由于破坏了工件内部的应力平衡状态，工件将产生变形，影响零件的加工精度。所以在加工过程中，对于刚性差、精度要求高的零件，需要安排必要的热处理工序来消除材料内部的残余应力。消除残余应力的热处理工序有退火、正火和时效。

2. 辅助工序的安排

辅助工序的种类很多，如一般检验、特种检验、表面处理和洗涤防锈等，这些工序的位置安排需要看具体的情况而定。

一般检验有终检和中间检验。终检安排在工艺过程最后进行，主要检验产品的机械加工精度和表面粗糙度。中间检验工序一般安排在重要零件的关键工序之后，或零件需要转换车间进行加工的时候。

最常见的特种检验工序是无损探伤，如射线探伤、超声波探伤等，用于检验工件内部缺陷，一般安排在工艺过程开始时进行。用于检验工件表面缺陷的探伤方法如磁粉探伤、涂色检查等，一般安排在精加工阶段进行。

通过表面处理工序，可以提高零件的抗蚀能力，提高耐磨性、抗高温能力和导电率。常用的表面处理方法是在工件表面涂敷金属镀层、非金属涂层和生成氧化膜等，一般安排在工艺过程的最后进行。

4.4 机床工序设计

拟定工艺路线之后，要进行工序的设计，工序设计的主要内容有：设备和工装的选择、工步的内容和次序、加工余量的确定、工序尺寸和公差的确定、切削用量和时间定额的确定等。

4.4.1 设备和工装的选择

1. 机床的选择

机床的选择对工序的加工质量、生产率和经济性有很大的影响。选择机床要考虑以下因素：

（1）机床的工作精度和工序的加工精度相适应。

（2）机床工作区的尺寸和工件轮廓的尺寸相适应。

（3）机床的功率和刚度与工序的性质相适应。另外，机床的加工用量范围应该和工件要求的合理切削用量相适应。

（4）机床的生产率应和工件的生产计划相适应。

在选择机床时，应充分利用现有的设备，考虑采用先进的设备，尽量优先选用国产设备。为了扩大机床的功能，必要时可以对机床进行改装，以满足工序的需要。在设备选定后，还需要根据机床的负荷情况修改工序内容和原定的工艺路线。

2. 夹具的选择

在选择工序的机床后，要考虑在机床上安装工件，那么就要选择相应的夹具。夹具的选择要优先考虑采用通用夹具。在机械加工工序中，对于构形复杂、加工精度要求高的工件，为了保证质量、提高劳动生产率并减轻劳动强度，一般采用专用夹具。

在多品种、小批量生产的条件下，采用专用夹具，加长了生产周期并且增加了产品的成本。为此在夹具标准化的基础上，发展了组合夹具，能为生产迅速提供夹具，又避免了夹具的报废问题。

对于结构相似，尺寸有变化的系列产品或零件，虽然批量小，但系列产品的零件总数较多，可以针对这一系列相似零件设计成组可调夹具。这样平均到每一个零件上的夹具成本可以大大降低。

在当前自动化的制造系统中，如柔性制造系统、自动化流水线生产，广泛采用随行夹具。在工件随工艺过程转换机床或场地时，工件不从夹具上卸下来，而是随工件一起移动，夹具在机床上自动定位和夹紧。

3. 切削工具的选择

切削工具主要指切削刀具和磨具。切削工具的类型、结构、尺寸和材料，应该取决于工序所采用的加工方法和机床，被加工表面的形状、尺寸和精度。另外，工件的材料和热处理状态对切削工具的选择也有很大的影响。

在一般情况下，应尽量选用标准的切削工具。在按工序集中的原则组织生产时，用专用的复合工具，可以扩大机床的功能，并且可以节省加工时间，提高位置精度。

在数控加工机床和加工中心上，加工刀具作为刀具组件进行安装和换刀。刀具、刀夹和刀柄组成刀具组件，安装在刀库上，刀具的选择主要是根据刀具组件在刀库的位置选择刀位号。

4. 量具的选择

量具的选择首先要考虑工序所要求的检验精度，以便于正确地反映工件的实际加工精度。其次量具的类型要考虑生产的类型。在单件小批量生产时广泛采用通用的量具；在大批大量生产时主要采用专用的量规和检验测具等。在自动化加工系统如数控机床和加工中心上，还可以广泛采用自动化的在线或离线检测仪进行自动检测。

4.4.2 加工余量的选择

加工余量选择正确与否对零件加工的质量、生产率和成本有非常重要的意义。毛坯余量太大，一方面浪费材料，另一方面要增加机械加工的劳动工作量，从而使生产率下降，生产成本增加。相反，如果毛坯余量太小，将使毛坯制造困难，并且不能切除上道工序加工中留下的缺陷，从而造成废品或次品。

1. 加工余量的概念

在毛坯加工成成品的过程中，某一表面上从毛坯开始切除的全部多余金属层的厚度，称为该表面的总加工余量。在完成一个工序时，从某一表面上所切除的金属层厚度作为工序加工余量。

总加工余量和工序加工余量的关系为

$$Z_\varepsilon = \sum_{i=1}^{n} Z_i \qquad (4\text{-}2)$$

式中　Z_ε——总加工余量；

　　　Z_i——工序加工余量；

　　　n——加工某一表面的机械加工工序数目。

在设计工艺过程时，根据各工序的性质来确定每个工序的加工余量，进而可以计算出各工序的工序尺寸。但在加工过程中，由于工序尺寸有公差，实际上每个工件所切除的余量是有变化的。因此，加工余量又有基本余量、最大余量和最小余量。

通常所说的加工余量是指基本余量，其大小等于前后两工序的基本尺寸之差，如图 4-19所示，即

$$Z_i = |L_{i-1} - L_i| \tag{4-3}$$

式中　　L_i——本工序的工序尺寸；

　　　　L_{i-1}——上一工序的工序尺寸。

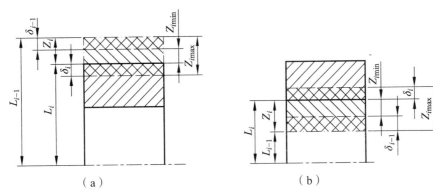

（a）　　　　　　　　　　　　（b）

图 4-19　基本余量、最大余量和最小余量

对于最大加工余量和最小加工余量的计算，因加工内、外表面的不同而不同。

对于被包容面（外表面），如图 4-19（a）所示：

$$Z_{i\max} = L_{(i-1)\max} - L_{i\min} = Z_i + \delta_i \tag{4-4}$$

$$Z_{i\min} = L_{(i-1)\min} - L_{i\max} = Z_i - \delta_{i-1} \tag{4-5}$$

$$\delta_{Zi} = Z_{i\max} - Z_{i\min} = \delta_{i-1} + \delta_i \tag{4-6}$$

对于包容面（内表面），如图 4-19（b）所示：

$$Z_{i\max} = L_{i\max} - L_{(i-1)\min} = Z_i + \delta_i \tag{4-7}$$

$$Z_{i\min} = L_{i\min} - L_{(i-1)\max} = Z_i - \delta_{i-1} \tag{4-8}$$

$$\delta_{Zi} = Z_{i\max} - Z_{i\min} = \delta_{i-1} + \delta_i \tag{4-9}$$

式中　　δ_i——工序尺寸 L_i 的公差；

　　　　δ_{Zi}——工序余量 Z_i 的公差。

从以上计算说明，实际的加工余量是有变化的，变化范围是前后两工序尺寸的公差之和。

工序余量还有单边余量和双边余量的区别，如对于图 4-19 所示在半径上的加工来说余量 Z_i 是单边余量。而对于内孔和外圆柱的直径来说，余量就是双边余量。单边余量用前后工序尺寸的半径差来表示，双边余量用前后工序尺寸的直径差来表示。

2. 影响加工余量的因素

因为工序加工余量的大小，对本工序的加工质量要产生重要的影响，基本的原则是经过本工序的机械加工后，不再留有上工序的加工痕迹和缺陷。因此分析影响加工余量的因素时，应该考虑下面一些因素。

1）前一工序加工的表面质量

在前一工序加工后，表面粗糙度的最大高度 Ry_{i-1} 和表面缺陷层的深度 T_{i-1}（见图 4-20），在本工序加工时必须切除。

2）前一工序的尺寸公差

由于在前一工序加工后，加工表面存在着尺寸误差和形状误差，这些误差都包含在前一工序的工序尺寸公差的范围内，因此当考虑一批工件时，为了纠正这些误差，本工序的加工余量应计入前一工序的工序公差 δ_{i-1}。

3）前一工序的形状位置关系误差

在前一工序加工后的某些位置关系误差和形状误差，并不包括在尺寸公差的范围内，在考虑余量时，应该计入这部分误差 ρ_{i-1}。

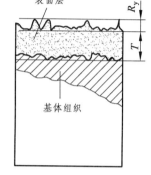

图 4-20　表面粗糙度及缺陷层

4）本工序的安装误差

本工序的安装误差 ξ_i 包括定位误差和夹紧误差，由于这一部分误差要影响被加工表面和切削工具的相对位置，因此本工序的安装误差 ξ_i 要计入加工余量。

以上分析的各个因素，在实际中不是单独存在的，需要综合分析。其中 ρ_{i-1} 和 ξ_i 有方向，一般取向量和。对于单边余量，其关系为

$$Z_i \geqslant \delta_{i-1} + Ry_{i-1} + T_{i-1} + \left| \vec{\rho}_{i-1} + \vec{\xi}_i \right| \tag{4-10}$$

对于双边余量，其关系为

$$2Z_i \geqslant \delta_{i-1} + 2\left(Ry_{i-1} + T_{i-1} \right) + 2\left| \vec{\rho}_{i-1} + \vec{\xi}_i \right| \tag{4-11}$$

由于机械加工过程是一个综合的、复杂的过程，还有其他一些因素也可能对加工余量产生影响，如热处理引起的变形等。也因为机械加工现场的具体情况复杂，影响因素多，很难用数学的计算方法来准确地确定加工余量的大小。因此在生产过程中，一般根据相关的机械加工工艺手册的统计数据来确定，同时也可以根据生产实践经验来确定。

4.4.3　工序尺寸的确定

在设计工艺过程时，工序尺寸的确定是一个非常复杂的系统工作，需要综合地、系统地进行分析计算。工序尺寸可以划分为最终工序的工序尺寸和中间工序的工序尺寸，而间接保证设计尺寸的最终工序的工序尺寸牵涉到工艺尺寸的换算问题，我们将放到下一节进行讨论。在这里只讨论计算工序尺寸的两种方法。

1. 倒推法

倒推法的基本原理是根据零件图标注的设计尺寸作为最终工序的工序尺寸，然后依次加

上或减去本工序的工序加工余量，作为前一工序的工序尺寸。

对于被包容面，由最终工序的工序尺寸开始，依次加上本工序的工序加工余量，就是前一工序的工序尺寸，如图 4-21（a）所示。

$$L_2 = L_1 + Z_1 \tag{4-12}$$

$$L_3 = L_2 + Z_2 = L_1 + Z_1 + Z_2 \tag{4-13}$$

$$\cdots\cdots$$

$$L_n = L_{n-1} + Z_{n-1} = L_1 + \sum_{i=1}^{n-1} Z_i \tag{4-14}$$

其中，L_1 表示最终工序的工序尺寸。如果某一表面经过 $n-1$ 次加工得到最终工序设计尺寸，则 L_n 即为毛坯尺寸。

对于包容面，由最终工序的工序尺寸开始，依次减去本工序的工序加工余量，就是前一工序的工序尺寸，如图 4-21（b）所示。

$$L_2 = L_1 - Z_1 \tag{4-15}$$

$$L_3 = L_2 - Z_2 = L_1 - (Z_1 + Z_2) \tag{4-16}$$

$$\cdots\cdots$$

$$L_n = L_{n-1} + Z_{n-1} = L_1 - \sum_{i=1}^{n-1} Z_i \tag{4-17}$$

其中，L_1 表示最终工序的工序尺寸。如果某一表面经过 $n-1$ 次加工得到最终工序设计尺寸，则 L_n 即为毛坯尺寸。

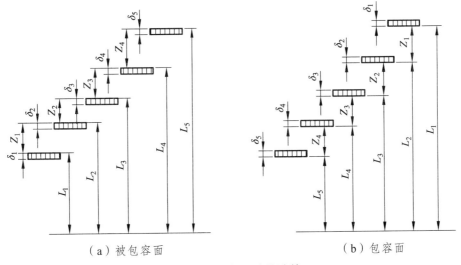

（a）被包容面　　　　　　　　　　　　（b）包容面

图 4-21　工序尺寸的计算

2. 正推法

正推法的原理和倒推法的原理刚好相反，是在已经知道毛坯尺寸的前提下，从毛坯尺寸开始，依次减去或加上本道工序及以前工序加工余量作为本道工序的工序尺寸。正推法也分为包容面和被包容面两个方面。下面仅就被包容面进行说明，假设 L_0 为毛坯尺寸，L_n 为最终工序尺寸。

$$L_1 = L_0 - Z_1 \tag{4-18}$$

$$L_2 = L_1 - Z_2 = L_0 - (Z_1 + Z_2) \tag{4-19}$$

$$\cdots\cdots$$

$$L_n = L_{n-1} - Z_{n-1} = L_0 - \sum_{i=1}^{n-1} Z_i \tag{4-20}$$

如果最终工序是直接保证设计尺寸，则最终工序尺寸的公差直接选取设计尺寸的公差。中间工序的公差可以按加工方法的经济加工精度选取。所谓经济加工精度，是指在正常的生产条件下，某一种加工方法所能得到的加工精度。

在初步确定工序尺寸及其公差之后，由于加工过程的复杂性以及加工过程中的基准转换，还要对工序尺寸及其公差进行调整。如作为定位用的一些工艺平面、工艺孔和圆柱等，在工艺过程的早期就要保证有较高的精度，从而保证工件有较高的定位精度。

另外，工艺文件上的工序尺寸的标注，一般按"入体"的方向标注，称为入体公差。对于被包容面，上偏差为零，标注单向下偏差；对于包容面，下偏差为零，标注单向上偏差。

4.5 工艺尺寸换算

4.5.1 尺寸链的基本概念

1. 尺寸链的基本概念

尺寸链是分析和计算工艺尺寸的有效工具，在设计机械加工工艺过程和保证装配精度时都有非常重要的意义。尺寸链是由互相联系的尺寸按一定顺序首尾相接形成的封闭的尺寸组。单个零件上的设计尺寸组成的尺寸链是设计尺寸链。单个零件在工艺过程中的有关尺寸所形成的尺寸链就是工艺尺寸链。

图 4-22（a）所示为某一零件的轴向尺寸简图，由设计尺寸 $10_{-0.36}^{0}$、$50_{-0.17}^{0}$ 和大孔深度尺寸 A_0 组成了一个如图 4-22（b）所示的设计尺寸链。

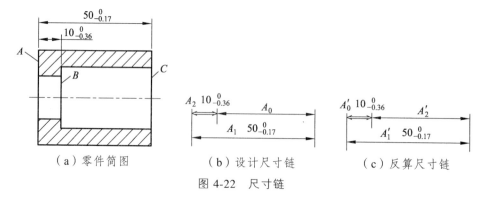

（a）零件简图   （b）设计尺寸链   （c）反算尺寸链

图 4-22   尺寸链

在具体加工时先加工外圆车端面，保证全长 $50_{-0.17}^{0}$，再钻孔、镗孔，由于在加工过程中直接测量 $10_{-0.36}^{0}$ 比较困难，一般用深度游标卡尺测量大孔深度，这时 $10_{-0.36}^{0}$ 成为间接保证的尺寸，由尺寸 $10_{-0.36}^{0}$、$50_{-0.17}^{0}$ 和大孔深度尺寸 A_0' 组成了一个工艺尺寸链。

尺寸链中的每一个尺寸称为尺寸链的环，尺寸链的环按性质可以划分为组成环和封闭环两类。封闭环是最终被间接保证尺寸及精度的环。在设计尺寸链中，零件图上没有直接标注，而需要通过计算求得的环，就是封闭环，如图 4-22（b）中的 A_0；在工艺尺寸链中，不是通过工序单上直接标注的工序尺寸，而是通过其他工序尺寸间接保证的尺寸，就是封闭环，如图 4-22（c）中的 $10_{-0.36}^{0}$。

组成环是尺寸链中除封闭环外的其他尺寸。在设计尺寸链中，它是零件图上直接标注的设计尺寸；在工艺尺寸链中，组成环是工序文件上直接保证的尺寸。组成环按对封闭环的影响又可以分为增环和减环。所谓增环，是指尺寸链中其他组成环都不变的条件下，当这个环的尺寸增大时，封闭环也跟着增大，如图 4-22（b）和 4-22（c）中的 $50_{-0.17}^{0}$。反之，当这个环的尺寸增大时，封闭环的尺寸反而减小，这个组成环就是减环，如图 4-22（b）中 $10_{-0.36}^{0}$ 和图 4-22（b）中的 A_2'。

如图 4-22 所示，把尺寸链中的各个环首尾相接地用示意图画出来就成为尺寸链图。作尺寸链图时首先要找出尺寸链的封闭环，一般来说，凡是间接获得或保证的尺寸就是封闭环；其次，找出各个组成环，从封闭环开始，按照各个尺寸是否和封闭环有关联，依次找出有关的直接标注或直接保证的尺寸，作为组成环，直到尺寸的另一端成为封闭环的另一端，使尺寸链图封闭；最后，判别组成环的性质，在封闭环的上方按任意方向标注箭头方向，按照尺寸链首尾相接的原则，顺着同一个方向按顺时针或逆时针方向标注各个组成环上方的箭头，凡是和封闭环箭头方向相同的组成环就是减环，反之和封闭环箭头方向相反的组成环就是增环。

注意一个尺寸链有且只有一个封闭环，有且必须有一个或一个以上的增环，可以没有减环。

2. 尺寸链的基本计算公式

计算尺寸链可以用极值法和概率法，在目前的生产实际中一般采用极值法，下面介绍用极值法计算尺寸链的基本公式。

1）封闭环的基本尺寸

由于尺寸链是一个封闭的尺寸组，封闭环的基本尺寸等于增环的基本尺寸之和减去减环的基本尺寸之和，即

$$H_0 = \sum_{i=1}^{m} \bar{H}_i - \sum_{j=m+1}^{n-1} \bar{H}_j \tag{4-21}$$

式中　H_0——封闭环的基本尺寸；

　　　$\bar{H}_i$——增环的基本尺寸；

　　　$\bar{H}_j$——减环的基本尺寸；

　　　m——增环的环数；

　　　n——包括封闭环在内的总环数。

2）封闭环的极限尺寸

当组成环的所有增环都是最大极限尺寸，减环都为最小极限尺寸时，封闭环的尺寸将为最大极限尺寸，即

$$H_{0\max} = \sum_{i=1}^{m} \vec{H}_{i\max} - \sum_{j=m+1}^{n-1} \bar{H}_{j\max} \qquad （4-22）$$

反之，当组成环的所有增环都是最小极限尺寸，减环都为最大极限尺寸时，封闭环的尺寸将为最小极限尺寸，即

$$H_{0\min} = \sum_{i=1}^{m} \vec{H}_{i\min} - \sum_{j=m+1}^{n-1} \bar{H}_{j\min} \qquad （4-23）$$

3）封闭环的上下偏差和公差

由封闭环的最大极限尺寸减去封闭环的基本尺寸，就是封闭环的上偏差，经过化简得：

$$ES(H_0) = \sum_{i=1}^{m} ES(\vec{H}_i) - \sum_{j=m+1}^{n-1} EI(\bar{H}_j) \qquad （4-24）$$

由封闭环的最小极限尺寸减去封闭环的基本尺寸，就是封闭环的下偏差，经过化简得：

$$EI(H_0) = \sum_{i=1}^{m} EI(\vec{H}_i) - \sum_{j=m+1}^{n-1} ES(\bar{H}_j) \qquad （4-25）$$

由封闭环的最大极限尺寸减去封闭环的最小极限尺寸，就是封闭环的公差，经过化简得：

$$\Delta H_0 = H_{0\max} - H_{0\min} = \sum_{k=1}^{n-1} \Delta H_k \qquad （4-26）$$

上面的计算公式表明，封闭环的尺寸公差等于各个组成环的尺寸公差之和，所以，当封闭环的公差已经确定之后，减少组成环的数目，可以相应放大各个组成环的公差。这对于尺寸链的设计，有着很大的意义。

用尺寸链基本公式求解尺寸链，有两种基本情况：

（1）尺寸链正算，已知全部组成环的尺寸及偏差，求封闭环的尺寸及偏差。尺寸链的正算用于尺寸的校核和验算，其结果是唯一的。

（2）尺寸链反算，已知封闭环的尺寸及公差，求各个组成环的尺寸及公差。尺寸链的反算用于产品设计或工艺设计的计算。如果只有一个组成环的尺寸及公差是未知的，那么计算的组成环的尺寸及公差也是唯一的。但是在大多数情况下，未知组成环的个数大于一，这时，组成环的公差的确定需要用公差分配法来处理。公差分配一般有三种方法：

① 按等公差值分配。即将封闭环的公差均匀地分配给各个组成环。

$$\Delta H_i = \Delta H_0 / (n-1) \qquad （4-27）$$

这种方法的计算比较简单，如果各个组成环的基本尺寸相差比较大，或者各组成环的设计要求不同时，这种平均分配公差的方法就不科学。

② 按等公差级分配。即各组成环按相同的公差等级，根据其基本尺寸的大小来分配公差，并且使各组成环公差之和小于封闭环的公差，即

$$\Delta H_0 \geqslant \sum_{k=1}^{n-1} \Delta H_k \qquad （4-28）$$

③ 按实际需要来分配公差。各组成环先按设计的要求分为主、次两类，然后每一类再按等公差级分配公差，此时也要符合各组成环公差之和小于封闭环的公差。

在尺寸链反算过程中，可能会出现某组成环的公差为零或负值的情况，这在设计和制造中是不允许的，出现这种情况的原因是其他各个组成环的公差之和已经等于或大于了封闭环的公差，解决的办法是压缩其他组成环的公差或增大封闭环的公差。

4.5.2　工艺尺寸换算

在工艺设计过程中，比较理想的情况是设计基准和工序基准重合、定位基准以及测量基准重合，这样就不存在工艺尺寸换算的问题。但由于工艺设计的复杂性，在工艺设计过程中要进行基准转换，所以要进行工艺尺寸的换算。

1. 工序基准和设计基准不重合

在加工某一个表面的最终工序中，由于工艺原因，工序基准和设计基准不重合，那么工序尺寸和公差就不能选用零件最终要求的设计尺寸，必须进行尺寸换算。

如图 4-23（a）所示为某零件的轴向简图，图 4-23（b）所示为加工端面 C 的最终工序简图。端面 C 的设计基准为端面 A，在加工端面 C 时，工序基准选在 B 面，从而工序基准和设计基准不重合，工序尺寸 $H_{-\Delta h}$ 必须通过计算求出。

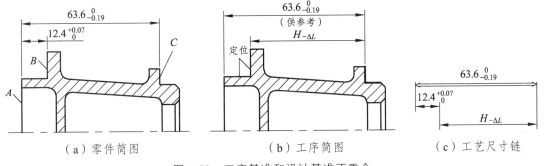

（a）零件简图　　　　　　（b）工序简图　　　　　　（c）工艺尺寸链

图 4-23　工序基准和设计基准不重合

图 4-23（c）为有关的尺寸链图，设计尺寸 $63.6_{-0.19}$ 为封闭环，已经加工完毕的尺寸 $12.4^{+0.07}$ 和工序尺寸 $H_{-\Delta h}$ 均为增环，得尺寸链方程为

$$63.6 = H + 12.4$$

$$0 = ES(H) + 0.07$$

$$-0.19 = EI(H) + 0$$

解方程得：

$$H = 51.2$$

$$ES(H) = -0.07$$

$$EI(H) = -0.19$$

整理得：

$$H_{-\Delta h} = 51.13_{-0.12}$$

因此尺寸换算后要压缩公差。工序加工完毕后，检验的是工序尺寸，但当工序尺寸超差不超过被压缩的公差时，可能会出现假废品现象。在上例中，当 $H_{-\Delta h}$ 作成 51.16，而 $12.4^{+0.07}$ 作成 12.42 时，封闭环 $63.6_{-0.19}$ 为 63.58，仍然是合格产品。所以当工序尺寸的超差值小于被压缩的公差值时，有可能仍然是合格品，要进行复检，防止"假废品"出现。因此在工序图上把原设计尺寸作为参考尺寸标注出来，如图 4-23（b）所示。

2. 定位基准和工序基准不重合

在自动获得精度的条件下，定位基准要影响工件的工序尺寸。在有些情况下，工序基准不适合作定位基准，从而造成定位基准和工序基准不重合，产生定基误差。为了便于夹具的设计和调整，需要知道定位基准到加工表面之间的定位尺寸，从而需要进行工艺尺寸的换算。

如图 4-24（a）所示为某零件加工孔的工序简图，孔的工序基准 A 面不便于作定位基准，选 B 面作定位基准。图 4-24（b）为有关的尺寸链图。

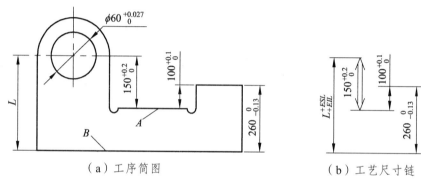

（a）工序简图　　　　　　（b）工艺尺寸链

图 4-24　定位基准和工序基准不重合

$$150=100+L-260$$
$$L=310+0.2=+0.1+ES(L)-(-0.13)$$
$$ES(L)=-0.03$$
$$-0.2=0+EI(L)-0$$
$$EI(L)=-0.2$$
$$L=310^{-0.03}_{-0.20}$$

3. 间接测量（测量基准和工序基准不重合）

在测量某工件的工序尺寸时，如果直接用工序基准作测量基准有困难时，可以采用别的几何要素作测量基准，这就是间接测量的方法。由于测量基准和工序基准不重合，需要进行尺寸换算，计算测量基准到被加工表面之间的尺寸。

如图 4-25 所示，工件安装在液塑体心轴上，磨削加工轴承套的外圆和端面，要求保证工序尺寸 $50^{+0.1}$。为了调整

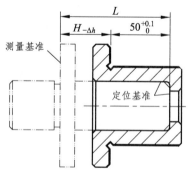

图 4-25　外部测量基准

和测量尺寸 $50^{+0.1}$ 方便，在夹具上建立一个表面作为测量基准，可以把测量基准和工序基准之间的尺寸 L 做得比较精确，通过测量 $H_{-\Delta h}$ 来保证工序尺寸 $50^{+0.1}$ 的要求，在工序图上标注 $H_{-\Delta h}$ 作为测量尺寸。

确定尺寸 $H_{-\Delta h}$ 的数值与公差的方法如下：

（1）当只使用一个夹具时，则尺寸 L 是 一个定值。

$$H=L-50$$

$$\Delta h=0.1$$

这种方法可以保证原公差值不变，但尺寸 $H_{-\Delta h}$ 必须在夹具尺寸制造完成后确定。

（2）当使用多个夹具时，则尺寸 L 不是一个定值，在制造夹具时要求尺寸 L 制造得比较精确（只有几微米的误差），然后在计算 $H_{-\Delta h}$ 的尺寸时可以忽略 L 的制造误差，仍然可以按原公差值进行标注。

4. 多尺寸保证

在设计工艺过程时，往往由于工艺的原因，并不能完全按照设计尺寸系统来进行加工。当加工某一个表面（一般是主设计基准）时，可能要求保证几个设计尺寸的情况，这就产生了多尺寸保证的问题。多尺寸保证问题可以归结为以下几个方面。

1）主设计基准最后加工

有些零件往往在零件图上有几个尺寸从同一设计基准进行标注，有许多尺寸与该基准有联系，而它的尺寸精度和表面粗糙度的要求比较高，一般都要进行精加工。而其他次要表面常在半精加工阶段中均已加工完毕。在基准面最后加工时只能直接保证一个设计尺寸，而其余一些设计尺寸就是间接获得，即为工艺尺寸链中的封闭环。所以，常会产生多尺寸保证问题而需要进行尺寸换算。

如图 4-26（a）所示为带有键槽的孔要求淬硬后磨削，孔直径为 $\phi 60^{+0.046}_{0}$，键槽尺寸 $65.6^{+0.2}_{0}$。其工艺路线为：粗车孔 $60^{+0.046}_{0}$ 至 $\phi 59.5^{+0.2}_{0}$，然后插键槽保证 L（工序尺寸），此后热处理，最后磨孔至 $60^{+0.046}_{0}$，要求确定工艺过程中的工艺尺寸 L 及其公差。为了查找尺寸链，把孔的直径尺寸和公差都转换成半径尺寸和偏差，得到图 4-26（b）所示求工序尺寸 L 的尺寸链图。

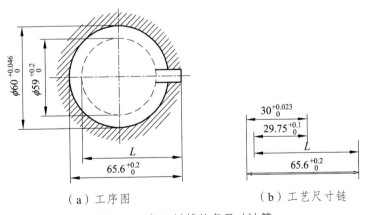

（a）工序图　　　　　　（b）工艺尺寸链

图 4-26　加工键槽的多尺寸计算

$$65.6 = 30+L-29.75$$

$$0.2 = 0.023+ES(L)-0$$

$$0=0+EI(L)-0.1$$

故得所求插键槽时工艺尺寸 $L=65.35^{+0.177}_{+0.10}$，按入体公差标注得工序尺寸 $L=65.45^{+0.077}_{0}$。

2）表面层处理

表面化学热处理（渗氮、渗碳、碳氮共渗等）以及某些零件表面需要镀层（如镀铬、镀铜、镀锌等），既要保证表面的尺寸，又要同时保证处理层深度或厚度，实质上也是多尺寸保证问题。

有许多零件在某些配合表面上要求渗碳或渗氮，渗碳或渗氮工序后要求进行表面的最终加工。为了保证达到图样规定的渗入层深度，必须对渗碳或渗氮工序的预渗层深度作出规定。为此，需要进行尺寸换算。

例如图 4-27（a）所示的某轴套零件，其孔直径为 $\phi120^{+0.04}_{0}$，在该表面上要求渗氮，设计规定渗氮层深度为 0.3~0.5 mm。在渗氮后要进行磨孔，达到设计尺寸为 $\phi120^{+0.04}_{0}$，同时保证规定的渗层深度。该孔的加工工艺过程是：首先精车孔至 $\phi119.6^{+0.06}_{0}$，然后进行渗氮处理，要求保证预渗层深度 H，最后磨孔达到设计尺寸。要求计算热处理时的预渗氮层深度 H。

把孔的直径尺寸和公差都转换成半径尺寸和偏差，然后得到计算热处理时预渗氮层深度 H 的尺寸链，如图 4-27（b）所示。

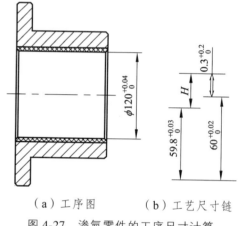

（a）工序图　　（b）工艺尺寸链

图 4-27　渗氮零件的工序尺寸计算

$$0.3=59.8+H-60$$
$$0.2=0.03+ES(H)-0$$
$$0=0+EI(H)-0.02$$

求得渗氮工序的预渗层深度为 $0.5^{+0.17}_{+0.02}$，即预渗层的深度为 0.52~0.67 mm。

有的零件表层需要电镀金属层，镀层的厚度一般通过控制镀前和镀后的加工尺寸来保证。如图 4-28（a）所示的轴套零件，外圆 $\phi28^{0}_{-0.014}$ 要求镀铬，镀层厚度为 0.025~0.04 mm，为了间接保证镀层厚度，必须控制镀前的加工尺寸。由于镀层是单面的，需要将直径尺寸转换成半径尺寸及偏差，得到图 4-28（b）所示的尺寸链。

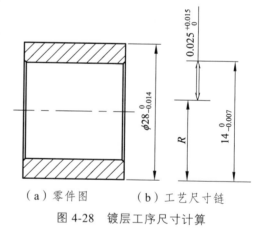

（a）零件图　　（b）工艺尺寸链

图 4-28　镀层工序尺寸计算

$$0.025=14-R$$
$$0.015=0-EI(R)$$
$$0=-0.007-ES(R)$$

$R=13.975^{-0.007}_{-0.015}$，即镀前直径尺寸为 $\phi27.936^{0}_{-0.016}$。

5. 余量校核

在加工过程中，工序余量选定后，有关工序的尺寸偏差要影响以后各工序的加工余量的变化。若余量太大，将浪费许多作业时间，提高了加工成本；当最小工序余量不够，无法消除前面工序留下的缺陷和误差，甚至产生报废现象。因此需要对工序余量进行校核，尤其是对精加工工序的加工余量进行校核。

在加工过程中形成的工序余量，是在直接保证工序尺寸时，间接获得的，所以在工艺尺寸链中，余量是封闭环。如图 4-29（a）、（b）所示是某轴承套零件的部分加工工序简图，要求校核图 4-29（b）中加工 K 端面的精加工工序余量。尺寸链如图 4-29（c）所示。

$$Z=23+3.4-26=0.4$$

$$ES(Z)=+0.1+0-(-0.1)=0.2$$

$$ES(Z)=-0.2+0-0=-0.2$$

余量的变化量为 0.2~0.6 mm，余量变化量较大，但最小加工余量比较小，有可能不能去除上道工序的缺陷。

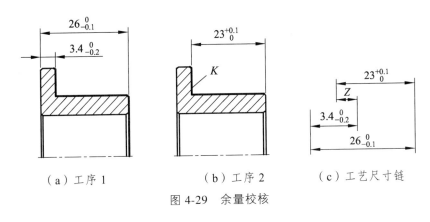

（a）工序 1   （b）工序 2   （c）工艺尺寸链

图 4-29　余量校核

4.6　提高劳动生产率的途径和技术经济分析

4.6.1　时间定额

时间定额是在一定生产条件下，完成某一道工序所需要的时间，是制订生产计划和进行经济核算的主要依据之一。时间定额也是衡量工艺过程劳动生产率的重要指标，是扩建工厂时计算设备和人数的重要资料。

完成一个零件的一道工序的时间定额称为单件时间定额（T_p），它包括：

（1）基本时间（T_m）。基本时间是指直接改变工件的尺寸、形状和表面质量、相对位置所需要的时间，也称为机动时间。对于切削加工来说，基本时间是切去金属所耗费的时间，它包括切削刀具的切入和切出时间。这个时间可以根据切削行程长度、余量和切削用量来计算。

（2）辅助时间（T_a）。辅助时间是指每一个工序中为了保证完成基本的工艺工作需要的辅助动作所耗费的时间。对于机械加工来说，辅助动作包括装卸工件、开动和停止机床、改变切削用量、测量工件、手动进刀和退刀等动作。

基本时间和辅助时间之和称为作业时间（T_o）。

（3）服务时间（T_s）。服务时间也称为布置工作地时间，是指在工作班内，为使加工正常进行，工人照管工作地点所耗费的时间。服务时间主要包括调整和更换刀具、修正砂轮、清理切屑、润滑和擦拭机床、上班前准备和下班时收拾工具等。服务时间 T_s 一般按作业时间的 2%~7%计算。

（4）休息时间（T_r）。休息时间是指用于生理需要休息和自然需要的时间，一般按作业时间的 2%计算。

因此单件时间定额为

$$T_d = T_m + T_a + T_s + T_r \qquad (4\text{-}29)$$

在成批生产中，还需要考虑准备终结时间（T_{pf}），即在加工一批工件的开始需要熟悉工艺文件、领取坯料、安装刀具和夹具、调整机床，在加工完这批工件时，需要卸下工艺装备等。所以当一批工件的数量为 n 时，每个工件要分摊 T_{pf}/n 的准备时间。因此单件时间定额为

$$T_d = T_m + T_a + T_s + T_r + T_{ps}/n \qquad (4\text{-}30)$$

在大量生产时，每个工作地完成一个固定的工序，可以不考虑准备终结时间。

4.6.2 提高劳动生产率的途径

因为时间定额是衡量劳动生产率的重要指标，所以缩短单件时间定额可以提高劳动生产率。在单件时间定额的各个组成要素中，作业时间所占的比重很大，一般从缩短基本时间和辅助时间入手来提高劳动生产率。

1. 缩短基本时间

影响基本时间的主要因素是工序余量、切削行程长度和切削用量，所以提高切削用量 v、f 和 a_p 可以缩短基本时间，另外减小工序加工余量和缩短刀具的工作行程也可以缩短基本时间。

2. 缩短辅助时间

为了直接缩短辅助时间，在生产实践中可以采用先进高效率的气动、液压快速夹具，使装卸工件的时间大大缩短。另外采用各种快速、自动换刀装置可以直接缩短辅助时间。

使辅助时间和基本时间重合也可以缩短辅助时间。一方面可以采用两工位或多工位的加工方法，当一个工位上的工件在进行加工时，另外工位上的夹具同时进行工件的装卸。另一方面，在自动化程度较高的机床上面，采用两个相同的夹具交替工作，在机床上进行加工的同时，另一个夹具同时装卸工件，当这道工序加工完之后，在机床工作台上快速交换夹具，转入另外一个夹具上的工件进行加工。

采用主动测量或数字显示自动测量装置，可以使测量工件的时间和基本时间重合。

3. 同时缩短基本时间和辅助时间

（1）多件加工。工件在机床上一次装夹的情况下同时加工多个工件，使分摊到每一个工件上的基本时间都缩短。多件加工如图 4-30 所示，图 4-30（a）、（b）、（c）分别为顺序加工、平行加工和平行顺序加工。

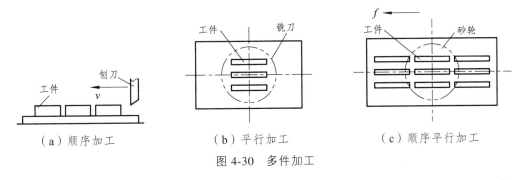

（a）顺序加工   （b）平行加工   （c）顺序平行加工

图 4-30　多件加工

（2）采用多刀多刃加工及成形切削。在六角车床、自动机床、多轴钻床、组合机床上，为了充分提高劳动生产率，可能采用多刀、多刃加工。图 4-31 为多刀车削的图例。

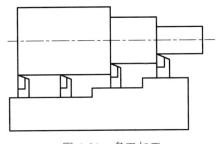

图 4-31　多刀加工

4.6.3　技术经济分析

在机械加工工艺过程设计时，一个零件的加工，可以有几个不同的工艺方案，不同的方案将会有不同的经济效果。为了在给定的生产条件下选择一种最经济的工艺方案，需要对零件加工的多个工艺过程进行技术经济分析。

生产成本是制造一件产品或零件所花费的一切费用的总和。生产成本可以区分为与工艺过程有关的费用和与工艺过程无关的费用，其中与工艺过程有关的费用称为工艺成本，占 70%~75%。在进行工艺过程的技术经济分析时，只需要对工艺成本进行分析与比较。

工艺成本由两部分组成：可变费用与不变费用。可变费用是与年产量的大小成比例的费用，包括材料费、毛坯制造费、操作工人的工资、机床电费、通用机床的折旧费和修理费、通用夹具费和刀具费。不变费用是与年产量的大小无直接关系的费用，包括调整工人的工资、专用机床的折旧费和修理费、专用夹具费、专用刀具费和管理人员的工资。

一种零件全年的工艺成本 C 可用下式计算：

$$C = V \cdot N + B \tag{4-31}$$

式中　C——一种零件的全年工艺成本，元/年；

　　　V——每个零件的可变费用，元/件；

　　　B——全年的不变费用，元；

　　　N——年产量，件。

单件工艺成本 C_i 为

$$C_i = V + B / N \qquad (4\text{-}32)$$

从上面的公式可以看出，全年的工艺成本 C 与零件的年产量呈线性关系。单件工艺成本 C_i 与零件的年产量成双曲线关系。

当年产量很小时，由于设备的负荷低，不变费用占工艺成本的比重大，单件工艺成本很高，当年产量很大时，若年产量略有变化，B/N 的变化不大，对单件工艺成本影响不大，这时，单件工艺成本主要取决于可变费用。

在现有设备条件下分析比较两种工艺方案时，可以用工艺成本来评价工艺方案的经济性，一般分两种情况来处理。

（1）当两种工艺方案只有少数工序不同时，只需要对这些不同的工序成本进行分析，可以按下式来计算单件工艺成本：

$$C_{i1} = V_1 + B_1 / N \qquad (4\text{-}33)$$
$$C_{i2} = V_2 + B_2 / N \qquad (4\text{-}34)$$

式中　　C_{i1}，C_{i2}——工艺方案 1、2 中相应工序的工序成本；

　　　　V_1，V_2——工艺方案 1、2 中相应工序的可变费用；

　　　　B_1，B_2——工艺方案 1、2 中相应工序的不变费用。

如果年产量不变，则单件工艺成本越低的工艺方案越好。如果年产量有变化，可以根据 C_{i1}，C_{i2} 作两条曲线，如图 4-32（a）所示，在某一年产量 N_K 时，两个工艺方案的单件工艺成本相等，这个年产量称为临界年产量。当 $N < N_K$ 时，方案 2 的经济性好，当 $N > N_K$ 时，方案 1 的经济性好。

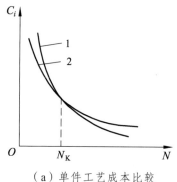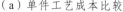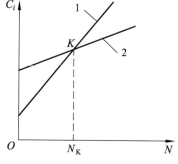

（a）单件工艺成本比较　　　　　　（b）全年工艺成本比较

图 4-32　不同方案工艺成本与年产量的关系

（2）当两种工艺方案中工序差别很大时，要用全年工艺成本来比较。

$$C_1 = V_1 \cdot N + B_1 \qquad (4\text{-}35)$$
$$C_2 = V_2 \cdot N + B_2 \qquad (4\text{-}36)$$

式中　　C_1，C_2——工艺方案 1、2 的全年工艺成本；

　　　　V_1，V_2——工艺方案 1、2 的单件可变费用；

　　　　B_1，B_2——工艺方案 1、2 的不变费用。

如果年产量不变，则全年工艺成本越低的工艺方案越好。如果年产量有变化，可以根据

C_1，C_2 作两条直线，如图 4-32（b）所示，在某一年产量 N_K 时，两个工艺方案的全年工艺成本相等，这个年产量称为临界年产量。当 $N < N_K$ 时，方案 1 的经济性好，当 $N > N_K$ 时，方案 2 的经济性好。

4.7　典型零件的加工工艺分析

4.7.1　轴的加工工艺分析

轴类零件在机械产品中应用非常广泛，种类繁多。下面以某钻床主轴（见图 4-33）来说明轴类零件的加工工艺。

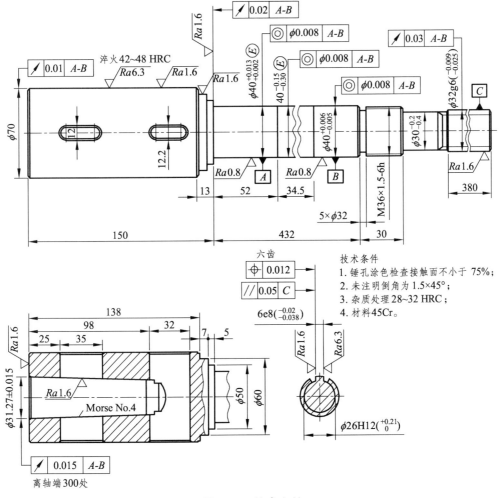

图 4-33　钻床主轴

1. 主轴的功用及主要技术要求

主轴把从电机传递过来的旋转运动和扭矩传递给刀具，主轴必须有较高的回转精度，以保证所加工的工件孔的几何精度的精确性。

主轴的技术条件主要包括以下内容：

1）主轴的尺寸精度和粗糙度

主轴在主轴箱中是以前后两个支承轴颈与相应的轴承内孔配合，从而确定其径向位置，因此其尺寸精度要求较高，可以按尺寸公差等级 IT5 制造。主轴的长度尺寸要求并不严格。为提高轴颈的耐磨性与配合质量，支承轴颈的表面粗糙度 Ra 为 0.8 μm。

2）主轴的形状精度

主轴的形状精度主要指支承轴颈的圆度和圆柱度、莫氏锥孔的锥度等。这些方面的误差直接影响与其配合零件的接触质量。与主轴轴颈相配合的轴承内环是薄壁件，主轴轴颈的形状误差会使内环滚道变形，降低主轴的回转精度。

3）主轴的位置精度

为了保证主轴的回转精度及轴承的使用寿命，对两支承轴颈有同轴度要求，花键轴对支承轴颈也有同轴度要求，否则会降低传动精度并产生噪声。主轴锥孔是用来安装刀具锥柄的，其轴心线必须与支承轴颈的轴心线严格同轴，否则会使工件孔产生孔径误差。

2. 主轴的材料、毛坯与热处理

钻床主轴选用 45Cr 钢锻造毛坯，在粗加工前进行毛坯的预备热处理，改善毛坯的切削加工性，消除内应力，使金属组织均匀；粗加工以后，进行调质处理，使主轴既有一定的强度和硬度，又有良好的冲击韧性，有利于承受各种负荷；为了使主轴表面有足够的硬度、较高的耐磨性和抗疲劳强度，要对主轴大端进行最终淬火热处理。

3. 主轴加工定位基准的选择

钻床主轴加工中，为了保证各主要表面的相互位置精度，在选择定位基准时，应遵循"基准重合"与"互为基准"的原则，并能在一次装夹中尽可能加工出较多的表面。

由于主轴外圆表面的设计基准是主轴轴心线，根据基准重合的原则考虑应选择主轴两端的中心孔作为精基准面。用中心孔定位，在一次装夹中把许多外圆表面及其端面加工出来，有利于保证加工面间的位置精度。所以在加工过程中配用锥堵使外圆和锥孔的圆跳动公差达到 0.015 mm 的要求。

为了保证支承轴颈与主轴莫氏锥孔的跳动公差的要求，应按"互为基准"的原则选择基准面。磨削莫氏 4 号内锥孔时，利用支承轴颈 A 作为支撑部位，用轴颈 B 找正工件，从而保证锥孔与基准轴颈的同轴度。

4. 主轴主要加工表面加工工序的安排

图 4-33 所示的钻床主轴，主要加工表面是 $\phi 40k5$、$\phi 40j5$ 支承轴颈以及花键和莫氏锥孔。它们的加工公差等级分别为 IT5、IT6 和 IT8，表面粗糙度 Ra 为 1.6~0.8 μm。要达到这样高的精度要求，应该划分加工阶段，并插入相应的热处理工序，因此各主要表面的加工工艺过程为：正火→粗车→调质→半精车→精车→粗磨→精磨。

当主要表面加工顺序确定后，需要合理地插入非主要表面加工工序。钻床主轴的非主要面是螺纹、光轴和孔等，这些表面的加工一般不易出现废品，所以尽量安排在后边进行，主要表面加工一旦出了废品，非主要表面就不需加工了，这样可以避免工时的浪费。但是也不能放在主要表面精加工后，以防在加工非主要表面过程中损伤已精加工过的主要表面。凡是需要在淬硬表面上加工孔等，都应安排在淬火前加工完毕，否则表面淬硬后不易加工。

检验工序的合理安排是保证产品质量的重要措施。一般在粗加工结束后安排检验工序，以检查主轴是否出现气孔、裂纹等毛坯缺陷。在重要工序前后安排检验工序，以便及时发现废品。在主轴从一个车间转到另一个车间时要安排检验工序，使后续车间内产生的废品不致误认为是前车间产生的。在主轴全部加工结束之后要全面检验方可入库。

5. 主轴加工工艺过程

表 4-6 列出了加工图 4-33 所示钻床主轴的工艺过程。

表 4-6　钻床主轴的工艺过程

工序号	工序名称	工序内容	工序简图	设备
0	锻造	自由锻		
5	热处理	正火		
10	划线	划端面及外形线，作为粗加工的参考尺寸线		
15	粗车	（1）小端插入主轴孔，夹小端，粗车大端面，钻中心孔 A6.3； （2）夹小端端部，顶大端中心孔，车大端外圆 $\phi75$ mm； （3）调头车 $\phi30^{-0.009}_{-0.025}$ mm 处尺寸至 $\phi40^{0}_{-0.3}$ mm	$Ra12.5$　$Ra12.5$ $\phi75$　160　400　$\phi40^{0}_{-0.3}$ $Ra12.5$	C6163
20	粗车	夹大端，上中心架，托 $\phi40^{0}_{-0.3}$ mm 处，车小端面，钻中心孔 A6.3，总长留加工余量 17 mm（中心孔工艺凸台），粗车小端外圆各部，留加工余量 5 mm，大端 $\phi70$ mm 长 138 mm，留加工余量 2 mm	5　粗糙度为 $Ra12.5$ $\phi75$　$\phi65$　$\phi55$　$\phi45$　$\phi41$　$\phi35$　$\phi40^{0}_{-0.3}$ 140　13　432　30　395 1 047	C6163

工序号	工序名称	工序内容	工序简图	设备
25	热处理	调质 28~32 HRC		
30	半精车	夹大端、顶小端,半精车小端外圆 $\phi32^{-0.009}_{-0.025}$ mm 至 $\phi35^{0}_{-0.2}$ mm		C6163
35	半精车	夹大端,中心架托 $\phi35^{0}_{-0.2}$ mm 处,修研中心孔,夹大端,顶小端,去掉中心架,加工小端外圆各部尺寸,留加工余量 3 mm		C6163
40	车	夹小端,托 $\phi40^{+0.013}_{+0.002}$ mm 处,半精车 $\phi70$ mm 端面和外圆,总长 1 045 mm。外圆留加工余量 1.5 mm,钻孔及精车莫氏 4 号圆锥孔,留余量 1.5~2.5 mm		C6163
45	半精车	夹大端、顶小端,半精车小端各部外圆和留余量 1.5 mm		C6163
50	钳工	划 35 mm×12 mm 及 32 mm×12.2 mm 长孔线		

工序号	工序名称	工序内容	工序简图	设备
55	铣	用分度头夹大端顶小端，铣两长孔至图纸要求		铣53K，分度头
60	热处理	ϕ70 mm 处局部淬火至 42~48 HRC		
65	精车	夹大端顶小端，精车小端各段外圆，留磨削加工余量 0.8 mm		C6163
70	精车	（1）夹小端，中心架托 $\phi40^{+0.013}_{+0.002}$ mm 处，精车ϕ70 mm，倒角，留磨削加工余量 0.8 mm。 （2）中心架托ϕ70 mm处，精车莫氏4号锥孔，倒角，留磨削加工余量 0.3~0.5 mm		C6163
75	铣	分度头夹大端，顶小端，粗铣、半精铣花键，留磨削余量 0.3 mm		XA6132

工序号	工序名称	工序内容	工序简图	设备
80	粗磨	夹小端,顶大端(活顶尖),粗磨各段外圆,留磨削余量 0.4 mm		M1432
85	粗磨	夹小端,中心架托 $\phi70$ mm 处,粗磨锥孔,留精磨余量 0.3 mm,装锥堵		外圆磨床
90	车螺纹	夹大端,顶小端,车螺纹 M36×1.5-6h 至图纸要求		C6163
95	热处理	时效处理(消除内应力)		
100	半精磨	修研两端中心孔,用两中心孔定位,半精磨各段外圆尺寸,留精磨余量 0.2 mm		M1432
105	精磨	精磨花键至图纸要求		花键轴磨床

工序号	工序名称	工序内容	工序简图	设备
110	精磨	用两中心孔定位，精磨各段外圆尺寸至图纸要求		M1432
115	钳工	取出左端锥堵		
120	精磨	夹小端，用中心架托 $\phi40^{+0.013}_{+0.002}$ mm 外圆处，以 $\phi40^{+0.006}_{-0.005}$ mm 外圆找正，精车莫氏4号孔及端面至图纸要求		M1432
125	车	夹大端，托小端 $\phi30^{-0.2}_{-0.4}$ mm 轴径，车掉小端工艺凸台，保证总长 1 030 mm		C6163
130	检验	检验各部尺寸及精度		

4.7.2 箱体的加工工艺分析

1. 主轴箱的功用及主要技术要求

图 4-34 所示为某车床主轴箱零件图。主轴箱是机床的基础件之一，机床上的轴、套、齿轮和拨杆等零件都组装在主轴箱箱体上，主轴箱还要通过自己的装配基准，把整个部件装到床身上去。主轴箱不仅按照一定的传动要求传递动力和运动，而且保证主轴的回转精度，保证主轴回转轴心与床身导轨间的位置精度，并保证传动轴间位置关系精度。主轴箱的加工质量对机床的工作精度和使用寿命有着重要影响。

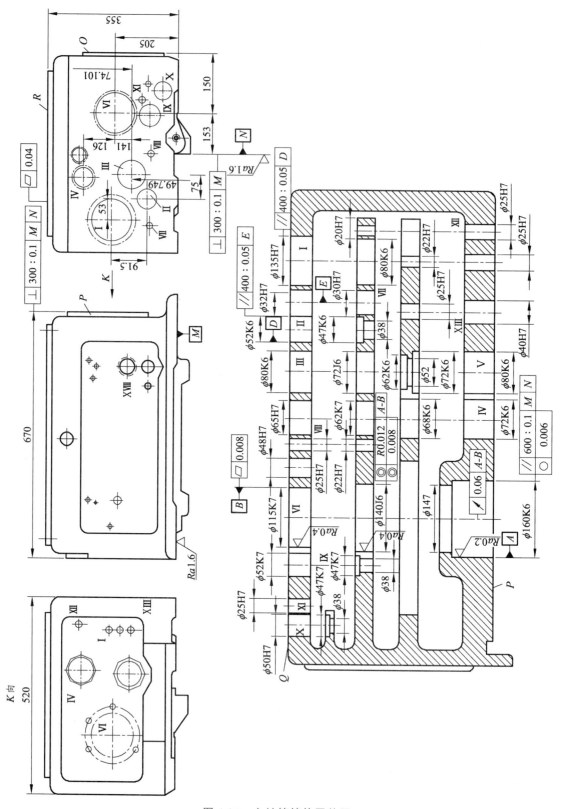

图 4-34　主轴箱箱体零件图

主轴箱的外面有许多平面和孔，内部呈腔状，结构复杂，壁厚不均匀，刚度较低，加工精度要求较高，特别是主轴轴承孔与装配基准的精度要求。

主轴箱箱体的主要技术要求如下：

（1）轴孔的尺寸与形状精度。

轴孔的尺寸误差和几何形状误差会使轴承与孔的配合不良。主轴支承孔的尺寸公差等级为 IT6 级，其余轴孔为 IT6~IT7 级。轴孔的几何形状精度除作特殊规定外，一般都在尺寸公差范围内。主轴支承孔的圆度公差为 0.006~0.008 mm。

（2）轴孔间及轴孔与端面的位置精度。

同一轴线上各孔的同轴度误差、轴孔端面对轴孔轴线的垂直度误差，会使轴和轴承装配到箱体上后产生歪斜，使主轴产生径向跳动和轴向窜动，同时也会使温升增高，加剧轴承磨损。各轴孔轴线间的平行度误差会影响轴上齿轮的啮合质量。各轴孔的轴心距误差，有时会使齿轮做无侧隙啮合甚至咬死。主轴支承孔的同轴度公差等级为 4~5 级，其他支承孔的同轴度公差等级为 6~7 级，各支承孔轴心线的平行度公差等级为 5~6 级，轴心距公差等级为 9~10 级，主轴孔端面对轴线的垂直度公差等级为 5 级。

（3）平面的形状和位置精度。

装配基准面的平行度误差影响主轴箱与床身连接时的接触刚度。若在加工过程中作为定位基准时，还会影响轴孔的加工精度。因此对于主轴箱箱体，规定底面和导向面必须平直和相互垂直。主轴端面对轴线的垂直度公差等级为 5 级。

（4）轴孔对主轴箱装配基准的位置精度。

主轴箱的装配基准是底面和导向面 N。主轴孔至装配基准面的尺寸精度影响主轴与尾座的等高性。主轴支承孔轴心线与装配基准面的平行度误差影响主轴轴心线与导轨面的平行度。为了减少总装时的修刮工作量，规定主轴轴线对安装基准面的平行度公差为 600∶0.1，在垂直和水平两个方向上只允许主轴前端偏向上和偏向前。

（5）主轴箱孔与平面的表面粗糙度。

主轴孔表面粗糙度 Ra 要求为 0.4 μm，其他支承孔粗糙度 Ra 应不大于 0.8 μm，主要平面的表面粗糙度 Ra 应不大于 1.6 μm，其他平面表面粗糙度 Ra 应不大于 6.3 μm。

2. 主轴箱的材料与毛坯

车床主轴箱零件材料为灰铸铁 HT200，铸铁容易成形，可加工性、吸振性和耐磨性均较好，价格低廉。毛坯的加工余量视生产批量而定。单件小批量生产时，一般采用木模手工造型，毛坯精度低、加工余量较大，平面上的加工余量为 7~12 mm，孔（半径上）为 8~12 mm。大批量生产时，通常采用金属模机器造型，毛坯的精度较高，余量较小。平面余量为 6~10 mm，孔（半径上）为 7~12 mm。单件小批量生产时直径大于 50 mm 的孔，成批生产时直径大于 30 mm 的孔，一般都在毛坯上铸出毛坯孔，以减少加工余量。

3. 主轴箱加工中的主要问题分析

车床主轴箱箱体结构比较复杂，壁厚不均匀、刚度较低、加工面较多、加工精度要求较高。确保箱体的加工精度是主轴箱加工的主要问题。箱体上的加工表面主要是一些支承孔和平面。平面的加工精度通常较易保证，而精度要求较高的支承孔的尺寸与形状精度、孔与孔间、孔与平面间的位置精度则较难保证，往往成为生产关键问题。

为保证箱体加工精度，在工艺方面应相应采取以下措施：

（1）主轴箱加工采取先加工平面，后加工轴孔的加工顺序。

为了保证主轴箱孔的加工精度，主轴箱加工应先以孔为粗基准加工平面，然后再以平面为精基准加工孔。这样安排既可为孔的加工提供稳定可靠的精基准，又可使孔的余量较为均匀。此外，由于箱体上的孔大多分布在箱体的平面上，先加工平面，切除了铸件表面的凹凸不平和夹砂等缺陷，可减少钻头引偏，防止扩、铰孔刀具崩刃，对刀、调整也比较方便，为保证孔的加工精度创造了条件。

（2）主轴箱各主要加工表面的粗、精加工应分阶段进行。

主轴箱主要表面的加工，通常分为粗、精加工两个阶段进行。因为箱体零件的结构形状复杂、刚度低、加工精度要求高。粗加工时切削力、切削热均较大，工件受力、受热极易产生应力和变形。粗、精加工分阶段进行，精加工时就可以减小夹紧力，并且中间可停留一段时间，有利于应力的消失，可以稳定加工精度；同时还可以根据粗、精加工的不同要求合理选用设备，及时发现缺陷，剔除废品，避免工时浪费。如主轴孔的加工就明显地分为粗镗、半精镗、精镗三道工序。

（3）提高孔加工系统各组成环节的精度与刚度。

提高机床工作台及镗刀微量位移精度，提高镗套形状精度、增强镗杆的刚度，以保证孔系加工的尺寸、形状及位置精度。

（4）合理安排热处理工序。

主轴箱箱体的结构比较复杂，壁厚不均匀，铸造时会产生较大的残余应力。为了保证箱体的尺寸稳定，对于普通精度的箱体，在毛坯铸造之后要安排一次人工时效处理，以消除铸造残余应力。对于高精度箱体或形状特别复杂的箱体，应在粗加工之后再安排一次人工时效处理，以消除粗加工中产生的残余应力。主轴箱箱体人工时效的工艺规范：加热到530~560 ℃，保温 6~8 h，冷却速度小于或等于 3 ℃/h，出炉温度低于或等于 200 ℃。也可以采用自然时效或振动时效。

4. 主轴箱加工定位基准的选择

（1）精基准的选择。

从保证箱体上孔与孔、孔与平面及平面与平面之间都有较高位置精度的要求，主轴箱加工应遵循"基准统一"的原则选择精基准，使具有位置精度要求的大部分表面，能用同一组精基准定位加工。此外，采用统一的定位基准，还有利于减少夹具设计与制造的工作量，加快生产准备，降低成本。

一般情况下选择精基准有两种方案可供选择：

① 以装配基面为精基准。箱体的底面 M 和导向面 N 既是主轴孔的设计基准，也是主轴箱装到机床上去的装配基准，它与箱体的各主要孔、端面、侧面均有直接位置联系。以面作为统一的定位基准加工上述表面时，不仅可消除基准不重合误差，有利于保证各表面的位置精度，而且在加工各孔时，主轴箱箱口朝上，安装刀具、调整刀具、更换导向套、测量孔径尺寸、观察加工情况和加注切削液等均十分方便。

但采用这一定位方式也有一些不易克服的缺点。当箱体中间隔壁上有精度较高的孔时，在箱体内部相应部位往往需要设置镗杆导向支承，以提高镗杆刚度，保证孔的加工精度，但当采用底面作为定位基准加工主轴箱时，由于加工时主轴箱箱口朝上，中间导向支承只好装在吊架装置上。这种悬挂的吊架刚性极差，安装误差也大，难以保证箱体孔系的加工精度，并且工件与吊架的装卸也很不方便，影响生产效率的提高。因此，这种定位方式只适用于中小批量生产，而不适用于大批量生产。

② 以一面两孔作精基准。由于吊架式镗模存在上述问题，大批量生产时主轴箱通常以顶面和两定位销孔为精基准。此时，箱口朝下，中间导向支架可固定在夹具体上。夹具结构简化、刚度提高，工件装卸方便。

这一定位方式由于定位基准和设计基准不重合，有基准不重合误差产生。为了保证箱体的加工精度，必须提高作为定位基准的箱体顶面和两定位销孔的加工精度。因此，在大量生产的主轴箱体工艺过程中，安排了磨顶面 R 的工序，严格控制顶面 R 的平面度和顶面至底面的尺寸精度与平行度，并将两定位销孔通过钻、扩、铰等工序使其精度提高到 H7。但这样额外地增加了箱体加工的工作量。此外，这种定位方式由于箱口朝下，无法观察加工情况和测量尺寸、调整刀具。然而在大批量生产中，由于采用定径刀具和自动循环的组合机床，质量比较稳定，无须经常干预加工过程，此问题并不突出。

（2）粗基准的选择。

主轴箱的结构比较复杂，加工表面多，粗基准选择是否合理，对各加工面能否分到适当的加工余量及对加工面与不加工面的相对位置关系有很大的影响。生产中一般都选用主轴承孔的毛坯面和距主轴孔较远的 I 轴孔作为粗基准。这是因为铸造箱体毛坯时，形成主轴孔、其他支承孔及箱体内壁的砂芯是装成一个整体安装到砂箱中的，它们之间有较高的位置精度，因此以主轴承孔毛坯面作粗基准可以较好地满足上述各项要求。

5. 主轴箱加工工艺过程

表 4-7 列出了大批量生产类型条件下加工图 4-34 所示主轴箱的工艺过程。

表 4-7 大批量生产类型工厂生产主轴箱的工艺过程

工序号	工序名称	工序内容	设 备
5	粗铣	粗铣顶面	立式铣床
10	钳工	钻、扩、铰 R 面上的孔并攻丝	摇臂钻床
15	铣	（1）铣底面； （2）铣侧面	龙门铣床
20	磨削	磨顶面	立式磨床
25	粗镗孔	粗镗各轴孔	组合镗床
30	时效		
35	精镗孔	（1）半精镗粗糙度达 $Ra3.2$ 的各轴孔； （2）精镗除主轴孔外的所有轴孔	组合镗床
40	精镗孔	精镗主轴孔，达到设计要求	镗床
45	钳工	（1）钻、扩、铰 O 面上的孔并攻丝； （2）钻、扩、铰 Q 面上的孔并攻丝	摇臂钻床
50	钳工	（1）钻、扩、铰 P 面上的孔并攻丝； （2）钻、扩、铰底面上的孔并攻丝	摇臂钻床
55	磨削	磨 O、P、Q 面	组合磨床
60	修锐边		
65	清洗		清洗机
70	检验		

4.7.3 圆柱齿轮的加工工艺分析

1. 齿轮的结构特点和技术要求

齿轮传动在机器和仪器中使用极其广泛，其功能是按一定的速比传递运动和动力。下面主要介绍圆柱齿轮的加工工艺过程。

根据 GB/T 10095.1—2008 和 GB/T 10095.2—2008，齿轮及齿轮副有 12 个精度等级。标准根据齿轮各项加工误差的特性以及它们对传动性能影响的不同，将齿轮的各项公差与极限偏差划分为三个公差组。第 I 公差组主要控制齿轮一转范围内转角的误差，它主要影响传递运动的准确性；第 II 公差组主要控制齿轮在一个齿距角范围内的转角误差，它影响传动的平稳性；第 III 公差组主要控制齿面的接触痕迹，它主要影响齿轮所受载荷分布的均匀性。

齿轮的内孔（或轴颈）和基准端面是齿轮加工、检验和装配的基准，它们的加工精度对齿轮各项精度指标都有一定影响，因此，切齿前齿坯的精度应满足一定的要求。

2. 齿轮的材料、毛坯与热处理

齿轮常用的材料有以下四类：

（1）中碳结构钢。45 钢进行调质或表面淬火，经热处理后，综合机械性能好，但切削性能较差，齿面粗糙度较大，适用于制造低速、载荷不大的齿轮。

（2）中碳合金结构钢。40Cr 钢进行调质或表面淬火，经热处理后综合机械性能较 45 钢好，热处理变形小，用于制造速度、精度较高、载荷较大的齿轮。

（3）渗碳钢。采用 20Cr 和 18CrMnTi 等进行渗碳或碳氮共渗，经渗碳淬火后齿面硬度可达 58~63 HRC，芯部有较高的韧性，既耐磨损，又耐冲击，适用于制造高速、中载或承受冲击载荷的齿轮。渗碳处理后的齿轮变形较大，尚需进行磨齿加以纠正，成本较高。采用碳氮共渗处理变形较小，但渗层较薄，承载能力不如前者。

（4）氮化钢。采用 38CrMoAlA 进行氮化处理，变形较小，可不再磨齿，齿面耐磨性较高，适用于制造高速齿轮。

齿轮的毛坯选择应根据齿轮的材料、结构形状、尺寸大小、使用条件以及生产批量等因素确定毛坯的种类，对于钢质齿轮，除了尺寸较小且不太重要的齿轮采用轧制棒料外，一般采用锻造毛坯，对于直径很大且结构复杂的齿轮，可以采用铸钢毛坯，另外对于有些尺寸大的齿轮，还可以采用轮体和齿圈焊接的齿坯。

齿坯粗加工之前一般采用调质或正火处理，以改善材料的加工性，减小锻造引起的内应力，防止淬火时出现较大变形。正火一般安排在粗加工之前，调质则多安排在齿坯粗加工之后。

齿轮的齿形切出后，为提高齿面的硬度及耐磨性，常安排渗碳淬火或表面淬火等热处理工序。渗碳淬火后齿面硬度高、耐磨性好、使用寿命长，但变形较大，对于精密齿轮尚需安排磨齿工序。表面淬火常采用高频淬火（适用于模数小的齿轮）、超音频感应淬火（适用于 $m = 3~6$ mm 的齿轮）和中频感应淬火（适用于大模数齿轮）。表面淬火齿轮的齿形变形较小，内孔直径通常要缩小 0.01~0.05 mm，淬火后应予以修正。

3. 齿轮加工定位基准的选择

齿轮轮体部分加工时，定位基准的选择应遵循互为基准和自为基准的原则。齿圈加工时，为保证加工质量，根据"基准重合"的原则，选择齿轮的装配基准和测量基准为定位基准，并且尽可能保证在整个加工过程中保持基准的统一。

对于带孔齿轮，一般选择内孔和一个端面为定位基准，基准端面相对内孔的端面圆跳动应符合标准规定。当批量较小不采用专用心轴以内孔定位时，也可选择外圆找正基准，但外圆相对内孔的径向圆跳动应有严格的要求。

定位基准的精度对齿轮的加工精度有一定影响，特别是对齿圈径向跳动和齿向精度影响很大，因此应严格控制齿坯的加工误差。

4. 齿轮加工工艺过程

图 4-35 所示为某车床主轴箱齿轮零件图。

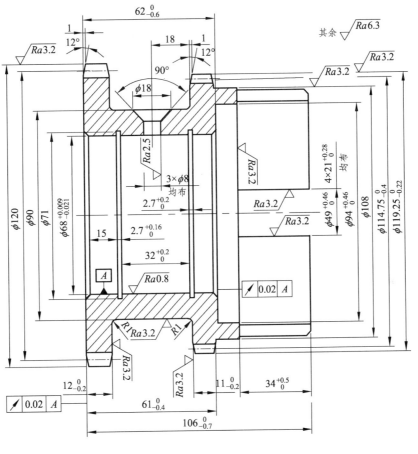

材料	45	热处理	G52
模数/mm	2.25	齿数	56
精度等级	7-7-6HJ	公法线长度/mm	$44.94^{-0.110}_{-0.150}$
齿向公差/mm	0.012		

图 4-35 车床主轴箱齿轮零件图

表 4-8 列出了大批量生产类型工厂加工图 4-35 所示主轴箱齿轮零件图的工艺过程。

表 4-8　大批量生产车床主轴箱齿轮的工艺过程

工序号	工序名称	工序内容	设　备
5	拉	拉内孔至 $\phi 67.8^{+0.03}_{0}$	拉床
10	粗车	粗车左端面保证总长 $107.5^{0}_{-0.35}$，留余量	普通车床
15	校正	校正内孔	压床
20	清洗		清洗机
25	精车	（1）精车左端端面，留余量； （2）调头精车另一端面和外圆，保证总长 $107.5^{0}_{-0.35}$	普通车床
30	精车	精车拨叉槽两侧面及外圆	普通车床
35	精车	精车 $\phi 94^{+0.46}_{0}$ 外圆及内端面	普通车床
40	铣	铣四等分结合槽	铣床
45	钳工	去结合槽毛刺	
50	钳工	钻圆周径向沉头孔 $3\times\phi 8$	立式钻床
55	钳工	去 $3\times\phi 8$ 孔毛刺	
60	清洗		清洗机
65	热处理	四等分结合槽淬火	淬火机
70	校正	校正内孔	压床
75	清洗		清洗机
80	精车	以内孔 A 和右端面为基准，修正齿轮左端面，保证左端面对 A 面的跳动公差，并保证尺寸 $12^{0}_{-0.2}$	普通机床
85	精车	以内孔 A 和左端面为基准，修正 $\phi 94^{+0.46}_{0}$ 内端面，保证此端面对 A 面的跳动公差，并保证尺寸 $62^{+0.6}_{0}$	普通机床
90	插齿	（1）插 $\phi 114.75$ 齿，留剃齿余量； （2）插 $\phi 120$ 齿，留剃齿余量	插齿机
95	清洗		清洗机
100	倒角	（1）倒一侧齿部角； （2）倒另一侧齿部角	倒角机
105	清洗		清洗机
110	去毛刺	去齿部毛刺	
115	剃齿	（1）剃 $\phi 120$ 齿，留余量； （2）剃 $\phi 114.75$ 齿，留余量	剃齿机
120	清洗		清洗机
125	检验噪声	检验噪声	噪声机
130	热处理	齿部热处理	
135	车	车内孔 $2\times\phi 71$ 空刀槽	普通机床
140	冷挤齿面	冷挤齿面	滚压机
145	清洗		清洗机
150	磨削	磨削内孔至图纸要求	内圆磨床

工序号	工序名称	工序内容	设 备
155	剃齿	（1）剃ϕ120 齿至图纸要求； （2）剃ϕ114.75 齿至图纸要求	剃齿机
160	冷挤齿面	冷挤齿面	滚压机
165	清洗		清洗机
170	检验噪声	检验噪声	噪声机
175	检验	按零件图检验全部要求	

4.7.4 箱盖类零件的数控加工工艺

图 4-36 所示的泵盖零件，作为小批量生产，下面分析其数控加工工艺过程。

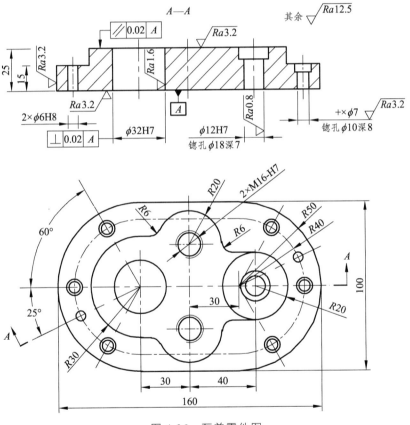

图 4-36 泵盖零件图

1. 零件工艺分析

该零件主要由平面、外轮廓以及孔系组成。其中 ϕ32H7 和 2 × ϕ6H8 三个内孔的表面粗糙度要求较高，为 Ra1.6；ϕ12H7 内孔的表面粗糙度要求更高，为 Ra0.8；ϕ32H7 内孔表面相对于 A 面有 0.02 的垂直度要求，上下两表面之间有平行度 0.02 的要求。该零件材料为铸铁，切削加工性能较好。

根据上述分析，$\phi 32H7$、$2 \times \phi 6H8$ 和 $\phi 12H7$ 内孔的加工划分为粗、精加工阶段进行，以保证加工精度和表面粗糙度。以表面 A 作为定位基准，进行上表面和 $\phi 12H7$ 内孔的精加工，以保证平行度和垂直度的要求。

2. 加工方法的选择

上、下表面的表面粗糙度为 $Ra3.2$，可以选择"粗铣—精铣"的加工方案。

对于孔的加工方法的选取，孔加工之前，为了便于钻头的导正，先用中心钻加工中心孔，然后再钻孔。内孔表面的加工方案取决于内孔表面的加工精度和表面粗糙度，对于精度高、表面粗糙度较小的孔，应该划分加工阶段进行加工。

$\phi 32H7$ 内孔，表面粗糙度为 $Ra1.6$，可选择"钻—粗镗—半精镗—精镗"方案。

$2 \times \phi 6H8$ 内孔，表面粗糙度为 $Ra1.6$，可选择"钻—铰"加工方案。

$\phi 12H7$ 孔，表面粗糙度为 $Ra0.8$，可选择"钻—粗铰—精铰"加工方案。

$6 \times \phi 7$ 螺纹过孔，表面粗糙度 $Ra3.2$，无公差要求，可采用"钻—铰"方案。

$\phi 18$ 和 $6 \times \phi 10$ 孔，表面粗糙度为 $Ra12.5$，无尺寸公差要求，采用锪孔方案。

$2 \times M16-H7$ 螺纹孔，采用先钻底孔，然后攻螺纹的加工方案。

3. 确定装夹方案

该零件毛坯的外形比较规则，因此在加工上下表面、台阶面和孔系时，选用平口虎钳夹紧；铣削外轮廓时可以底面 A、$\phi 32H7$ 内孔和 $\phi 12H7$ 孔定位，即一面两孔定位。

4. 确定加工顺序和走刀路线

按照基准先行、先面后孔、先粗后精的原则确定加工顺序。外轮廓采用顺铣方式，刀具沿切线方向切入和切出。

5. 刀具选择

零件上、下表面采用端铣刀进行加工，根据侧吃刀量选择端铣刀直径，使铣刀工作时有合理的切入、切出角度，并且铣刀直径应尽可能包容工件整个加工宽度，以提高加工精度和效率，并减小相邻两次走刀之间的接刀痕迹。

台阶面及其轮廓采用立铣刀加工，铣刀半径受轮廓最小曲率半径制约，取 $R=6$ mm。

孔加工各工步的刀具直径根据加工余量和孔径选取。

泵盖零件加工所选刀具详见表 4-9。

表 4-9 泵盖零件数控加工刀具卡片

产品名称或代号	×××	零件名称		泵盖	零件图号		×××
序号	刀具编号	刀具规格名称		数量	加工表面		备注
1	T01	$\phi 125$ 硬质合金断面铣刀		1	铣削上、下表面		
2	T02	$\phi 12$ 硬质合金断面铣刀		1	铣削台阶面及其轮廓		
3	T03	$\phi 3$ 中心钻		1	钻中心孔		
4	T04	$\phi 27$ 钻头		1	钻 $\phi 32H7$ 底孔		
5	T05	内孔镗刀		1	粗、半精、精镗 $\phi 32H7$ 孔		

续表

序号	刀具编号	刀具规格名称	数量	加工表面	备注
6	T06	$\phi 11.8$ 钻头	1	钻 $\phi 12H7$ 底孔	
7	T07	$\phi 18\times11$ 锪钻	1	锪 $\phi 18$ 孔	
8	T08	$\phi 12$ 铰刀	1	铰 $\phi 12H7$ 孔	
9	T09	$\phi 14$ 钻头	1	钻 $2\times M16$ 螺纹底孔	
10	T10	90°倒角铣刀	1	$2\times M16$ 螺纹倒角	
11	T11	M16 机用丝锥	1	攻 $2\times M16$ 螺纹	
12	T12	$\phi 6.8$ 钻头	1	钻 $6\times\phi 7$ 底孔	
13	T13	$\phi 10\times5.5$ 锪钻	1	锪 $6\times\phi 10$ 孔	
14	T14	$\phi 7$ 铰刀	1	铰 $6\times\phi 7$ 孔	
15	T15	$\phi 5.8$ 钻头	1	钻 $2\times\phi 6H8$ 底孔	
16	T16	$\phi 6$ 铰刀	1	铰 $2\times6H8$ 孔	
17	T17	$\phi 35$ 硬质合金立铣刀	1	铣削外轮廓	
编制	×××	审核 ××× 批准 ×××	年 月 日	共 页	第 页

6. 铣削用量选择

该零件材料切削性能好，铣削平面、台阶面及轮廓时，留 0.5 mm 精加工余量；孔加工精镗余量留 0.2 mm，精铰留余量 0.1 mm。

选择主轴转速与进给速度时，先查切削用量手册，确定切削速度与每齿进给量，然后根据相关公式计算主轴转速和进给速度。

7. 拟定数控铣削加工工序卡

为了更好地指导编程和加工操作，根据上面的分析，可编制如表 4-10 所示的数控加工工序卡片。

表 4-10 泵盖零件数控加工工序卡片

单位名称	×××	产品名称或代号		零件名称	零件图号
		×××		泵盖	×××
工序号	称序号	夹具名称		使用设备	车间
×××	×××	平口虎钳和一面两销专用夹具		XK5025	数控中心

工步号	工步内容	刀具号	刀具规格/mm	主轴转速/r·min⁻¹	进给速度/mm·min⁻¹	背吃刀量/mm	备注
1	粗铣定位基准面 A	T01	$\phi 125$	180	40	2	自动
2	精铣定位基准面 A	T01	$\phi 125$	180	25	0.5	自动
3	粗铣上表面	T01	$\phi 125$	180	40	2	自动
4	精铣上表面	T01	$\phi 125$	180	25	0.5	自动
5	粗铣台阶面及其轮廓	T02	$\phi 12$	900	40	4	自动
6	精铣台阶面及其轮廓	T02	$\phi 12$	900	25	0.5	自动

续表

工步号	工步内容	刀具号	刀具规格/mm	主轴转速/r·min⁻¹	进给速度/mm·min⁻¹	背吃刀量/mm	备注
7	钻所有孔的中心孔	T03	$\phi 3$	1 000			自动
8	钻 $\phi 32H7$ 底孔至 $\phi 27$	T04	$\phi 27$	200	40		自动
9	粗镗 $\phi 32H7$ 孔至 $\phi 30$	T05		500	80	1.5	自动
10	半精镗 $\phi 32H7$ 至 $\phi 31.6$	T05		700	70	0.8	自动
11	精镗 $\phi 32H7$ 孔	T05		800	60	0.2	自动
12	钻 $\phi 12H7$ 底孔至 $\phi 11.8$	T06	$\phi 11.8$	600	60		自动
13	锪 $\phi 18$ 孔	T07	$\phi 18 \times 11$	150	30		自动
14	粗铰 $\phi 12H7$	T08	$\phi 12$	100	40	0.1	自动
15	精铰 $\phi 12H7$	T08	$\phi 12$	100	40		自动
16	钻 $2 \times M16$ 底孔至 $\phi 14$	T09	$\phi 14$	450	60		自动
17	$2 \times M16$ 底孔倒角	T10	90°倒角铣刀	300	40		自动
18	攻 $2 \times M16$ 螺纹孔	T11	M16	100	200		自动
19	钻 $6 \times \phi 7$ 底孔至 $\phi 6.8$	T12	$\phi 6.8$	700	70		自动
20	锪 $6 \times \phi 10$ 孔	T13	$\phi 10 \times 5.5$	150	30		自动
21	铰 $6 \times \phi 7$ 孔	T14	$\phi 7$	100	25	0.1	自动
22	钻 $2 \times \phi 6H8$ 底孔至 $\phi 5.8$	T15	$\phi 5.8$	900	80		自动
23	铰 $2 \times \phi 6H8$ 孔	T16	$\phi 6$	100	25	0.1	自动
24	一面两孔定位粗铣外轮廓	T17	$\phi 35$	600	40	2	自动
25	精铣外轮廓	T17		600	25	0.5	自动
编制	×××	审核 ×××	批准 ×××	年 月 日	共 页	第 页	

思考题

1. 什么是生产过程、工艺过程、机械加工工艺过程和工艺规程？

2. 什么是工序、工步和走刀？

3 不同的生产类型对零件的工艺过程有什么影响？

4 什么是基准、设计基准、工序基准、定位基准和测量基准？并举例说明。

5. 获得零件尺寸精度的方法有哪些？

6. 拟定零件工艺过程的技术依据有哪些？

7. 制定工艺过程时，对零件进行工艺分析的主要内容有哪些？

8 制定工艺过程时为什么要划分加工阶段？

9 什么是工序集中和工序分散？各有什么优缺点？

10. 选择工序基准的原则有哪些？选择定位基准的原则有哪些？

11. 什么是余量、总余量和工序余量？影响工序余量的因素有哪些？

12. 举例说明尺寸链的组成环与封闭环、增环与减环。

13. 什么是时间定额？它包括哪几个组成部分？怎样提高劳动生产率？

14. 什么是生产成本和工艺成本？什么是可变费用和不变费用？讨论在市场经济条件下，如何运用技术经济分析方法合理选择工艺方案。

15. 轴承套零件图如图 4-37 所示，表面 H、G 与本体配合，表面 N、L 用以安装滚珠轴承，六个螺钉通过 ϕ5.5 六孔，将轴承套固定在本体上，ϕ4 四孔用以通润滑油，该零件材料为 45 钢，硬度为 32 ~ 36 HRC，自由尺寸公差 IT12。试对该零件进行工艺分析，并拟定其工艺路线。

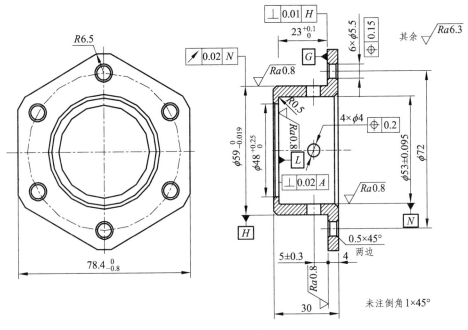

图 4-37　习题 15

16. 图 4-38（a）所示为零件的部分要求，4-38（b）、（c）为有关工序。问零件图要求的尺寸能否保证？

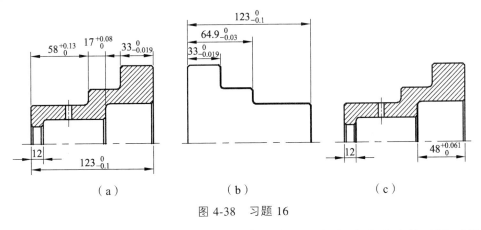

（a）　　　　　　　（b）　　　　　　　（c）

图 4-38　习题 16

17. 如图 4-39（a）为零件图的部分尺寸要求，图 4-39（b）、（c）为有关工序，试计算工序尺寸 $H^{+\Delta h}$ 等于多少？

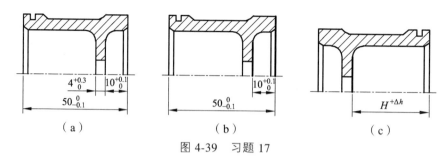

（a）　　　　　　　　（b）　　　　　　　　（c）

图 4-39　习题 17

18. 如图 4-40（a）为零件图的部分尺寸要求，图 4-40（b）、（c）和（d）为有关加工工序简图，试问：

（1）零件图尺寸 $40_{-0.3}$ 能否保证？

（2）计算工序尺寸 $H_{-\Delta h}$ 等于多少？

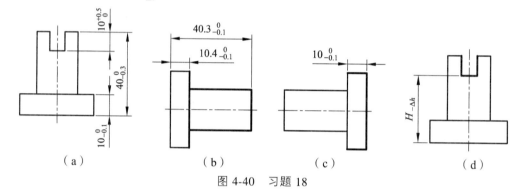

（a）　　　　　　　　（b）　　　　　　　　（c）　　　　　　　　（d）

图 4-40　习题 18

19. 如图 4-41（a）为零件的部分要求，图 4-41（b）、（c）、（d）为有关工序。计算工序尺寸 A、B 及其偏差。

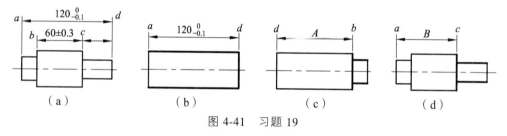

（a）　　　　　　　　（b）　　　　　　　　（c）　　　　　　　　（d）

图 4-41　习题 19

20. 如图 4-42（a）为零件图的部分设计尺寸要求，图 4-42（b）、（c）为最后两个加工工序简图，试确定数值 $H_{1-\Delta h_1}$、$H_2^{-\Delta h_2}$ 和 $H_3^{+\Delta h_3}$。

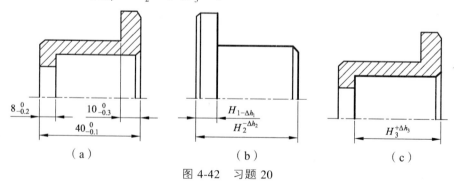

（a）　　　　　　　　（b）　　　　　　　　（c）

图 4-42　习题 20

21. 如图 4-43（a）为零件图的部分尺寸要求，图 4-43（b）、（c）和（d）为最后 3 个加工工序简图，在钻孔时，工序基准的选择有 3 种方案，其工序尺寸分别为 $H_1 \pm \Delta h_1$、$H_2 \pm \Delta h_2$ 和 $H_3 \pm \Delta h_3$，试分析这 3 种方案的优劣。

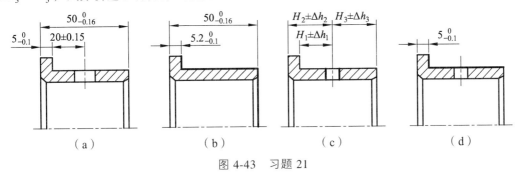

图 4-43　习题 21

22. 某零件的工艺过程如图 4-44 所示，试校核端面 K 的加工余量是否足够？

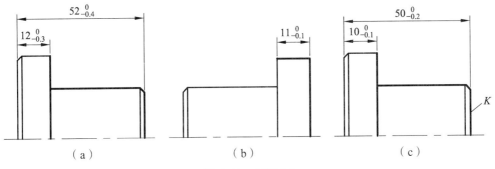

图 4-44　习题 22

23. 某成批生产的小轴，工艺过程为车、粗磨，精磨、镀铬。镀铬后尺寸要求为 $\phi 52_{-0.03}^{0}$ mm，镀层厚度为 0.08~0.12 mm。试求镀前精磨小轴的外径尺寸及公差。

24. 某批工件其部分工艺过程为：车外圆至 $\phi 20.6_{-0.04}^{0}$ mm，渗碳淬火，磨外圆至 $\phi 20_{-0.02}^{0}$ mm。试计算保证渗碳层深度 0.7~1.0 mm 的渗碳工序渗入深度 T。

25. 图 4-45 为某零件最后精磨大端面的工序简图，尺寸为 $5_{-0.03}^{0}$，该表面在加工前已经镀铬，零件图要求的镀层厚度为 0.05~0.12 mm，试求该凸缘在镀铬前粗磨时的厚度尺寸及公差 $H_{-\Delta h}$。

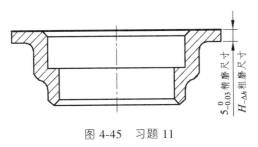

图 4-45　习题 11

26. 某外圆零件的最终要求为 $\phi 40_{-0.016}^{0}$，表面要求单边渗碳，渗碳层深度为 0.6~1.0 mm。外圆的加工顺序为：（1）先车外圆，工序尺寸为 $\phi 40.6_{-0.062}^{0}$；（2）渗碳淬火；（3）按 $\phi 40_{-0.016}^{0}$ 磨外圆。试求渗碳工序中渗碳层的深度应控制在什么范围？

第5章 机械加工质量

5.1 概　述

5.1.1 零件制造质量的基本概念

质量、生产率和经济性是产品制造过程中的基本问题，虽然三者之间相互联系，但产品质量问题始终是最根本的问题。机械制造工艺学的根本任务是研究如何高效、低耗地保证机械产品的加工和装配质量。

零件的制造质量可以用下列参数来衡量：

（1）零件的几何参数：尺寸、形状、位置关系和粗糙度等；

（2）零件的物理参数：导热、导电和导磁性等；

（3）零件的化学参数：耐蚀性等；

（4）零件的机械力学参数：强度、硬度和冲击韧性等。

这些参数的指标可以根据零件的工作要求加以规定。制造后获得的实际参数和设计规定的参数相符合的程度，就可以定义为零件的制造质量。

为了便于分析，通常把零件加工后的实际宏观参数（尺寸、形状和位置关系）和设计规定的几何参数相符合的程度称为加工精度，而不相符合的程度称为加工误差，并把实际微观几何参数（粗糙度）和表面层的物理机械性能等参数和设计规定相符合的程度规定为机械加工的表面质量。

5.1.2 机械加工精度

零件的加工精度包含三方面的内容；尺寸精度、形状精度和位置精度。这三者之间是有联系的。形状误差应限制在位置公差之内，而位置误差又应限制在尺寸公差之内。当尺寸精度要求高时，相应的位置精度、形状精度也要求高。但形状精度要求高时，相应的位置精度和尺寸精度有时不一定要求高，这要根据零件的功能要求来确定。

研究加工精度的目的，是研究各种工艺因素对加工精度的影响及其规律，从而找出减小加工误差、提高加工精度的工艺途径。

5.1.3 表面质量的概念

零件经机械加工后的质量，除了用尺寸精度、宏观几何形状精度及表面相互位置精度衡量外，还需要满足对已加工表面质量的要求。实践证明，许多产品零件的破坏，往往起源于零件的表面缺陷，因此，要求通过机械加工以后的零件表面层在不同程度上完整无损，提出了表面质量的概念，也称为已加工表面完整性。

在机械加工过程中，由于零件加工表面的完整性受到破坏，其物理机械性能和基体金属不完全一致，所以零件的表面质量对产品的工作性能将产生重大的影响，其主要原因是：

（1）表面上有很多缺陷能引起应力集中，如裂纹和刀痕等，在交变应力作用下可能会引起应力集中而导致破坏。

（2）表面层是金属的边界，由于晶粒的完整性遭到破坏，降低了表面层的物理机械性能，而表面层是受应力最大的地方。

（3）表面经过机械加工之后，表面层的物理、机械和化学性能都和基体金属不同，这些变化对零件的可靠性和寿命有重大的影响。

（4）零件的结合，是以表面的波峰接触的，表面层的特性对接触刚度和耐磨性都有决定性的影响。

如图 5-1 所示，表面质量包括两部分内容。

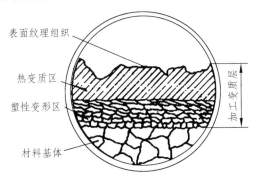

图 5-1　金属切削加工表面质量

1. 表面的几何形状特征，即表面纹理

表面纹理是指零件最外层表面与周围环境之间界面的几何形状，包括表面粗糙度、表面波纹度、表面纹理方向和表面瑕疵。

1）表面粗糙度

表面粗糙度是指表面微观的几何形状特征，一般情况下，波距小于 1 mm。

表面粗糙度主要是由于切削工具的切屑残留高度和切削过程中产生的塑性变形等因素引起的。用微观不平度的算术平均偏差 Ra 或微观不平度的平均高度 Rz 来衡量。

2）表面波纹度

表面波纹度简称表面波度，波距为 1 ~ 10 mm，介于宏观形状误差和微观几何粗糙度之间。

表面波纹度一般是由工艺系统的振动或数控加工过程中伺服参数不匹配引起的。目前还没有统一的评定标准，一般以波高为波度的表征参数，用测量长度上五个最大波幅的算术平均值来表示：

$$W = \frac{1}{5}\left(W_1 + W_2 + W_3 + W_4 + W_5\right) \tag{5-1}$$

另外，宏观几何形状，波距大于 10 mm，这是加工精度研究的范畴，不属于表面质量研究的范围。

3）加工纹理和刀痕的类型与方向

加工纹理和刀痕的方向将对零件的耐磨性产生重要的影响。

2. 与表层状态有关的物理机械性能

它是指零件加工后在一定深度的表面层内出现的变质层。在此表面层内晶粒组织发生严重畸变，金属的力学、物理和化学性质均发生变化，其中包括塑性变形、硬度变化、微观裂纹、残余应力、晶粒变化和热损伤等现象。

1）表面层因塑性变形而引起的冷作硬化

表面层冷作硬化一般用冷硬层深度及冷硬程度 N 来衡量。

$$N = (H - H_0)/H_0 \times 100\% \qquad （5\text{-}2）$$

式中　　H——加工后表面层的显微硬度；

　　　　H_0——基体材料的显微硬度。

2）表面层因切削热而引起的金相组织的变化

加工过程中特别是磨削过程中，由于表面层温度的升高，当温度超过相变临界点，就会发生金相组织的变化。评定办法是采用金相组织的显微观测。

3）表面层内由于切削过程而产生的残余应力

在切削过程中，由于塑性变形和金相组织的变化，在表面层产生内应力。当切削过程结束后，表面层仍然存在内应力，这就是残余应力，可能是残余拉应力，也可能是残余压应力。当前只能判定残余应力的性质（拉或压应力），其大小还无法评定。

试验证实，表面完整性对零件材料的使用性能与零件的可靠性有很大的影响，当零件应力很大或遇到恶劣环境时尤为重要。

5.1.4　已加工表面的形成

在切削过程中，工件的已加工表面也将产生变形，金属晶粒伸长，成为纤维状，这就是第三变形区。

已加工表面的变形，除了与第一变形区的变形有关外，主要与切削刃实际的几何形状有关。在研究切屑的形成过程时，将切削刃看作是绝对尖锐的，而且刀具也没有磨损。实际的切削刃并非一条直线，而是近似于半径为 r_n 的圆柱面。刃口圆弧半径 r_n 的大小随刀具材料、刃磨情况和刀具磨损程度的不同而异，新刃磨的刀具 r_n 为 10~32 μm。此外，刀具开始切削后，后面会产生磨损，形成后角 $\alpha_{0e}=0°$ 的小棱面。

当切削层的金属进入第一变形区后，便发生塑性变形，使晶粒伸长。当切削刃前方的金属继续运动并逐渐接近切削刃时，它的晶粒拉得更长，成为纤维状，最后包围切削刃，如图 5-2 所示。O 点以上的那部分沿前面流出，成为切屑的底层。O 点以下的部分，将绕过切削刃沿后面流出。

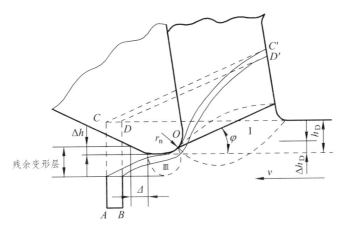

图 5-2 已加工表面形成的示意图

由于刃口圆弧的存在，在整个切削厚度 h_D 中，O 点以下厚度为 Δh_D 的那一层金属无法切除，而是被刃口圆弧挤压在工件表面上，接着和后面 $\alpha_{0e}=0°$ 的小棱面相接触，然后表面层金属开始弹性恢复，Δh 为弹性恢复量，它使切削表面与后面之间又产生一段长度为 Δ 的附加接触。由于剧烈的挤压和摩擦，使这层金属产生很大的塑性变形。这样一来，经过第一变形区变形已经纤维化的金属晶粒，在进入第三变形区后，将进一步变形，金属晶粒越拉越长，越来越细，最后被拉断，成为已加工表面的表层。

5.1.5 机械加工表面质量对零件使用性能的影响

机械加工零件的表面质量是衡量其质量的一组重要指标，对零件的使用性能特别是对零件的配合性质、耐磨性能、耐腐蚀性和抗疲劳强度等将产生重要的影响。

1. 零件的配合性质

对于间隙配合的零件，如果零件配合表面粗糙，则相互配合的表面在工作时会迅速磨损，使配合间隙增大，影响了配合精度，改变了配合性质，降低了产品的使用性能。

对于过盈配合的零件，在将轴压入孔内时，配合表面的部分波峰将会被压平，使实际过盈量减小。如果零件配合表面的粗糙度值过大，过盈量减小的值越大，降低了过盈配合的连接强度。

对于过渡配合，粗糙度对配合性质的影响兼有上述两种配合的问题。

因此，有配合要求的表面一般都要求有较小的表面粗糙度值，配合精度越高，配合表面粗糙度值要求越小。

2. 零件的耐磨性能

两个零件的表面相互接触时，实际上只是两个表面的波峰顶部接触，并且一个表面的波峰可能伸入另一个表面的波谷，形成犬牙交错的状态。在工作时，两表面之间往往受到正压力，实际接触的波峰处发生弹性变形和塑性变形。两表面在做相对运动的过程中，波峰与波峰之间会发生相互剪切现象，产生摩擦阻力，引起表面的磨损。表面粗糙度值越大，两表面的实际接触面积越小，压强越大，相对运动时的摩擦阻力就越大，磨损就越严重。另一方面，并非表面粗糙度值越小，摩擦阻力就越小，耐磨性就越好。当表面粗糙度值过小时，不利于润滑油的储存，容易使接触表面间形成半干摩擦，甚至干摩擦使摩擦阻力增加，并加速磨损。另外，表面粗糙度值太小，还会增加零件接触表面之间的吸附力，使零件的两接触表面产生很强的分子吸附力，零件的摩擦处于内摩擦状态，摩擦阻力突然增大，使接触表面相互运动时，表面被撕裂，使磨损加剧。因此在一定的工作条件时，相互作用的摩擦表面有一组最佳表面粗糙度值。

除了表面粗糙度值对零件的耐磨性产生影响外，表面粗糙度的轮廓形状及加工纹路方向也对零件表面的耐磨性产生显著的影响。当摩擦运动的方向顺着纹路的方向时的磨损速度比摩擦运动方向垂直于纹路方向的磨损速度要慢。

零件表面的加工硬化在一定程度上会减少摩擦表面接触部分的弹性和塑性变形，使表面的耐磨性得到提高；但过度的表面硬化，将会使摩擦表面产生裂纹或剥落，使磨损加剧，耐磨性反而下降。因此从提高耐磨性方面考虑，加工硬化应该控制在一定的范围。

表面金相组织的变化会在一定程度上改变材料表面层的硬度，从而影响零件表面的耐磨性。

3. 零件的耐腐蚀性

表面粗糙度值越小，零件耐腐蚀性就越强。因为越粗糙的表面，大气中的气体、水汽和杂质等越容易在粗糙的波谷聚集，形成电解质溶液，在两零件表面之间产生各种化学和电化学反应，形成各种化学和电化学腐蚀，逐步在粗糙表面的波谷形成裂纹，并在拉应力的作用下逐步扩展。

有残余应力和冷作硬化的零件表面，会使零件的抗腐蚀性下降。应力腐蚀是航空、航天器、和各种动力装置零件常见的一种腐蚀破坏形式。特别是在受燃气侵蚀的条件下工作的零件。

金相组织的改变，改变了接触面处的接触电位，往往会降低零件的耐腐蚀性。如高强度钢的表面层，如 40CrNiMoA 的表面层，如果在磨削过程中产生了回火马氏体组织，耐腐蚀性就降低了。因此在加工过程中，需要选择正确的切削工具和切削用量，以避免产生相变。

4. 零件的抗疲劳强度

金属在受到远低于其强度极限的周期性交变载荷的作用下，会在金属表面上产生裂纹，随着裂纹的扩展，会发生疲劳断裂。金属零件的表面质量对抗疲劳强度有重要的影响。

减小表面粗糙度值，可以提高零件的抗疲劳强度。在周期性的交变载荷作用下，粗糙度波谷的应力，一般要比作用于表面层的平均应力大 $50\% \sim 150\%$，是应力集中的发源地，给裂纹的产生创造了条件。实验证明，耐热钢 4Cr14Ni14W2Mo 的试件，其 Ra 值由 0.2 μm 减少到 0.025 μm 时，其抗疲劳强度提高了 25%。

另外，粗糙度的加工纹理方向，对疲劳强度也有重要的影响。加工纹理垂直于受力方向时的抗疲劳强度，比平行于受力方向的要低 1/3 左右。

表面的冷作硬化对抗疲劳强度的影响，在低温工作时起提高的作用，因为强化过的表面层会阻止已有裂纹扩大和新裂纹的生成。同时，冷作硬化会减少外部缺陷和粗糙度及残余拉伸应力的有害影响。

对于某些材料如钛合金 TC9，表面硬化只在一定的硬化程度和深度的情况下，才对提高抗疲劳强度有利。当 TC9 合金的试件，造成 19% ~ 24%的硬化程度和 50 ~ 180 μm 的硬化深度，在 450 ℃时，抗疲劳强度会降低。这是因为在循环交变应力和高温的作用下，表面塑性变形层会加速扩散过程，进而使金属表面层软化并丧失承载能力。

残余应力对抗疲劳强度的影响，当表面层有残余拉应力时，有利于裂纹的扩展，抗疲劳强度性能下降。当表面层有残余压应力时，阻止裂纹的扩展，提高了零件表面的抗疲劳强度性能。

由于零件表层的冷作硬化和残余压应力对提高材料的抗疲劳强度有利，所以在零件制造过程中通过喷丸、滚压和挤压等强化工艺使零件表面层产生冷硬层和残余压应力，从而提高零件的抗疲劳强度和寿命。

5. 其他影响

表面质量对零件的使用性能还有其他方面的影响。例如：对于液压油缸和滑阀，较大的表面粗糙度值会影响密封性；对于滑动零件，恰当的表面粗糙度值能提高运动的灵活性，减少发热和功率损失；残余应力会使加工好的零件因应力重新分布而在使用过程中逐渐变形，从而影响其尺寸和形状精度。

5.2 影响加工精度的因素

机械加工过程是一个复杂的动态过程，以数控加工为例，整个工艺过程中影响加工误差的主要因素如图 5-3 所示。

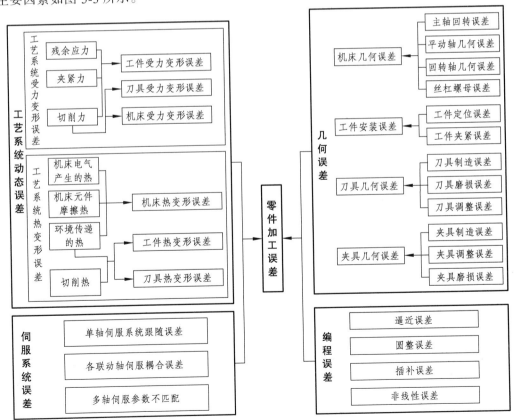

图 5-3 影响零件加工误差的主要因素

5.2.1 原理误差

原理误差是由于采用了近似的加工运动或者近似的刀具轮廓而产生的。在某些比较复杂的型面加工时，为了简化机床设备的传动链或切削工具的结构，通常采用近似的加工方法进行加工，从而产生了相应的原理误差。

如滚切加工渐开线的齿形时，为了便于工具制造，采用法向直廓基本蜗杆来代替渐开线基本蜗杆的滚刀，就产生了理论误差。另外，滚刀需要切削而开刃，因而加工后不是光滑的渐开线齿形曲线，而是被折线所代替。

在用离散点定义的复杂曲面加工时，常采用回转面簇的包络面去逼近原曲面，这也要产生理论误差。另外，在数控机床上，常用直线或圆弧插补来加工轮廓曲线和曲面，也有理论误差存在。

如图 5-4 所示为某型涡轮叶片叶形（叶盆）的加工，由于叶盆是斜锥面，加工比较困难，若用正圆锥面来代替，则加工就十分方便。因此，每个截面上的理论曲线（圆弧）都由椭圆来代替而产生了理论误差。

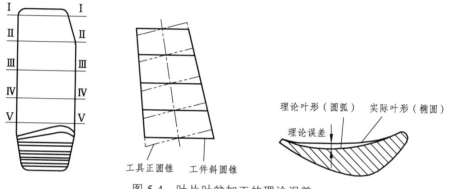

图 5-4　叶片叶盆加工的理论误差

综上所述，一般在型面加工时才采用近似加工法。由于近似加工法比较简单，只要理论误差不大，采用近似加工法就可大大提高生产率和经济性。理论误差的大小，一般应控制在公差值的 10% ~ 20%。

5.2.2　数控编程误差

编程误差实际上属于原理误差的范畴，是数控程序编制过程中因数值计算引起的，在曲面加工中编程误差占总加工误差的 10% ~ 20%，而且编程技术的高低将决定加工程序质量与编程时间，从而影响整个工件的加工生产效率和加工质量。合理确定与控制编程误差是程序编制的重要问题。编程误差主要包括逼近误差、插补误差、行距误差和圆整误差等。

（1）逼近误差。逼近误差是进行前置处理时用近似方法逼近曲面造型所引起的误差。若待加工曲面的原始轮廓形状用列表型值点表示，当用样条曲面来近似逼近或拟合时，则所表示的曲面形状与零件原始曲面形状之间的差值，即为逼近误差或拟合误差。该项误差只出现在用列表型值点表示曲面加工（如反求工程）中，主要取决于参考测量轮廓误差、测量误差、型值点有限性误差。

在参考面一定的前提下，尽可能提高测量精度和增加测量点，使用合理的曲面造型方法

（如 NURBS 方法）对其插值、拟合，进行较好的光顺处理，可减小逼近误差，提高逼近精度。

（2）插补误差。根据数控加工原理，由于数控机床的数控系统并不能控制刀具精确地按曲线的方程式进给，而只能做直线与圆弧进给，所以需要选取曲线上的离散点集，用离散点集构成的前后相继的微小直线段集合逼近曲线，构成曲面上某曲线（参数线或截面线）的刀具运动轨迹。如图 5-5 所示，把刀触点 P_i 到 P_{i+1} 的母线段看作半径为 ρ_i 的圆弧段，假如 P_i 到 P_{i+1} 的距离的步距为 ΔL_i，则插补误差（或弦高误差）成可表示为

$$\delta_i = \rho_i - \sqrt{\rho_i^2 - (\Delta L_i / 2)^2} \tag{5-3}$$

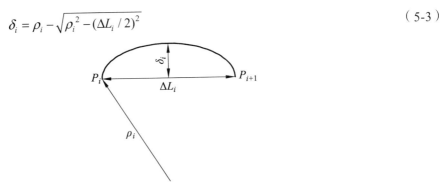

图 5-5　插补误差的计算

显然当点集取得大的时候，逼近精度高。假如离散精度要求为 e，则当弓高误差 δ_i 与 e 相等时，刀触点集为满足离散精度要求的最小集合。

（3）行距误差。相邻两条估计轨迹线上对应刀位点之间的距离称为行距。一般情况下行距是残留高度、刀具有效切削半径及曲面沿行距方向的法曲率半径的函数。在残留高度一定的情况下，行距由曲面沿行距方向的法曲率半径和刀具有效切削半径决定。实际上，过曲面的给定点且垂直于已知刀触点轨迹的曲线有无数条，所求的另一条刀触点轨迹应该是这无数条中与已知刀触点轨迹距离最短的一条。

因为环形铣刀的有效切削半径与球头铣刀的半径在产生残留高度时起同样的作用，因此在计算行距时，环形铣刀可以用半径等于 R_e 的球头铣刀来近似。计算行距的方法如下：

① 如图 5-6（a）所示，加工平面时行距为

$$L = 2\sqrt{R_e^2 - (R_e - h)^2} \tag{5-4}$$

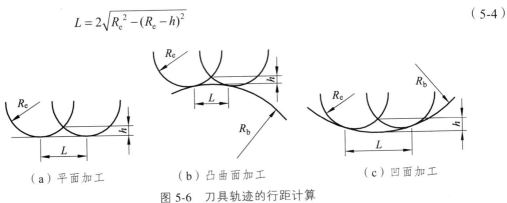

（a）平面加工　　　（b）凸曲面加工　　　（c）凹面加工

图 5-6　刀具轨迹的行距计算

其中，L 为行距，R_e 为环形刀的有效半径，h 为残留高度。实际加工中 R_e 远大于 h，所以行距 L 可近似表示为

$$L = \sqrt{8R_e h} \tag{5-5}$$

② 如图 5-6（b）所示，加工凸曲面时，行距 L 与残留高度 h 和环形刀的有效切削半径 R_e 及曲面沿行距方向的法曲率半径 R_b 之间的关系为

$$h = (R_b + R_e)\sqrt{1 - \left(\frac{L}{2R_b}\right)^2} - \sqrt{R_e^2 - \left[\frac{(R_b + R_e)L}{2R_b}\right]^2} - R_b \tag{5-6}$$

化简得

$$L = \sqrt{\frac{8R_b R_e h}{R_b + R_e}} \tag{5-7}$$

③ 如图 5-6（c）所示，加工凹曲面时，行距 L 与残留高度 h 和环形刀的有效切削半径 R_e 及曲面沿行距方向的法曲率半径 R_b 之间的关系为

$$h = R_b - (R_b + R_e)\sqrt{1 - \left(\frac{L}{2R_b}\right)^2} - \sqrt{R_e^2 - \left[\frac{(R_b + R_e)L}{2R_b}\right]^2} \tag{5-8}$$

化简得

$$L = \sqrt{\frac{8R_b R_e h}{R_b - R_e}} \tag{5-9}$$

（4）圆整误差。圆整误差是在数据处理（计算曲面曲线的基点、节点等）时，将计算值中小于一个脉冲当量的数值四舍五入，圆整成整数脉冲值时产生的误差，圆整误差不超过脉冲当量的一半。

5.2.3 工艺系统的静态误差

在机械加工过程中，由机床、夹具、工件和切削工具组成了一个完整的工艺系统。各种外在和内在的因素作用于工艺系统，使刀具和工件的正确位置受到破坏，形成了所谓的原始误差。

工艺系统的原始误差可以划分为静态误差和动态误差。静态误差是指工艺系统在没有受到各种内部和外部作用力作用时就存在的误差，主要是由于机床、刀具和夹具的制造、安装和调整的误差。而工艺系统的动态误差是指工艺系统运行过程中，由于受到各种内外作用力而产生的变形或磨损而形成的误差。

1. 机床误差的几何误差

被加工工件的精度，在很大程度上取决于机床的几何误差。机床几何误差包括机床的制造误差、磨损和安装误差。

在机床的这些误差中，对加工精度影响较大的有主轴回转精度、导轨的导向精度以及传动链的传动精度。

1）主轴回转精度

机床主轴用以安装工件或切削工具，其回转精度要影响工件在加工时的表面形状、表面间的位置关系精度以及表面的粗糙度等，是机床精度的重要指标之一。

主轴的回转误差，是指主轴实际的回转轴线相对于理论轴线的漂移。

由于主轴存在轴颈的圆度误差、轴颈间的同轴度误差、轴承的各种误差、轴承孔的误差、本体上轴承孔间的同轴度误差等，这些误差都要影响主轴轴心线的位置。在加工过程中，还要受到各种力及温度等多种因素的影响，造成主轴回转轴线的空间位置发生周期性的变化，从而使轴线漂移。

主轴回转误差一般可分三种基本形式，即径向跳动、角度摆动和轴向窜动，如图 5-7 所示。

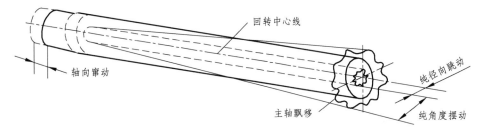

图 5-7 主轴回转误差的基本形式

主轴的径向回转误差是径向跳动和角度摆动的合成；轴向回转误差是轴向窜动和角度摆动的合成。不同的加工方法，对不同的回转误差所造成的影响也是不同的。

如在加工外圆或内孔时，径向回转误差要引起圆度和圆柱度误差，而径向回转误差对加工端面则无直接影响。轴向回转误差对加工内孔或外圆影响不大，而对端面垂直度则有很大的影响。在车螺纹时，它使螺旋面的导程产生周期误差。

由以上分析可知，对圆柱面及端面等的精密加工，需要采用能稳定主轴回转的轴系。因此，静压轴承等结构，在精密机床上的应用日益增多。对于采用滚动轴承的主轴，则需要保持适当的预载荷以稳定主轴的回转。

2）导轨的导向精度

导轨是机床各部件运动的基准，机床的直线运动精度主要取决于机床导轨的精度。为了控制导轨的误差，就需要控制：

① 导轨在垂直平面内的直线度；

② 导轨在水平平面内的直线度；

③ 前后导轨的平行度；

④ 导轨与主轴回转轴线的平行度。

导轨的直线度要影响工具切削刃的轨迹，从而影响加工误差。在垂直平面内和水平平面内的直线度误差，对于不同的加工方式其影响是不同的。如在普通车床上加工外圆时，导轨在垂直平面内的直线度误差，对尺寸精度的影响就很小，而水平平面内的直线度误差，其影响就很大。

如图 5-8（a）所示为导轨在垂直平面内的直线度误差的位移，引起刀具有 δ_z 的位移，如图 5-8（b）所示为导轨在水平平面内直线变误差，引起刀具有 δ_y 的位移。

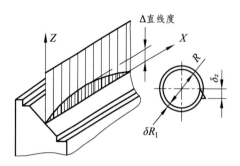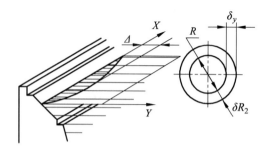

（a）导轨垂直面内的直线度对精度的影响　　　（b）导轨水平面内的直线度对精度的影响

图 5-8　导轨直线度误差对加工精度的影响

由图 5-8（a）知：

$$\left(R+\delta R_1\right)^2 = R^2 + \delta_z^2 \qquad（5\text{-}10）$$

略去高阶微量后得

$$2R \cdot \delta R_1 = \delta_z^2 \qquad（5\text{-}11）$$

进一步得

$$\delta R_1 = \delta_z^2 / (2R) \qquad（5\text{-}12）$$

在图 5-8（b）中：

$$\delta R_2 = \delta_y \qquad（5\text{-}13）$$

若 R=25 mm，$\delta_z = \delta_y = 0.1$ mm，则 $\delta R_1 = 0.1^2/(2\times25) = 0.000\ 2$ mm，$\delta R_2 = 0.1$ mm。

由此可知，对于卧式车床来说，导轨垂直平面内的直线度误差，相对于水平面内的直线度误差，对加工误差的影响非常小，可以忽略不计。

导轨间的不平行度（扭曲）误差，也要影响刀架和工件之间的相对位置而引起加工误差，如图 5-9 所示。

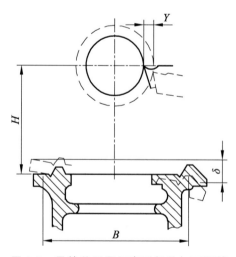

图 5-9　导轨的不平行度引起的加工误差

假定导轨的扭曲量为 δ，由之而引起车刀在水平方向的位移量为 Y，则

$$Y \approx \delta H / B \qquad\qquad (5\text{-}14)$$

式中　H——主轴中心相对于导轨的高度；

　　　B——两导轨之间的距离。

一般情况下 H/B 的数值为 0.6~1，因此，导轨扭曲对加工精度的影响也是较大的。

3）传动链的传动精度

在某些加工过程中，成形运动有一定的速度关系，如齿轮的齿形与螺纹等表面的加工。切削工具和工件之间的运动关系，通常是通过机床的传动链来保证的。因此，传动系统的误差将对工件的加工误差产生直接的影响。

为了提高传动精度，一般在工艺上常采取下列措施：

① 缩短传动链，以减少传动件个数，减少误差环节；

② 提高传动件的制造精度，特别是末端传动件的精度，对加工误差的影响较大；

③ 提高传动件的装配精度，特别是末端传动件的装配精度，以减少因几何偏心而引起的周期误差；

④ 传动采用降速传动，以缩小传动误差对加工精度的影响。

另外，为了加工高精度的工件，常采用误差补偿的办法来提高机床的传动精度。补偿装置可采用计算机控制的自动补偿装置，以校正机床的静态和动态传动误差。

2. 夹具误差

夹具是用以使工件在机床上安装时，相对于切削工具有正确的相对位置，因此，夹具的制造误差以及在使用过程中的磨损，会对工件的位置尺寸和位置关系的精度有比较大的影响。

夹具上的定位元件、切削工具的引导件、分度机构以及夹具体等的制造误差，都会影响工件的加工精度。在设计夹具时，应根据工序公差的要求，予以分析和计算。一般精加工夹具的误差控制在工件公差的 1/2~1/3，粗加工用夹具则一般取工件公差的 1/3~1/5。

夹具在使用过程中要磨损，这也要对工件的加工精度有影响。因此，在设计夹具时，对于容易磨损的元件，如定位元件与导向元件等，均应采用较为耐磨的材料进行制造。同时，当磨损到一定程度时，应及时地进行更换。

3. 切削工具误差

切削工具的误差包括制造误差和加工过程中的磨损。它对工件加工精度的影响，由于切削工具的不同，其影响也有不同。在下列情况下，要直接影响工件的加工进度。

1）定尺寸切削工具

定尺寸切削工具如钻头、铰刀、孔拉刀和键槽铣刀等，在加工时，切削工具的尺寸和形状精度都直接影响工件的尺寸和形状精度。

2）定型切削工具

定型切削工具如成形车刀、成形铣刀、成形砂轮等，在加工时，切削工具的形状，要直接反映到工件的表面上去，从而影响工件的形状精度。

对于一般切削工具，如普通车刀和铣刀等，其制造精度对加工误差无直接影响。但如果

切削工具的几何参数或材料选择不当，将影响切削工具急剧磨损，也要间接地影响加工精度。

在切削过程中，切削工具不可避免地要产生磨损，使原有的尺寸和形状发生变化，从而引起加工误差。

在精加工以及大型工件加工时，切削工具的磨损，对加工精度会有较大的影响。同时，也是影响工序加工精度稳定性的重要因素。

对加工精度的影响主要是在加工表面法向上的磨损量。磨损量的大小，直接引起工件尺寸的改变。

为了减少切削工具对加工精度的影响，应根据工件的材料及加工要求，合理地选择切削工具的材料并合理地选择切削用量，以减小切削工具的磨损量。

4. 工艺系统的安装与调整误差

工件在夹具上或直接在机床上安装以及机床、夹具和切削工具的调整，都要影响工件相对于切削工具的空间位置。因此，这些环节的误差，都要影响工件的加工精度。

1）安装误差

工件的安装误差包括定位误差和夹紧误差。

定位误差首先与定位基准和定位方法的选择有关，同时，定位基准和定位件上的定位表面的制造精度，也对定位误差有很大的影响。

定位基准有多种形式，如平面、圆柱面、型面及其组合。若基准表面比较简单，则定位基准就容易加工正确，复杂的定位基准容易产生较大的定位误差。另外，定位方法不同，影响误差的因素也就不同。如用圆柱定位销或小锥度心轴作为定位件时，其定位误差就会不同。

因此，不但要提高定位基准和定位表面的制造精度，而且要合理地选择定位基准和定位方法，以减少定位误差。

夹紧误差主要与夹紧力及夹紧机构的选择有关。

夹紧力的大小、方向和作用点的选择，对夹紧误差有很大的影响。在选择夹紧力时，要避免破坏工件定位的准确性和稳定性，同时要使夹紧变形小。特别是在工件的各向刚性相差较大时，更要注意夹紧力方向的选择，如薄壁套筒及环形件等，常用轴向夹紧以防止变形。

在选择夹紧机构时，应使工件能均匀与稳定地夹紧，在保证可靠性的同时，使夹紧变形减小。

2）调整误差

调整是保证工艺系统中各环节位置精度的重要措施。通过调整，保证切削工具和工件的相对位置准确，从而保证工序的加工精度和工艺稳定性。

调整误差主要与机床、夹具和切削工具的调整误差有关。

机床上的定程机构如行程挡块、凸轮、靠模等以及影响工件与切削工具相对位置的其他机构的调整，都要影响工件的加工精度。

夹具在机床上安装时，一般是利用夹具和机床上的连接表面定位。当精度要求较高时，往往规定安装精度的数值，如要求同轴度、垂直度和平行度等。

切削工具在机床上的安装与调整，特别是在自动获得精度的情况下，如在转塔车床、多刀机床、仿形机床、组合机床和数控机床等机床上加工时，切削工具的调整就更为重要。

对于单件或小批生产，常采用试切法进行加工。在批量较大或大量生产时，为减少调整时间，调刀时可采用样件或对刀样板来进行调整。但是，由于在静态下调整有时和实际加工时有较大的差别，因此，在用样件或对刀样板来调整好以后，还要进行若干个工件的试切，再精调进行固定。

5.2.4 工艺系统的受力变形误差

在机械加工过程中，由刀具、机床、夹具、工件组成的工艺系统，在切削力、夹紧力、重力和惯性力等作用下，要产生变形，从而改变了已调整好的切削工具和工件的相对位置，因而导致加工误差的产生，并破坏了切削过程的稳定性。

工艺系统是由很多零件和部件按一定的连接方式组合起来的总体，受力后的变形是比较复杂的。

系统在受力后的变形，取决于系统的刚度。

刚度，是指抵抗外力使其变形的能力，在数值上是指加到系统上的作用力与由它所引起的在作用力方向上的位移之间的比值。

在机械加工中，工艺系统的刚度是加工表面法向所受的外力与该方向上位移的比值，即

$$K = \frac{P_y}{y} \quad （\text{N/mm}） \tag{5-15}$$

式中　K——工艺系统的刚度；

　　　P_y——作用于被加工表面法向的作用力（N）；

　　　y——作用力 P_y 方向产生的位移（mm）。

式中的 y 是由系统所受全部作用力综合所引起的变形，不只是由 P_y 引起的变形。

工艺系统的刚度，是以系统中各个环节的刚度来进行计算的。

设 y_1、y_2、y_3…为系统中各个环节在所取点上在方向上的位移，则整个系统的位移为

$$y = y_1 + y_2 + y_3 + \cdots \tag{5-16}$$

即

$$\frac{P_y}{K} = \frac{P_y}{K_1} + \frac{P_y}{K_2} + \frac{P_y}{K_3} + \cdots \tag{5-17}$$

因此有

$$\frac{1}{K} = \frac{1}{K_1} + \frac{1}{K_2} + \frac{1}{K_3} + \cdots \tag{5-18}$$

式中　K_1、K_2、K_3——系统中各个环节的刚度。

式（5-18）也可以用柔度表示。所谓柔度，也就是在单位外力作用下，系统所产生的变形值，即刚度的倒数。

$$\omega = \omega_1 + \omega_2 + \omega_3 + \cdots \tag{5-19}$$

式中　ω——工艺系统的柔度；

ω_1、ω_2、ω_3——系统中各个环节的柔度。

由以上分析说明，工艺系统刚度的倒数，等于各组成环节刚度倒数之和，也即工艺系统的柔度等于各组成环节柔度之和。因此，在分析、研究和计算各组成环节的刚度后，即可知系统的刚度及其特性。

1. 工艺系统中部件的变形

单个零件的刚度，一般尚可构造力学模型作近似计算，但对于由若干零、组件组成的部件，刚度的计算就十分复杂和困难。在实践中一般均用试验的方法来测定。图 5-10 所示为某车床刀架部件的刚度曲线。

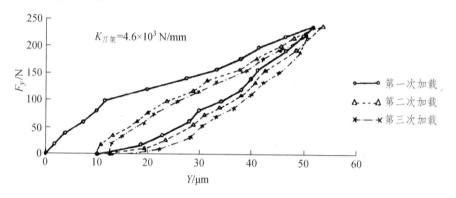

图 5-10　车床刀架的刚度曲线

图 5-10 所示为三次加载和卸载的曲线，由图可知：

① 力和变形的关系是非线性的，曲线各区间的斜率是该区间的刚度，这说明系统的刚度是随着载荷的大小而改变的；

② 加载和卸载曲线不重合，这说明在这一过程中有能量损失，此能量用以克服零件间的摩擦力所做的功，以及接触面之间的变形所做的功；

③ 卸载后变形曲线恢复不到原有位置，这说明有残留塑性变形，反复加、卸载后，塑性变形逐渐减小。

由刀架刚度曲线可知，刀架的平均刚度为

$K_{刀架} = 240 / 0.052 = 4.6 \times 10^3$（N/mm）

有以下几个主要因素影响部件的刚度：

（1）连接表面间的接触变形。

两个表面相接触时，在法向作用载荷后，两个表面就要趋近，其位移量是表面压强的递增函数，如图 5-11（a）所示。

压力 ΔP 和位移增量 ΔY 增量之比，称为接触刚度，即

$$K_c = \Delta P / \Delta Y \qquad [\text{N}/(\text{mm}^2 \cdot \mu\text{m})] \qquad （5-20）$$

在机械加工后的零件表面上，都有宏观的几何形状误差和微观的粗糙度，所以零件间的接触只是表面粗糙度的个别凸峰的接触，表面的接触变形主要是这些凸峰的变形，如图 5-11（b）所示。

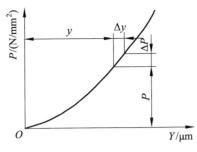
（a）表面压强和位移量的关系

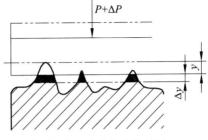
（b）两表面波峰接触情况

图 5-11　表面接触变形

随着法向载荷增加，表面微观凸峰的接触数目逐渐增多，接触的弹性变形也不断增大，当接触应力超过弹性变形的极限时，部分凸峰就产生塑性变形，导致位移量加大。

影响表面接触刚度的主要因素有下述两方面。

① 表面的形状误差和粗糙度。

表面的形状误差和粗糙度数值对凸峰接触数起决定性的影响。表面越粗糙，接触刚度越小。表面形状误差越小，则实际接触面积越大。如机床的导轨及某些工件的平面，进行铲刮加工，增多接触斑点数，以提高接触刚度 K_c 的数值。

② 材料硬度。

材料硬度对接触变形也有较大的影响，材料硬度越高，接触变形越小。这是因为较硬材料的屈服极限较高，塑性变形较小。

（2）低刚度零件本身的变形。

在部件中，往往有个别零件的刚度较低。如刀架和溜板部件中常用的楔铁，由于结构细长，刚性差，加以在制造时不易做得平直准确，因而在工作时接触不良，在外力作用下，楔铁容易产生变形，使刀架系统的刚度大大下降。又如某些轴承套是薄壁件，由于几何形状不准确而接触不良，而使整个系统的刚度大为降低。

（3）间隙的影响。

若对某部件从正反两个方向加载和卸载时，则其刚度曲线如图 5-12 所示。

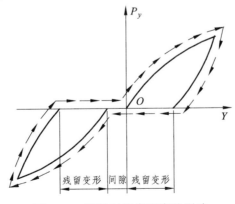

图 5-12　间隙对机床刚度的影响

在实际加工中，若只是单向受力，在第一次加载后就能消除间隙。若在加工过程中要改变受力的方向时，间隙的位移就要影响加工精度。

2. 工艺系统刚度对加工精度的影响

在机械加工过程中，整个工艺系统处于受力状态，加工后工件的尺寸误差和形状误差，将随系统的受力状态和刚度的变化而变化。对加工精度的影响，一般有下列几种主要的形式。

（1）切削力大小的改变。

由于加工余量和材料硬度的不均匀，会引起切削力和工艺系统受力状态的变化，从而影响工件的加工精度。

图 5-13 所示为加工一个偏心的毛坯，在工件每一转中，切削力将从最小变到最大，再返回到最小，工艺系统的变形也随之而有相应的变化。所以加工后的工件表面，仍是有偏心的，这种现象称为误差复映。

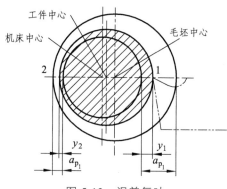

图 5-13 误差复映

设最大余量为 a_{p1}，最小余量为 a_{p2}，那么毛坯的最大余量差 Δa_p 为

$$\Delta a_p = a_{p1} - a_{p2} \tag{5-21}$$

由于工艺系统在加工 "1" 点和 "2" 点处的刚度可近似地看作相等（K），则在 "1" 和 "2" 点处的变形为

$$y_1 = P_{y1} / K \tag{5-22}$$

$$y_2 = P_{y2} / K \tag{5-23}$$

则工件的形状误差 Δ 为

$$\Delta = y_1 - y_2 = \left(P_{y1} - P_{y2} \right) / K \tag{5-24}$$

根据切削原理，可以近似认为，切削分力 P_y 和背吃刀量 a_p 成正比，那么

$$P_y = c a_p \tag{5-25}$$

式中，c 是一个常数，因此有

$$\Delta = \frac{1}{K} \left(P_{y1} - P_{y2} \right) = \frac{c}{K} \left(a_{p1} - a_{p2} \right) = \frac{c}{K} \Delta a_p \tag{5-26}$$

也即

$$\frac{\Delta}{\Delta a_p} = \frac{c}{K} = \xi \tag{5-27}$$

由于 c 是一个常数，所以当工艺系统的刚度 K 一定时，即 ξ 为一个常数，这个常数称为误差复映系数，则 Δ 称为复映误差。

误差复映系数 ξ 是一个小于 1 的正数，当一次走刀后若 Δ 仍超过公差，则可再走刀一次，即将第一次的复映误差作为毛坯误差，经过加工后的第二次复映误差就进一步减小。所以，毛坯误差的复映程度随着走刀次数的增加而越来越小。

（2）切削力作用点位置的改变。

工艺系统的刚度是随受力点的位置改变而变化的。所以，当切削力作用点改变时，则使工件在加工后的尺寸不一而产生形状误差。

图 5-14 所示为在车床上两个顶尖间加工轴的情况。

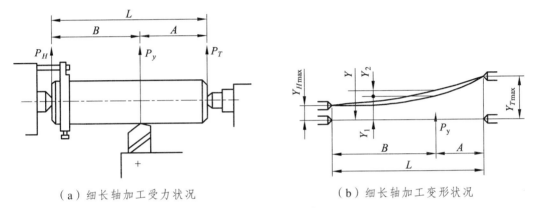

（a）细长轴加工受力状况　　　　　　　（b）细长轴加工变形状况

图 5-14　细长轴的车削

设 P_y 不变，且工件及刀具的刚度极大，其变形可忽略不计。在切削力作用下，刀架及前、后顶尖要产生位移。因为刀架的变形量在工件全长上是一个常数，所以它只影响工件直径的尺寸精度，而不会影响工件纵向的几何形状。前、后顶尖的变形则与切削力的作用点位置有关。

设工件全长为 L，刀具位于距前顶尖 B 处时，前顶尖处所受的分力 P_H 为

$$P_H = P_y \cdot \frac{L-B}{L} = P_y \cdot \frac{A}{L} \tag{5-28}$$

式中，$A+B=L$。

后顶尖处所受的分力 P_T 为

$$P_T = P_y \cdot \frac{B}{L} \tag{5-29}$$

设前、后顶尖处的刚度分别为 K_H 和 K_T，则前、后顶尖处的位移为

$$Y_H = \frac{P_H}{K_H} = \frac{A}{L} \cdot \frac{P_y}{K_H} \tag{5-30}$$

$$Y_T = \frac{P_T}{K_T} = \frac{B}{L} \cdot \frac{P_y}{K_T} \tag{5-31}$$

此时，前、后顶尖的连线就是工件的轴线，在距前顶尖 B 处轴心线变形的位移量为

$$Y_1 = Y_H + \left(Y_T - Y_H\right) \cdot \frac{B}{L}$$

$$= Y_H \cdot \left(1 - \frac{B}{L}\right) + Y_T \cdot \frac{B}{L}$$

$$= \frac{P_y}{K_H} \cdot \left(\frac{L-B}{L}\right)^2 + \frac{P_y}{K_T} \cdot \left(\frac{B}{L}\right)^2$$

$$= \frac{P_y}{K_H} \cdot \left(\frac{A}{L}\right)^2 + \frac{P_y}{K_T} \cdot \left(\frac{B}{L}\right)^2 \tag{5-32}$$

当 $B=0$ 时，前顶尖的变形达到最大值，即 $Y_{H\,\max} = \dfrac{P_y}{K_H}$

当 $B=L$ 时，后顶尖的变形达到最大值，即 $Y_{T\,\max} = \dfrac{P_y}{K_T}$

由于加工时工件不可能是绝对刚体，一定也有变形，而且有时也会有很大的变形。现设前、后顶尖的刚度极大，其变形量可以忽略不计。在切削力 P_y 的作用下，工件要产生弯曲变形，在工件轴向的不同位置上，工件弯曲变形的位移量为

$$Y_2 = \frac{P_y}{3EJ} \cdot \frac{A^2 + B^2}{L} \tag{5-33}$$

式中 E——工件材料的弹性模数；

  J——工件截面的惯性矩。

由于工件在加工时，机床和工件都有变形，因此，影响工件纵向几何形状的变形位移量（见图 5-14）为

$$Y = Y_1 + Y_2 = \frac{P_y}{K_H} \cdot \left(\frac{A}{L}\right)^2 + \frac{P_y}{K_T} \cdot \left(\frac{B}{L}\right)^2 + \frac{P_y}{3EJ} \cdot \frac{A^2 + B^2}{L} \tag{5-34}$$

（3）其他作用力的影响。

在加工过程中，除了切削力之外，还有很多作用力使工艺系统的某些环节产生变形，从而造成加工误差。

① 夹紧力引起的变形。

如图 5-15（a）为一薄壁套筒，加工时在三爪卡盘夹紧力的作用下产生了夹紧变形［见图 5-15（b）］。然后，对内孔进行加工，使之成为比较准确的圆形［见图 5-15（c）］，当工件在卡盘上卸下后，由于工件的弹性恢复，孔将出现三角棱圆的形状［见图 5-15（d）］，因而造成误差。

所以，对于低刚度的工件，必须注意夹紧变形的影响。如在加工时，在工件外圆上加上一个开口衬套［见图 5-15（e）］或使用软三爪卡盘［见图 5-15（f）］，就可以减小夹紧变形。在生产量较大时，可采用弹簧夹筒或液性塑料夹具，使夹紧力均匀，以减小夹紧变形。

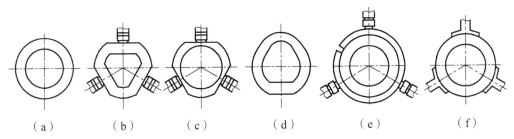

（a）　　　　（b）　　　　（c）　　　　（d）　　　　（e）　　　　（f）

图 5-15　夹紧力引起的形状误差

② 惯性力引起的变形。

在高速加工中，如果工艺系统中有不平衡的高速旋转的构件存在，就会产生不平衡的离心力，从而影响变形而造成工件的形状误差。

在这种情况下，一般是采取平衡块的办法使离心力互相抵消。若难以采取这种方法，则只能适当地降低转速以减小离心力对加工精度的影响。

③ 工件重力引起的变形。

在加工大型工件及组合件时，工件本身的质量较大，由自重引起变形而产生的形状误差，往往是这类加工中产生误差的重要原因。所以在实际生产中，经常采用布置辅助支承来减小其影响。

3. 减小工艺系统受力变形的途径

为减小工艺系统的受力变形，在生产中常用的方法有：提高工艺系统的刚度；减小载荷及其变化。

（1）提高工艺系统的刚度。

提高系统刚度常用的措施有：

① 在结构设计方面，提高系统各环节的零部件的惯性矩；

② 提高配合面的质量，以提高接触刚度；

③ 对系统进行合理的调整，以保持适当的预载和合理的间隙；

④ 减小系统中支点间的跨度和悬臂的长度，合理地设置辅助支承等。

（2）减小载荷及其变化。

减小切削力和其他作用力及其在加工过程中的变化，对减小受力变形也有很大影响，在生产中常用的工艺措施有：

① 合理地选择切削工具的材料及有关几何参数，以减小切削力；

② 合理安排热处理，以改善材料的加工性能；

③ 选择合理的加工用量；

④ 保持均匀的余量，以减小切削力的变化；

⑤ 控制夹紧力的大小及其分布，以及减小离心力等。

5.2.5　工艺系统的热变形误差

在机械加工过程中，工艺系统由于受热而引起变形，从而影响加工精度。尤其是在精密加工时，由于热变形而引起的加工误差，一般占总加工误差的 40%～70%。

引起工艺系统热变形的热源，包括切削热、机床运动部分的摩擦热、动力源系统所产生的热以及环境温度的变化等。另外，从外部的辐射、对流而传来的热，有时也要影响工艺系统的变形。

一般切削热可按下式计算：

$$Q = F_z \cdot v \cdot t \quad （J）\tag{5-35}$$

式中　F_z ——主切削力（N）；

　　　v ——切削速度（m/s）；

　　　t ——切削时间（s）。

切削热主要由切屑、工件和刀具等介质传导。在切削加工时所产生的切削热，分配给工件、工具和切屑的百分比是随加工方法和加工条件的不同而变化的。

在车削加工时，大量切削热为切屑所带走，而且切削速度越高，带走的热量也越多。传给工件的热量一般在30%以下，高速加工时，可在10%以下。传给工具的热量则更少，一般在5%以下。

对于铣削，传给工件的热量，一般在30%以下。对于钻孔，因有大量的切屑留在孔内，传给工件的热量，一般在50%左右。

对于磨削加工，据试验，传给磨屑的热量相当少，仅为4%左右。而大量的热（84%左右）传给工件，传给砂轮的热则为12%。因此，磨削时工件表面的温度较高，有时达800~1 000 ℃，所以要特别注意磨削时工件热变形对精度的影响。

1. 刀具热变形对加工精度的影响

在切削过程中，虽然传给刀具的切削热的百分比不大，但因刀体较小，热容量小，所以刀具仍有相当程度的温升，特别是刀具从刀架悬伸出来的部分，温升较高，受热的伸长量也较大。

车刀在加工时的伸长量如图5-16中曲线 A 所示。从曲线可以看出，开始切削时温升中曲线较快，伸长也较快，以后温升逐渐变缓，直至热平衡。

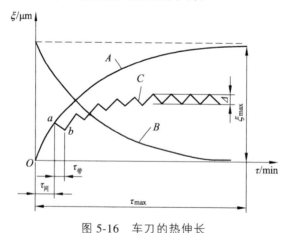

图 5-16　车刀的热伸长

当切削停止后，刀具温度立刻下降，开始时冷却较快，而后逐渐减缓，如图5-16中曲线 B 所示。

在一般情况下，刀具的切削工作是间断的，即在装卸工件等非切削的时间内，刀具有一段冷却时间。在切削时间 O 点伸长到 a 点，在非切削时间内，温度下降，刀具由 a 缩减至 b 点，随着加工的继续进行，伸长与缩短渐趋稳定。经过一段时间后达到热平衡，最后保持在 $\varDelta$ 范围内变动，如图中曲线 C 所示。所以，在间断切削时，刀具的变形量较连续切削时为小。

在采用其他加工方法切削时，也会发生刀具的热变形问题。多齿刀具属于间断切削，温升及变形量较连续切削时小些。

刀具热变形要影响工件的尺寸。连续加工时则要影响几何形状，如车长轴时可能要产生锥度。

为了减小刀具的热变形，应合理地选择切削用量和刀具切削的几何参数，而更重要的措施则是使用冷却液。

2. 工件热变形对加工精度的影响

在加工过程中，工件受切削热的影响而产生热变形，当工件均匀受热时，一般只引起工件尺寸的变化。在稳定的温度场中，工件热变形可按下列计算：

$$\Delta L = \alpha \cdot L \cdot \Delta t \quad (\text{mm}) \tag{5-36}$$

式中 α——工件的线膨胀系数（$℃^{-1}$）；

Δt——工件的温升（$℃$）；

L——热变形方向的工件尺寸（mm）。

如在磨削轴套（钢，$\alpha = 1.17 \times 10^{-5}/℃^{-1}$）外径时，直径等于 112 mm，磨削时温度由室温 18 ℃均匀地升高到 37 ℃，则直径尺寸的热变形量为

$$\Delta d = 1.17 \times 10^{-5} \times 112 \times (37 - 18) = 0.025 \ (\text{mm})$$

即当工件加工完检测的尺寸，冷却至室温时，直径将减小 0.025 mm。

由于工件受热后的变形与材料的线胀系数、工件尺寸及温差有关，而在航空、航天产品的生产中，大尺寸的铝、镁合金零件又较多，因铝、镁合金的线胀系数为钢材的两倍左右，所以受热而引起的变形量也大得多。因此，在工艺设计中应特别注意。

在切削过程中，工件往往不是均匀地受热，这将因各部位变形不同而造成形状误差。

另外，在装夹工件时，也应考虑加工时由于受热而引起的膨胀问题，若没有伸长的余地，则工件就要在刚度较低的方向产生变形，从而造成形状误差。

为减小工件热变形对加工精度的影响，可采取下列工艺措施：

（1）切削区进行充分冷却；

（2）提高切削速度，使传入工件的热量减少；

（3）及时刃磨刀具，以减少切削热；

（4）加工及检测前进行足够的冷却；

（5）在夹紧状态下，有伸缩的余地。

3. 机床热变形对加工精度的影响

由于机床的结构和工作条件不同，所以引起机床热变形的情况也是多种多样的。不均匀的温度场导致不同程度的热变形，从而影响加工过程中工件和切削工具的相对位置，而使加工精度下降。

机床热变形对加工精度的主要影响因素如下：

（1）主轴位置的变化；

（2）影响切削工具和工件位置的传动丝杠的伸长；

（3）导轨和工作台的翘曲等。

在加工比较精密的工件时，为减少机床热变形的影响，常在加工前使机床空转一段时间，待基本达到热平衡后再进行加工。

当室温变化对加工精度有较大的影响时，可采取恒温加工与测量，以减少因温差与线胀系数不同而产生的误差，这对精密零件的加工是必要的。

5.2.6 残余应力引起的变形误差

内应力是在没有外加载荷的情况下，存在于工件材料内部的应力。

工件经过冷热加工后，一般都要产生内应力。如毛坯的锻、铸、淬火热处理及冷校正和切削加工等，都会在不同程度上使工件产生内应力。在通常情况下，内应力处于平衡状态，对具有内应力的工件进行切削加工时，工件内应力原有的平衡状态遭到破坏，在重新平衡时，将使工件产生变形。

如某型发动机的涡轮叶片，在进行机械加工后，叶身型面留有 0.04 mm 的抛光余量。当均匀地抛去叶盆的 0.04 mm 余量后，叶型产生了变形，叶盆最低点向上变形了 0.04 mm，当继续在叶背上均匀地抛去 0.04 mm 的余量后，叶盆最低点又向下变形了 0.07 mm。因此，叶盆由于内应力变形的影响，其最低点向下变形了 0.03 mm，如图 5-17 所示。

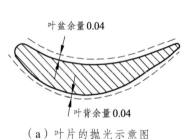

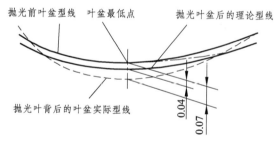

（a）叶片的抛光示意图　　　　　　　（b）叶片抛光后的变形

图 5-17　涡轮叶片的残余应力变形

当工件表面的内应力超过材料的强度极限时，就会产生裂纹。内应力对加工精度和表面质量都有很大的影响。有时为了提高抗疲劳强度，可采用专门的工艺方法（如喷丸和滚压等），使表面获得残余压缩应力。但必须注意，内应力的平衡过程是比较缓慢的。当工件的刚度较低时，就会慢慢地产生变形。

由此可见，对于精度要求高的低刚度工件，必须采取措施，以减小内应力变形对加工精度的影响。

在生产过程中，为减小内应力变形对精度的影响，常采取下列工艺措施：

（1）适当安排热处理工序，如高温时效、低温时效等，以消除或减小热加工和切削加工（主要是粗加工）所产生的内应力。对于精密零件，有时安排多次时效热处理以消除内应力，使其变形减小和尺寸稳定。

（2）将工艺过程划分成阶段加工，使内应力对变形的影响逐渐减小。

（3）控制加工用量和切削工具的磨损情况，使工件在加工过程中产生的内应力变形得以控制。

（4）采用某些特种工艺方法，如电解加工、电抛光和化学铣切等，以减小或消除因本工序加工而产生的内应力。

5.2.7 伺服系统误差

在现代高速高精度数控加工中，伺服驱动精度控制与保持至关重要，在数控机床安装调试及日常使用过程中，伺服驱动必须获得良好的精度及性能匹配。特别是在机床的使用维护中，随着机床老化，为保持其精度必须对控制系统部分参数及部件进行调整，加工环境的变化同样需要进行调整。

伺服精度包括定位精度、跟随精度、重复定位精度等，现有的数控机床多采用闭环控制系统，因此其定位精度、重复定位精度已有很大的提高，在实际的控制过程中，由于反馈作用，已能将定位精度控制得很高。而跟随精度一直是伺服控制系统性能研究的重点，并且在数控加工这种随动系统中，跟随精度的大小直接影响到机床的加工性能。伺服系统的跟随精度是指由于系统的惯性作用，使得输出产生对输入的滞后效应。在单轴运动控制中，这种滞后效应对运动精度并没有影响，因为在运动即将结束时，控制系统有足够的时间对这种滞后效应做出调整，因此可以将滞后弥补；而在联动控制过程中，伺服系统对滞后效应的调整时间很短或者没有调整时间，因此这种滞后将一直存在，使得与联动轴的滞后效应产生耦合，最终导致轮廓误差的出现。

动力特性对伺服精度的影响研究中，动力特性主要包括系统干扰输入、进给速度和机床加载的质量转化成系统负载惯量后对伺服响应特性及精度的影响研究。由于此三项动力特性为外加特性，因此在研究此三项动力特性对伺服精度的影响时，伺服系统已有稳定的控制性能，此研究是针对外在特性打破系统稳定的研究。

伺服系统主要的干扰输入有两种，即切削力和摩擦力干扰，作为负载，二者随运动状态的改变而改变，负载的变化必然导致驱动电机原本所处的平衡打破，并随负载建立新的驱动平衡。在新平衡与旧平衡之间过渡时，将不可避免地产生驱动状态的改变和调整，反映在位置精度上，出现一定的偏差将不可避免。

伺服系统的联动误差也就是轮廓误差，是对整个驱动系统运动精度的整体评价。加工轮廓误差，是指实际位置与指令位置在轮廓轨迹上指定点处法线上的偏差。虽然轮廓误差可作为数控机床的重要评价指标，但在控制过程中却不能对其进行直接控制。

引起轮廓误差的因素众多，其受到机械和电气两大方面因素的影响。机械误差方面有机床的结构误差、热变形等，此两种机械误差源，人们已能对其进行测量和建模，并在加工中予以补偿，并且机械误差因素对伺服系统的影响有限，它基本上是直接构成了轮廓误差的组成。电气误差方面，主要是伺服系统的跟随误差，此方面不仅对轮廓误差产生影响，并且在高速进给加工中，此种影响还会更加突出。根据自动控制理论，由于系统惯性的存在，不可避免地将产生跟随误差，那么在多轴联动的轮廓加工时，各单轴的跟随误差将反映在加工曲线轮廓上，最终形成轮廓误差。

轮廓误差的定义为刀具的实际位置距指定轨迹在轨迹法线方向上的偏差，如图 5-18 中的 ε，图中 R 为指令位置，P 为实际运动位置，L 为在指令位置指定点处的切线，e 为跟随误差。跟随误差 e 被定义为实际位置距指令位置间的偏差，各沿轴上的分量表示为 e_x 和 e_y。从此定义可以看出，轮廓控制与误差补偿的目标是使实际运动轨迹趋向于期望的轨迹。

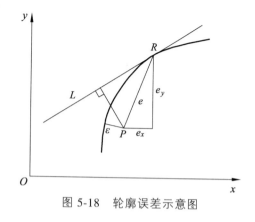

图 5-18　轮廓误差示意图

目前，减少轮廓误差的主要途径有以下几点：

（1）采用先进的补偿技术及控制策略，分别减小各轴的跟踪误差，改善各运动轴位置控制环的性能，从而间接提高系统的轨迹精度。目前此方法虽被普遍采用，但是多轴联动带来的轮廓误差并不能从根本上消除。

（2）在不改变各轴位置环的情况下，通过采用耦合轮廓误差的补偿办法，向各轴提供附加补偿，使得系统的轮廓误差减小甚至是消除，或直接采用交叉耦合控制器的办法，但其运用受到很大限制，原因在于此方法实时计算量过大。

从误差控制方面，伺服系统研究有两个方面：一是设计方面，二是优化控制方面。在设计方面，伺服误差控制主要通过运用最新研究理论设计新型控制器，从根本上消除或减小伺服误差，此种方法在理论上比较成熟地采用遗传算法、神经网络技术的智能系统、专家系统及迭代学习型自适应系统。这些方法往往局限于机床的设计层面，在应用与机床维护时，由于改变了机床的控制结构，对机床硬件的调整过大，通常不容易实现或代价过高。

另一种伺服系统误差优化控制，则常用于机床的维护方面，此种方法不对机床软硬件结构做调整或改变，只是通过建模及分析手段，获得各机械参数和电气参数对伺服误差的影响规律，通过某种调试手段，使得各参数获得最佳的匹配性能，进而在现有基础上减小伺服误差，并且在部分中高端数控系统中带有自测软件系统，通过该软件系统可以方便实现对伺服系统的优化调试，包括系统稳定性、单轴跟随误差、两轴联动误差等性能调试。其缺点也较为明显，如无法对三轴以上的联动耦合误差及旋转摆动轴误差进行测量调试，软件系统对精度较高的数控机床仍不能满足性能优化调试的需要，并且调试过程复杂，对经验依赖度较大，对机床性能提高程度有限，优化最好性能仍不能超过机床的设计性能。

5.3　加工误差的统计分析

5.3.1　系统误差和随机误差

引起加工误差的因素很多且很复杂。为分析一批工件的加工是否正常、稳定，不能以某一个工件的检验结果来判断，而需要对一批工件的误差进行统计分析，才能得出正确的结论。

根据一批工件的误差出现规律，误差可分为系统误差和随机误差两类。

1. 系统误差

顺次加工一批工件时，误差的大小和方向始终保持不变，或按照一定的规律逐渐变化，称为系统误差。前者称为常值系统误差，后者称为变值系统误差。

如铰孔时，铰刀直径不正确所引起的工件误差就是常值系统误差。又如在车削加工时，由于刀具的磨损所引起的工件误差，则是变值系统误差。工艺系统中某些环节的温度变形，也会引起变值系统误差。

2. 随机误差

顺次加工一批工件时，误差的大小和方向不规则地变化着，这种误差称为随机误差（或称偶然性误差）。如用铰刀铰孔时，在相同的加工条件下，孔径的尺寸仍然不同。这可能是由加工余量有差异、材料的硬度有不均等因素所引的。这些因素是变化的，作用的情况又很复杂，所以一般常采用数理统计的方法来分析随机误差的影响，从而采取必要的工艺措施来加以控制。

在生产实践中，常用统计法来研究机械加工精度。这种方法是以现场观察和实测有关的数据为分析基础的，用概率和统计的方法对这些数据进行处理，从而揭示各种因素对加工精度的综合影响。常用的统计分析方法有分布曲线法和点图法。

5.3.2 分布曲线法

分布曲线法是测量一批工件在加工后的实际尺寸，根据测量所得到的数据作尺寸散布的直方图，得到实际的分布曲线，然后根据公差要求和分布情况进行分析。

分布曲线的绘制方法如下：

测量加工后 n 个工件的尺寸 X_i（$i=1$，$\cdots$，n），按实际尺寸以组距 ΔX 分为 j 组，各组内工件的数目 m_i 称为频数，频数和工件总数的比值 m_i/n 称为频率。以尺寸为横坐标，频数（或频率）为纵坐标，即可绘制出尺寸分布的直方图。

如磨削 100 个工件，工件直径 $X = 80_{-0.03}$ mm，$\Delta X = 0.002$ mm，工件尺寸的频数分布如表 5-1 所示。

表 5-1　频数分布表

组号 j	尺寸范围/mm	频数分布 5 10 15 20	频数 m_i	频率 m_i/n
1	79.988~79.990	|||	3	0.03
2	79.990~79.992	||||||	6	0.06
3	79.992~79.994	|||||||||	9	0.09
4	79.994~79.996	||||||||||||||	14	0.14
5	79.996~79.998	||||||||||||||||	16	0.16
6	79.998~80.000	||||||||||||||||	16	0.16
7	80.000~80.002	||||||||||||	12	0.12
8	80.002~80.004	||||||||||	10	0.10

组号 j	尺寸范围/mm	频数分布 5 10 15 20	频数 m_i	频率 m_i/n
9	80.004~80.006	‖‖‖	6	0.06
10	80.006~80.008	‖‖‖	5	0.05
11	80.008~80.010	‖‖	3	0.03
总 计			100	1.00

根据表中数据，即可绘制出如图 5-19 所示的直方图。

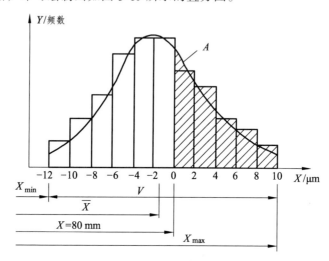

图 5-19 尺寸分布直方图

当所取工件数增加而尺寸分组的组距取得很小时，直方图将接近于光滑的曲线，如图 5-19 中的曲线 A 所示。

在数理统计中，表示一批工件尺寸分布的状态，可用两个数字特征来代表，即算术平均值：

$$\overline{X} = \frac{1}{n}\sum_{i=1}^{j} X_i m_i \tag{5-37}$$

标准差：

$$S = \sqrt{\frac{1}{n}\sum_{i=1}^{j}\left(X_i - \overline{X}\right)m_i} \tag{5-38}$$

式中　　X_i——第 i 组工件的组中值；

$\quad\quad m_i$——第 i 组工件的频数；

$\quad\quad j$——分组的组数。

在上例中，平均尺寸（$\overline{X}$）为

$$\overline{X} = \frac{78.889\times3 + 79.991\times6 + \cdots + 80.009\times3}{100} = 79.998\,5\ (\text{mm})$$

标准差为

$$S = \sqrt{\frac{(79.889-79.998\,5)^2\times3+\cdots+(80.009-79.998\,5)^2\times3}{100}} = 0.004\,8 \text{（mm）}$$

由直方图和上述计算可知，包络直方图的线，就是实际分布曲线。算术平均值，亦即平均尺寸 $\overline{X}$ 表示曲线的分布中心，是误差的集积中心，它可以决定整个分布曲线的位置。由上述计算 $\overline{X}$=79.998 5 mm。而公差带中心是在 79.985 mm 处。两者并不重合，相差 0.013 5 mm。

该批工件的尺寸散布界，即最大尺寸与最小尺寸之差为

$$V = X_{\max} - X_{\min} = 80.010 - 79.988 = 0.022 \text{（mm）}$$

虽然散布界（0.022 mm）小于工件的公差（0.03 mm），但由于平均尺寸和公差带不重合，所以还是出现了部分废品（图 5-19 中阴影部分）。

在数理统计中，S 表示所测这一部分工件的标准差，通常称为样本标准差，一般由于总体的标准差 σ 难以计算，所以通常用 S 来代表 σ 进行计算。

S（或 σ）表示该批工件的尺寸与算术平均值 $\overline{X}$ 的偏离程度，S 越大，则工件尺寸偏离 $\overline{X}$ 越远，即尺寸分散度大，加工误差大。S 越小，靠近平均尺寸的工件数就越多。而散布界只能确定分散的范围。如图 5-20 所示的两种散布情况，虽然散布界相同，但 $\sigma_1 < \sigma_2$，所以第一种情况的分布，其靠近平均尺寸的工件频数也较大。

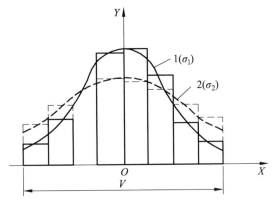

图 5-20　标准差对散布的影响

由上述分析可知，$\overline{X}$ 和 S 这两个数字特征，可以用来描述所测工件尺寸的分布情况，即分布的中心位置和分散度。

为便于分析研究，并导出一般规律，应建立对实际分布曲线进行数学描述的数学模型。由数理统计可知，相互独立的大量微小的随机变量总和的分布，总是接近于正态分布（高斯分布）。实践证明，用自动获得尺寸精度法在机床上加工一批工件时，在无某种优势的因素影响时，加工后尺寸的散布，是符合正态分布的。

正态分布的概率分布密度函数为

$$f(X) = \frac{1}{\sigma\sqrt{2\pi}} \mathrm{e}^{\frac{-(X-\mu)^2}{2\sigma^2}} \quad (-\infty < S < +\infty, \ \sigma > 0) \tag{5-39}$$

式中　μ——随机变量总体的算术平均值；

　　　　σ——随机变量总体的标准差。

正态分布的曲线图形如图 5-21 所示。

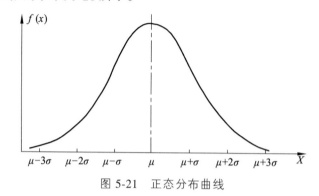

图 5-21　正态分布曲线

正态分布的特性如下：

（1）正态分布曲线为钟形，曲线以 X 轴为渐近线。曲线对称于 $X=\mu$ 这一直线。

（2）曲线在 $X=\mu$ 时，有极大值：

$$f(\mu) = \frac{1}{\sigma\sqrt{2\pi}}\qquad\qquad(5\text{-}40)$$

（3）曲线的数字特征 σ 与 μ 决定了曲线的位置和形状。

如果改变 μ 的值，σ 为常数，则分布曲线将沿横坐标移动而不改变曲线形状，μ 是表征曲线位置的，如图 5-22（a）所示。

如果改变 σ 值，因为 $f(\mu)$ 与 σ 成正比，所以 σ 越小，则 $f(\mu)$ 越大，曲线形状越陡；σ 越大，则曲线形状越平坦。所以 σ 是表征曲线形状的，如图 5-22（b）所示。

（4）正态分布曲线 $X=\mu\pm\sigma$ 处有两个拐点，$(\mu-\sigma)<X<(\mu+\sigma)$ 时，曲线是凸的，在其他区间，曲线是凹的。

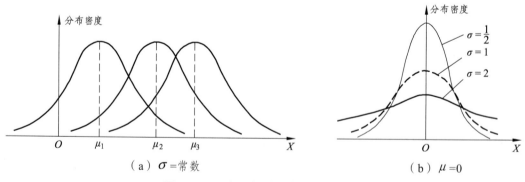

（a）$\sigma=$ 常数　　　　　　　　　　（b）$\mu=0$

图 5-22　μ 和 σ 值对分布曲线的影响

（5）正态分布曲线下面所包含的面积为

$$F(X) = \int_{-\infty}^{\infty} f(X)\mathrm{d}X = \int_{-\infty}^{\infty} \frac{1}{\sigma\sqrt{2\pi}}\mathrm{e}^{\frac{-(X-\mu)^2}{2\sigma^2}}\,\mathrm{d}X = 1$$

当 $X = \mu \pm 3\sigma$ 时：

$$F(X) = 0.997\ 3 = 99.73\%$$

即绝大部分面积（99.73%）在 $X = \mu \pm 3\sigma$ 的范围内。

算术平均值 $\mu = 0$，标准差 $\sigma = 1$ 的正态分布曲线，记为 $N(0,1)$，称为标准正态分布曲线。

任何不同的 μ 与 σ 的正态分布曲线，均可通过坐标变换，即 $Z = (X - \mu)/\sigma$ 变为标准正态分布。因此，就可以用标准正态分布的函数值来求各种正态分布的函数值。

当横坐标用 Z 以后，在新坐标系下的概率分布密度函数为

$$f(Z) = \frac{1}{\sqrt{2\pi}} e^{-\frac{Z^2}{2}} \tag{5-41}$$

如果要求从 $-Z$ 到 Z 区间的概率，即为此区间内正态分布曲线与横坐标之间的面积：

$$F(X) = \int_{-Z}^{Z} f(Z) \mathrm{d}Z = \frac{1}{\sqrt{2\pi}} \int_{-Z}^{Z} e^{-\frac{Z^2}{2}} \mathrm{d}Z \tag{5-42}$$

对于各种不同的 Z 值得 $F(Z)$ 值，可由表 5-2 查出。

表 5-2　正态函数分布表

Z	$F(Z)$	Z	$F(Z)$
0.00	0.000 0	1.70	0.910 8
0.05	0.039 8	1.80	0.928 2
0.10	0.079 6	1.90	0.942 5
0.20	0.158 6	2.00	0.954 4
0.30	0.235 8	2.10	0.964 2
0.40	0.310 8	2.20	0.972 2
0.50	0.383 0	2.30	0.978 6
0.60	0.451 4	2.40	0.983 6
0.70	0.516 0	2.50	0.987 6
0.80	0.576 2	2.60	0.990 6
0.90	0.631 8	2.70	0.993 0
1.00	0.682 6	2.80	0.994 8
1.10	0.728 6	2.90	0.996 3
1.20	0.769 8	3.00	0.997 3
1.30	0.806 4	3.10	0.998 1
1.40	0.838 4	3.20	0.998 6
1.50	0.866 4	3.30	0.999 0
1.60	0.890 4	3.40	0.999 3

当 $Z=3.0$，即 $X = \mu \pm 3\sigma$ 以外的概率只占 0.27%，这个数值很小，在工程上一般可忽略不计。因此，若尺寸散布符合正态分布，并对称于公差带的中值，则规定的公差 $\geqslant 6\sigma$ 时，可以认为产生废品的概率很小而可以忽略不计。

当采用理论分布曲线代替实际加工尺寸的分布曲线时，密度函数的各参数可以分别取：

X——工件尺寸；

μ——工件的平均尺寸，即 $\mu = \overline{X}$；

σ——标准差，即 $\sigma = S$；

n——工件总数。

为了使实际分布曲线能与理论曲线相比较，在绘制实际分布曲线时，纵坐标不采用频数，而采用分布密度：

$$分布密度 = \frac{频数}{工件总数 \times 组距} = \frac{频率}{组距}$$ （5-43）

在采用分布密度后，直方图中每一矩形面积就等于该组距内的频率，所有矩形面积之和将等于 1。

利用分布曲线，可对某些加工情况进行分析和判断。一般常用于下述几种情况。

① 判别加工误差的性质。

在加工测量、统计并绘制出直方图后，即可计算 $\overline{X}$ 和 S 值。当 $\overline{X}$ 值和公差带中心有偏离时，应从系统误差方面的影响进行分析。若 $6S$ 的数值比公差大，则应从随机误差来分析影响因素。

② 分析工艺能力。

工艺能力是指工序所用的加工方法、设备、工艺装备及调整方法等对工件加工质量的控制能力，常用工艺能力系数 C_p 来评定：

$$C_p = \delta / (6\sigma)$$ （5-44）

式中　δ——工序公差；

　　　σ——工序加工精度的标准差。

所以 C_p 值的意义是表示工序公差和加工误差之比。C_p 大，工艺能力强。一般根据 C_p 值的大小，将其分为五个等级。

特级：$C_p > 1.67$，$\delta > 10\sigma$，工艺能力过高，不经济；

一级：$1.67 > C_p > 1.33$，$\delta = (8 \sim 10)\sigma$，工艺能力足够；

二级：$1.33 > C_p > 1.00$，$\delta = (6 \sim 8)\sigma$，工艺能力一般；

三级：$1.00 > C_p > 0.67$，$\delta = (4 \sim 6)\sigma$，工艺能力不足，要产生废品；

四级：$0.67 > C_p$，$\delta \leqslant 4\sigma$，工艺能力极差，无法使用。

在机械工业部门，特别是航空、航天工业部门，常采用一、二级工艺能力，以保证质量，不允许使用三、四级工艺能力。

③ 计算合格品和废品率。

例 1：一批工件加工后的尺寸散布符合正态分布，参数 $\mu = 0$ mm，$\sigma = 0.005$ mm，公差 $\delta = 0.02$，公差带中值位于 $\mu = 0$ mm 处，求废品率。

解：因为公差 $\delta = 0.02$，所以允许的散布界为 $X = \pm 0.01$。

所以： $Z = 0.01/0.005 = 2$

由正态分布表可知：

$$F(Z) = 0.9544$$

所以废品率为

$$P = 1 - 0.9544 = 0.0456 = 4.56\%$$

例 2：一批工件的工序尺寸要求是 $X = 20^{+0.1}\,\text{mm}$，加工后的尺寸散布符号正态分布，其标准差为 $0.025\,\text{mm}$，曲线散布中心的位置相对于公差带的中值位置右偏了 $0.03\,\text{mm}$，如图 5-23 所示，求废品率。

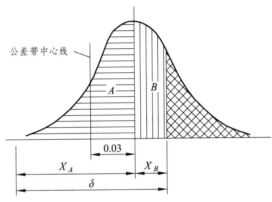

图 5-23　工件尺寸的分布图

解：合格的工件按散布中心分为两部分来计算，其面积如图 5-23 中的 A 和 B 所示。

由于： $X_A = \delta/2 + 0.03 = 0.08$ （mm）

$$X_B = \delta/2 - 0.03 = 0.02 \text{ （mm）}$$

有

$$Z_A = X_A/\delta = 0.08/0.025 = 3.2$$

$$Z_B = X_B/\delta = 0.02/0.025 = 0.8$$

由正态分布表可知：

$$F(Z_A) = 0.998\,6$$

$$F(Z_B) = 0.576\,2$$

因此全部合格品为

$$\frac{1}{2}\left[F(Z_A) + F(Z_B)\right] = \frac{1}{2}(0.998\,6 + 0.576\,2) = 78.74\%$$

废品率为

$$P = 1 - 0.787\,4 = 0.212\,6 = 21.26\%$$

由于公差带的中值和散布中心不重合，所以废品率较大。若在加工时进行必要的调整，

使散布中心和公差带的中心重合，则其废品率就可大为下降，即

$$X = \pm \delta/2 = \pm 0.05$$

所以

$$Z=0.05/0.025=2$$

则合格品率为

$$F(Z)=0.954\ 4=95.44\%$$

废品率为

$$P=1-0.954\ 4=0.045\ 6=4.56\%$$

在实际加工中，工件尺寸的散布有时并不符合正态分布。如切削工具有急剧磨损时，其尺寸散布如图 5-24（a）所示。因为在加工过程中每一段时间内工件的尺寸可能符合正态分布，但由于切削工具的急剧磨损，不同时间的算术平均值 $\bar{X}$ 是变化的，因此，分布曲线出现平顶现象。当工艺过程存在较显著的温度变形影响时，在热平衡之前，开始阶段的变化较快，以后会逐渐减缓，所以出现分布不对称的情况，如图 5-24（b）所示。若将两次调整下加工的工件合在一起，由于 μ 值不等而出现双峰曲线，如图 5-24（c）所示。

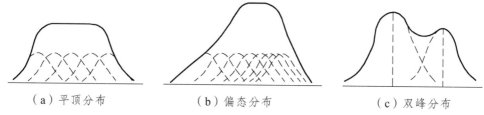

（a）平顶分布   （b）偏态分布   （c）双峰分布

图 5-24   机械加工过程中的几种非正态曲线

非正态分布曲线的散布范围不能用 6σ 来表示，而应进行修正，需除以相对分布系数 k（即 $6\sigma/k$），k 值的大小与分布图有关，其数值可参阅表 5-3。

表 5-3   各种分布的 k 值

分 布	正态分布	辛普森分布	等概率分布	平顶分布	不对称分布
分布曲线简图					
k	1.0	1.22	1.73	1.1~1.5	1.1~1.3

由以上分析可知，利用分布曲线可以分析某一加工方法的精度、系统误差和随机误差的情况。但由于没有考虑到工件加工的先后顺序，因此不能很好地区分变值误差和随机误差。另外，要绘制分布曲线，必须要把一批工件加工完毕以后才能进行，因此，这种方法不可能在加工过程中提供控制加工过程的信息。

5.3.3   点图法

按加工顺序逐个测量工件的尺寸，以工件加工的顺序号为横坐标，工件的尺寸为纵坐标，

则整批工件的加工结果可画成点图，每个工件画一点，如图 5-25 所示。

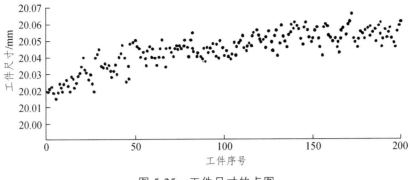

图 5-25　工件尺寸的点图

　　若将一批工件分成几个组，每个组包括 m 个依次加工的工件，纵坐标仍为工件的尺寸，横坐标则为组的顺序号，所画点图的长度就可以大大缩短。此时，组内工件的点位于同一条垂直线上，如图 5-26（a）所示。有时为了更清楚地表示出加工过程尺寸变化的倾向，可以用组内 m 个工件的平均尺寸来绘制点图，此时 m 个工件用一个点来表示。如图 5-26（b）所示。

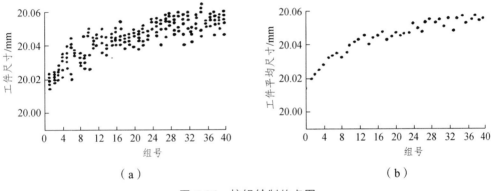

（a）　　　　　　　　　　　　　（b）

图 5-26　按组绘制的点图

　　从点图中可以看出加工过程的情况，如是否存在常值或变值系统误差、随机误差的大小及其变化规律。所以可以用点图来判断工艺过程的稳定性，并可在加工过程中提供控制加工质量的信息。

　　用绘制的点图，再根据一定的概率标准，可制定出质量控制图，用以判断工艺过程的稳定性和误差变化的情况。

　　在数理统计中，称研究对象的全体为总体，而其中每一个单位则称为个体。总体的一部分称为样本，样本中所含的个体数称为样本容量。

　　在加工过程中，每隔一定的时间随机抽查几个工件的尺寸，作为一个随机样本，经过一段时间后，就得到若干个样本，样本中各个体 X_1，X_2，…，X_m 的平均数称为样本均值，记作 $\bar{X}$：

$$\bar{X} = \frac{1}{m}\sum_{i=1}^{m} X_i \tag{5-45}$$

式中　m——样本容量。

样本个体中的最大值与最小值之差，称为极差，记作 R：

$$R = \max\left(X_1, X_2, \cdots, X_m\right) - \min\left(X_1, X_2, \cdots, X_m\right) \qquad (5\text{-}46)$$

由数理统计知，总体的分布近似于正态分布，则样本均值的分布也接近于正态分布。因此，一般常采用样本均值来反映总体的情况。

但是，只有一个样本均值来反映分布特征，只能说明分布的位置，因此还必须要有一个反映离散程度的指标。在实践中为便于计算，常采用极差来度量，所以最常见的质量控制图是采用均值 $\overline{X}$ 和极差 R 的数据作成的，常称为 $\overline{X} - R$ 图。

图 5-27 为某导套的 $\overline{X} - R$ 图。

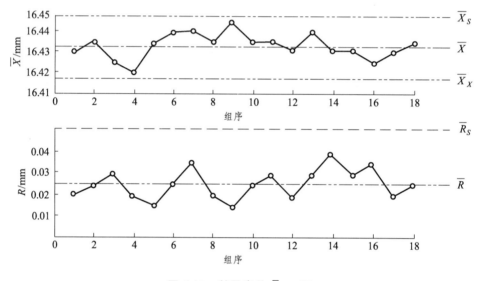

图 5-27 某导套的 $\overline{X} - R$ 图

该工件内孔的加工尺寸为 $\phi 16.4^{+0.07}$ mm，样本容量 $m=5$，共有 18 个随机样本。图 5-27 中所用的均值 $\overline{X}$ 和极差 R 的数据列于表 5-4 中。

表 5-4 导套样本的均值和极差

样本号	均值 $\overline{X}$	极差 R	样本号	均值 $\overline{X}$	极差 R
1	16.430	0.020	10	16.435	0.025
2	16.435	0.025	11	16.435	0.030
3	16.425	0.030	12	16.430	0.020
4	16.420	0.020	13	16.440	0.030
5	16.435	0.015	14	15.430	0.040
6	16.440	0.025	15	16.430	0.030
7	16.440	0.035	16	16.425	0.035
8	16.435	0.020	17	16.430	0.020
9	16.445	0.015	18	16.435	0.025

在 $\bar{X}-R$ 图上，有中心线和控制线，控制线是用以判断该工序的加工情况是否稳定的界限线。

$\bar{X}$ 图的中心线为

$$\bar{\bar{X}} = \sum_{i=1}^{j} X_i / j$$

R 图的中心线为

$$\bar{R} = \sum_{i=1}^{j} R_i / j$$

式中　j——样本数；

　　　$\bar{X}_i$——第 i 组样本均值；

　　　R_i——第 i 组样本极差。

各个控制线的位置可按下列公式计算。

$\bar{X}$ 图的上控制线为 $\bar{X}_S = \bar{X} + A\bar{R}$；

$\bar{X}$ 图的下控制线为 $\bar{X}_X = \bar{X} - A\bar{R}$；

R 图的上控制线为 $R_S = D_4\bar{R}$；

R 图的下控制线为 $R_X = D_3\bar{R}$。

式中 A、D_3 和 D_4 的数值是由数理统计原理定出的，与样本容量有关。一般 m 取 4 或 5，分布越接近于正态，样本容量可以取得越小。

A、D_3 和 D_4 的数值如表 5-5 所示。

表 5-5　A、D_3 和 D_4 系数值

m	2	3	4	5	6	7	8	9	10
A	1.880	1.023	0.729	0.577	0.483	0.419	0.373	0.337	0.308
D_3	0	0	0	0	0	0.076	0.136	0.184	0.223
D_4	3.267	2.575	2.282	2.115	2.004	1.924	1.864	1.816	1.777

从质量控制图上可以看出，图中的点都没有超出控制线，说明本工序的加工工艺是稳定的。若有点超出控制线或有趋向要超出控制线，则工艺是不稳定的。亦即一个过程（如一个工序）的质量参数，其算术平均值 $\bar{X}$ 和标准差 S（或近似地用极差 R）在整个过程中若能保持不变，则过程是稳定的，否则是不稳定的过程。

由于一些重要机械产品的质量要求极高，而且产品的成本也高，对于不稳定的工艺过程，常需要分析其原因并采取相应的工艺措施而使工艺过程稳定，而不能采用加大废品概率的办法来制定质量控制线。

在机械加工过程中，有些过程不可避免地存在着不稳定的因素，如切削工具有较大的磨损而无补偿装置时，过程就是不稳的。若尺寸的公差较宽，则可允许过程有一定的波动，但加工的点仍需在控制线以内。

利用 $\bar{X}-R$ 的质量控制图，可以判别工序中误差的性质以及变化的情况。在生产实际中，

尤其是大批量生产，可以通过取样，制定出 $\overline{X}$ 和 R 的各控制线，然后继续取样，观察质量变化情况，判断加工过程是否正常，以便对加工进行控制。

5.3.4 相关分析

在分析加工精度时，往往需要分析某些因素之间的关系，如误差的复映等，因此，可用点图作相关分析。

相关分析法是研究随机变量间相互关系的方法。由于随机变量（随机误差）的分布具有一定的分散性，所以随机误差之间的相互关系不是函数关系而是相关关系。

概率相关性程度越密切，则越接近于函数关系，越微弱则越接近于相互独立，图 5-28（a）为相关性较强的情况，图 5-28（b）为相关性稍弱的情况，而图 5-28（c）则表明两个随机变量互不相关（互相独立）。

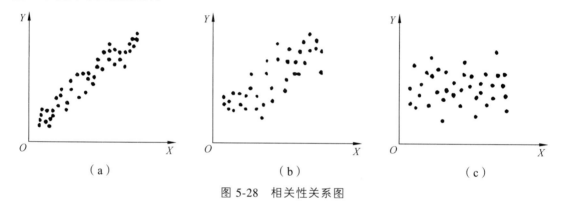

（a） （b） （c）

图 5-28 相关性关系图

为精确分析，可将 N 对观测量（X_i，Y_i）（$i=1$，…，N），用最小二乘法进行线性回归分析，得到线性回归方程（见图 5-29）。

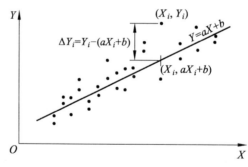

图 5-29 观测值与线性回归方程

$$Y = aX + b \tag{5-47}$$

使 N 个观测值的误差平方和：

$$Q = \sum_{i=1}^{N} (\Delta Y)_i^2 = \sum_{i=1}^{N} [Y_i - (aX_i + b)]^2 \tag{5-48}$$

达到极小值。

由于 $Q(a, b)$ 是 a 和 b 的二次函数，而且是非负的，所以一定存在极小值。为求出 a 和 b 数值，可以 Q 分别对 a 和 b 求出偏微分，并使之等于零，即

$$\frac{\partial Q}{\partial a} = -2\sum_{i=1}^{N}[Y_i - (aX_i + b)]X_i = 0 \tag{5-49}$$

$$\frac{\partial Q}{\partial b} = -2\sum_{i=1}^{N}[Y_i - (aX_i + b)] = 0 \tag{5-50}$$

联立上面两个方程得

$$b = \frac{\sum_{i=1}^{N}Y_i}{N} - a\frac{\sum_{i=1}^{N}X_i}{N} = \overline{Y} - a\overline{X} \tag{5-51}$$

$$a = \frac{\sum_{i=1}^{N}(X_i - \overline{X})(Y_i - \overline{Y})}{\sum_{i=1}^{N}(x_i - \overline{X})^2} = \frac{L_{XY}}{L_{XX}} \tag{5-52}$$

式中　　$\overline{X}$——X 的平均值；

$\overline{Y}$——Y 的平均值；

L_{XX}——X 的离差平方和；

L_{XY}——X 的离差和 Y 的离差之积的和。

由于任意 N 对观测值数据总可以作出一条回归直线来，因此，就需要用一个数量性的指标来描述，即 X 和 Y 两个随机变量间线性相关的程度。一般常用相关系数 r 来描述，即

$$r = \frac{L_{XY}}{\sqrt{L_{XX} \cdot L_{YY}}} \tag{5-53}$$

式中，L_{YY} 是 Y 的离差平方和。

L_{XX} 和 L_{YY} 一定是正值，所以 r 的符号取决于 L_{XY} 的符号。

$|r|$ 值越大，表示 X 和 Y 的线性相关性越密切，$|r|=1$ 时是函数关系，而 r 值为零时，表示 X 和 Y 两个随机变量间互不相关。

在计算出 r 值之后，即可以根据危险率 α（为 5%或 1%）和自由度 v（为 $N-2$），可在表 5-6 中查出相关系数值 r_α，当 $|r| \geqslant r_\alpha$ 时，则有 $1-\alpha$ 的可靠性判断 X 和 Y 线性相关；$|r| < r_\alpha$ 时，则 $r=0$，即 X 和 Y 线性无关。

表 5-6　相关系数 r_α

N ($N-2$)	α		N ($N-2$)	α	
	0.05	0.01		0.05	0.01
1	0.997	0.999	22	0.404	0.515
2	0.950	0.990	24	0.388	0.496
3	0.878	0.959	26	0.374	0.478
4	0.811	0.917	28	0.361	0.463
5	0.754	0.874	30	0.349	0.449

N $(N-2)$	α		N $(N-2)$	α	
	0.05	0.01		0.05	0.01
6	0.707	0.834	35	0.325	0.418
7	0.666	0.798	40	0.304	0.393
8	0.632	0.765	45	0.288	0.372
9	0.602	0.735	50	0.273	0.354
10	0.576	0.708	60	0.250	0.325
11	0.553	0.684	70	0.232	0.302
12	0.532	0.661	80	0.217	0.283
13	0.514	0.641	90	0.205	0.267
14	0.497	0.623	100	0.195	0.254
15	0.482	0.606	200	0.138	0.181
16	0.468	0.590	300	0.113	0.148
18	0.444	0.561	400	0.098	0.128
20	0.423	0.537	1 000	0.062	0.081

5.4 机械加工零件的表面粗糙度及其影响因素

影响加工表面粗糙度的因素，主要有几何因素和物理因素两个方面。当工艺系统产生振动时，将对粗糙度有极大的影响。

5.4.1 切削加工后零件的表面粗糙度及影响因素

1. 几何因素

影响表面粗糙度的几何因素是刀具相对工件做进给运动时，在工件表面上遗留下来的切削层残留面积，如图 5-30 所示。

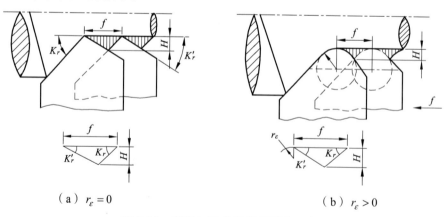

（a）$r_\varepsilon = 0$ 　　　　　　　　（b）$r_\varepsilon > 0$

图 5-30 车削加工的切削层残留面积

切削层残留面积越大，粗糙度就越差。

为减小残留面积，可通过改变进给量及切削刀具的有关结构参数来实现。工件上的残留高度可按下式计算：

$$H = \frac{f}{\cot K_r + \cot K_r'} \qquad (5-54)$$

当刀具有刀尖圆弧半径 r_ε 时，则

$$H = \frac{f - r_\varepsilon \left(\tan \dfrac{K_r}{2} + \tan \dfrac{K_r'}{2} \right)}{\cot K_r + \cot K_r'} \qquad (5-55)$$

式中　H——残留面积的高度；

　　　f——进给量；

　　　K_r——主偏角（K_r 不等于 0°）；

　　　K_r'——负偏角。

当 r_ε 大于残留面积高度时，$H = \dfrac{f^2}{r_\varepsilon}$。

从上述公式可知，减小 f、K_r、K_r' 以及加大 r_ε，均可减小残留面积的高度。

此外，提高刀具的刃磨质量，避免刃口的粗糙度在工件表面上的复映，也是减小残留高度的有效措施。

2. 物理因素

切削加工后表面粗糙度的实际轮廓，一般都与纯几何因素形成的理论轮廓有较大的差别。这是因为存在与被加工材料和切削加工有关的物理因素的缘故。在切削过程中，刀具的刃口圆角以及后面的挤压与摩擦，使金属材料产生塑性变形而使残留部分的理论轮廓受到影响，因而增加了表面粗糙度 Ra 的数值。

在图 5-31 中，横向轮廓表示垂直于切削速度方向的粗糙度，它受几何因素和物理因素的综合影响；在切削速度方向的粗糙度，称为纵向粗糙度，它主要是受物理因素影响而形成的。

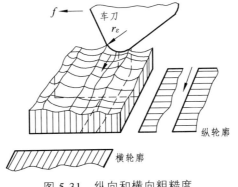

图 5-31　纵向和横向粗糙度

在低切削速度下加工塑性材料，如低碳钢、耐热钢、高温合金、铝合金和钛合金等，常产生刀瘤和鳞刺，使加工表面的粗糙度严重恶化。

从物理因素来分析，要减小粗糙度 Ra 的数值，应减少加工过程中的塑性变形，并要避免产生刀瘤和鳞刺。其主要的影响因素，有下列几方面：

（1）切削速度。

由试验得知，切削速度越高，则切削过程中被加工表面的塑性变形程度就越小，因而有较好的表面粗糙度。刀瘤和鳞刺一般都在较低的切削速度时产生，产生刀瘤和鳞刺的切削速度范围，是随不同的工件材料、刀具材料、刀具前角等因素而变化的。图 5-32 所示为切削速度对表面粗糙度的影响。

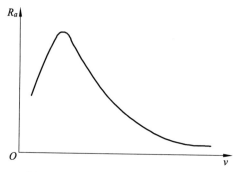

图 5-32　切削速度和粗糙度的关系

（2）被加工材料的影响。

加工韧性较大的塑性材料，在加工后其表面粗糙度较差。而脆性材料在加工后，其表面的轮廓比较接近于纯几何因素所形成的表面粗糙度。对于同样的材料，金相组织的晶粒越粗大，则加工后的表面粗糙度就越差。因此，有时为了获得较好的表面粗糙度，在加工前常进行调质或正常化处理，以获得较均匀细密的晶粒组织和较高的硬度。

（3）刀具的切削角度。

刀具的前角对切削过程的塑性变形有很大的影响，刀具的前角大，刀具就锋利，切削过程中的塑性变形程度就相应减小，从而可获得较好的粗糙度。刀具的后角大，可使刀具的后面和已加工表面的摩擦减小，有利于改善表面粗糙度。刃倾角 λ_s 的大小，要影响刀具的实际前角，因此对表面的粗糙度也有影响。

（4）刀具材料与刃磨质量。

采用强度好，特别是热硬性高的刀具材料，因为刀具易于保持刃口锋利，耐磨性好，故能获得较好的表面粗糙度。

刀具的材料与刃磨对产生刀瘤和鳞刺等均有很大的影响。如用金刚石车刀精车铝合金时，由于摩擦系数小，刀面上不易产生黏附现象，因此能获得较好的粗糙度。提高刀具前、后面的刃磨质量，也能获得良好的效果。

此外，合理地选择冷却润滑液，提高冷却润滑效果，常能抑制刀瘤、鳞刺的产生，减少切削时的塑性变形，有利于改善表面的粗糙度。

在实际生产中，这些因素是同时作用而且也互有影响的，应按具体条件进行分析。如用锋利的尖刀进行精车、精镗时，如果加工后横向粗糙度的轮廓曲线很有规律，如图 5-33 所示，则说明粗糙度主要由刀具相对于工件运动的几何轨迹所形成的，几何因素是主要的，塑性变形的影响则很小。

图 5-33　精镗后表面的横向轮廓

5.4.2　磨削加工后零件的表面粗糙度及影响因素

磨削加工与切削加工不同。从几何因素看，由于砂轮上的磨削刃形状很不规则，分布又不均匀，而且随着砂轮的修正及砂粒的不断磨耗而改变。所以想计算其残留面积是困难的。

磨削时的加工表面，是由砂轮上大量的磨粒刻划出无数极细的沟槽（刻痕）形成的。单位面积上的刻痕越多，即通过单位面积的砂粒数越多，并且刻痕的等高性越好，则加工后的表面粗糙度也越好。

在磨削过程中，由于很多磨粒具有较大的负前角，所以其塑性变形要比切削加工时大得多。磨粒在磨削时，金属沿着磨粒的侧面流动，形成沟槽两旁的隆起，如图 5-34 所示，因而使表面粗糙度的 Ra 值增大。

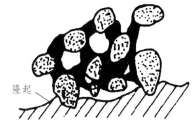

隆起

磨削温度较高，使金属表面软化，使它容易塑性变形，也进一步增大了 Ra 的数值。

影响加工表面粗糙度的主要因素有：

图 5-34　磨削时产生的隆起现

（1）砂轮。

砂轮的粒度对加工表面的粗糙度有很大影响。砂轮的粒度越细，则砂轮单位面积上的磨粒数越多，因而在工件上的刻痕也密而细，所以能获得较好的粗糙度。

砂轮的硬度，即磨粒钝化后，在加工过程中从砂轮上脱落下来的能力，对稳定被加工表面的粗糙度也有影响。硬度过高，自锐能力差，砂粒与表面产生强烈摩擦，这不但要产生磨削烧伤，而且使粗糙度 Ra 值加大。但砂轮硬度过低，砂轮磨损过快，修整过的表面会很快破坏，使粗糙度变坏。

（2）砂轮的修整。

修整砂轮是改善表面粗糙度的另一重要因素。修整砂轮，在磨粒上可以获得较多的微刃（见图 5-35），并使砂轮具有一定的几何形状，使砂轮恢复磨削性能并获得切削刃的等高性。

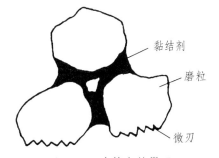

黏结剂

磨粒

微刃

用金刚石来修整砂轮，相当于在砂轮上车出一条螺纹，修整的导程和切深越小，修出的砂轮就越光滑，磨削刃的等高性也越好。因而磨出的工件表面也越平整，粗糙度较好。

图 5-35　磨粒上的微刃

修整砂轮时的小导程由机床的进给系统来实现。由于液压系统在低速下易产生爬行，因此，高精度磨床常采用静压导轨，以实现低进给修整。

（3）磨削速度与工件圆周进给速度。

磨削速度 v 和工件的圆周进给速度 v_w 的比值 v/v_w 越大，则在单位面积上参加磨削的磨粒数就越多。同时，塑性变形造成的隆起量也随着 v 值的加大而下降，从而使加工粗糙度的 Ra 值减小。

在加工时，应避免砂轮和工件的转数成整数倍，这可使磨粒上的磨削刃不致重复地磨削工件上的同一地点，而使磨刃痕迹错开。

（4）磨削切深和光磨次数。

增加磨削深度，则磨削力和磨削温度增加，表面的塑性变形程度增加，从而影响表面粗糙度。

为获得较好的表面粗糙度，可采用较小的切深并在最后采用无进给的光磨，其效果比较显著。

此外，合理地选择冷却润滑液并及时过滤净化，控制轴向进给速度等，也都是很重要的。尤其是机床的精度和刚度等，有时是造成粗糙度差的主要原因。

5.5 表面物理机械性能及其影响因素

在切削加工过程中，工件受切削力和切削热的作用，其表面层的物理机械性能有较大的变化。

表面层和基体材料的主要不同是：

（1）表面层显微硬度的变化；

（2）材料金相组织的变化；

（3）表面层中残余应力的产生。

不同的工件材料，在不同的条件下进行加工，会产生各种不同的表面层特性变化。

5.5.1 已加工表面的冷作硬化

金属在切削加工的塑性变形过程中，晶粒产生滑移、畸变、歪扭，致使晶格破碎、拉长并呈现一定的方向性，这表明金属的显微结构发生了变化，变形抗力和硬度增高，塑性降低，这种现象称为加工硬化。

切削加工后，切屑和已加工表面层都将发生硬化现象，但加工硬化通常是指已加工表面层而言，因为已加工表面层的硬化现象会给下一工序的加工造成困难，增加刀具的磨损，更重要的是影响零件的表面质量。由于硬化现象往往是与表面层的残余应力和微裂纹同时出现的，这些将降低工件使用性能。加工硬化虽然有上述不利的影响，但也有有利的一面。加工硬化现象可以提高已加工表面的硬度、强度和耐磨性。因此，通过控制残余应力，能够避免加工表面出现微裂纹的条件下，可以利用它来改善零件的使用性能，如常用的喷丸或滚压加工就是其中的例子。

加工硬化通常以硬化层的深度 h_y 和硬化程度 N 表示。h_y 表示已加工表面至金属基体未硬化处的垂直距离。N 是已加工表面的显微硬度增加值对原始显微硬度的百分比：

$$N = \frac{H - H_0}{H_0} \times 100\% \tag{5-56}$$

式中 H——已加工表面的显微硬度；

H_0——金属基体的原始显微硬度。

一般硬化层深度 h_y 可达几十到几百微米，而硬化程度 N 可以达到 120%~200%。研究证实：硬化程度大时，硬化层的深度也大。

已加工表面的显微硬度，是加工时塑性变形引起的冷作硬化和切削热产生的金相组织变化所引起的硬度变化的综合结果。表面层的残余应力，也是由塑性变形所引起的残余应力和切削热产生的金相组织变化所引起的残余应力的综合。在磨削加工时，会产生更多的塑性变形和磨削热，而且大部分磨削热进入工件，所以磨削区的瞬时温度可达 800~1 200 ℃。因此，磨削后表面的金相组织和显微硬度会有很大变化，产生的残余应力也较大。

表面层的硬化程度取决于产生塑性变形的力、变形速度以及变形时的温度。力越大，塑性变形也越大，因而硬化程度也越大。变形速度越大，塑性变形越不充分，硬化程度也就减小。变形的温度，不仅影响塑性变形程度，还会影响变形后的金相组织的恢复。当温度处在 $0.25\sim0.3\,t_m$（t_m 为金属的熔点）的范围时，即会产生恢复现象，也就是部分地消除冷作硬化。航空、航天部门所用的耐热材料，由于熔点很高，在加工过程中产生的硬化不易恢复，所以冷作硬化较严重。

影响切削加工表面冷作硬化程度的因素如下：

（1）切削用量的影响。如图 5-36 所示，切削速度增加时，由于第一变形区的缩小，硬化深度将减小；同时，由于切削温度增加，表面层金属出现软化现象，因而硬化程度也减小。如果切削速度使切削温度达到工件材料的相变温度，则表面层组织将发生相变。若工件表面层组织得到的是淬火相，则硬化程度增加；若产生回火现象，则硬化程度下降。

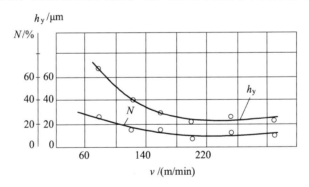

工件：11Cr11Ni2W2MoV；切削用量：$a_p=1\,\text{mm}$，$f=0.11\,\text{mm/r}$，刀具：YT15 车刀，$\gamma_0=5°$，

$\alpha_0=\alpha_0'=10°$；$K_r=60°$，$K_r'=45°$，$r_\varepsilon=1\,\text{mm}$，$VB\leqslant0.1\,\text{mm}$。

图 5-36 切削速度对硬化深度和硬化程度的影响

当进给量增加时，第一变形区增大；刃口圆角半径 r_n 的作用加强，因此硬化深度和硬化程度均随之增加。但切削高温合金时，如过渡刃与进给方向的夹角为零，进给量太小，反而会引起硬化程度的增加。因为当进给量太小时，切削刃在进给方向上与已加工表面的接触长度将大于进给量，这样切削刃与已加工表面上某一点的接触次数 n 大于 1。接触次数的增多，促使表面层硬化程度增加。

切削深度对加工硬化的影响，基本上与进给量相似。随着 h_y 的增加，硬化深度和硬化程度逐渐上升，但上升较慢。

（2）工件材料的影响。金属材料塑性的大小、导热性的好坏、相变温度的高低等，将影响切削加工后表面层的硬化深度和硬化程度。

工件材料的塑性越大，加工硬化越严重。碳钢中含碳量越高，则强度越高，加工硬化越小。工件材料的导热性差，切削热集中于表面层，有利于表面层金属的软化，加工硬化减小。有色金属的熔点较低，切削过程中容易软化，其加工硬化比钢小很多，铜和铝分别比结构钢小30%和75%左右。

（3）刀具几何参数的影响。增大刀具的前角和后角，工件表面层的硬化程度和硬化深度均下降。前角对硬化深度影响较大，因为它更直接地影响着第一变形区的大小；后角对硬化程度影响较大，因为它更直接地影响着后面摩擦的大小。

此外，刃口圆弧半径 r_ε 和刀尖圆弧半径 r_n 增大，硬化深度和硬化程度均有所增加，但它们对硬化程度的影响比对硬化深度的影响要稍大一些。

5.5.2 已加工表面层的残余应力

已加工表面层常有残余应力，它是指在没有外力作用时，物体内部自相平衡的应力。残余拉应力易使已加工表面层产生裂纹，降低零件的疲劳强度；而残余压应力有时却能提高零件的疲劳强度。工件内残余应力的存在会引起变形，影响工件的形状和尺寸精度。

1. 残余应力产生的原因

在加工过程中，当表面层产生塑性变形或金相组织变化时，在表面层及其与基体之间就会产生互相平衡的应力，称为表面层的残余应力。

表面层产生残余应力的主要原因是：

（1）冷态塑性变形。

在切削力的作用下，已加工表面产生强烈的塑性变形。当表面层在切削时受刀具后面的挤压和摩擦的影响较大时，表面层产生伸长塑性变形，表面积趋于增大，此时里层金属受到影响，处于弹性变形状态。当外力消失后，里层金属趋向复原，但受到已产生塑性变形的表面层的限制，恢复不到原来的状态，因而在里层产生拉伸应力、外层产生残余压缩应力。同理，若表面层产生收缩性变形时，则由于基体金属的影响，表面层将产生残余拉伸应力，而里层则产生压缩残余应力。

另外，在冷态塑性变形时，同时使金属的晶格被扭曲，晶粒受到破坏，导致金属的密度下降，比容积增大。因此，在表面层要产生残余压缩应力。比容积增大和冷态塑料变形所产生的残余应力，若其压或拉的性质相反，则可互相抵消其部分影响。

（2）热态塑性变形。

在机械加工时，表面层受切削热的影响而产生热膨胀，由于基体的温度较低，因而表面层的热胀受到基体金属的限制，而在表面层产生压缩应力。若该应力没有超过材料的屈服极限时，不会产生塑性变形，当温度下降时，压缩应力逐渐消失，冷却到原有的室温时，恢复到加工前的状态。若表面层在加工时温度很高，产生的压缩应力超过材料的屈服极限时，就会产生热塑性变形。变形的应力如图5-37所示。

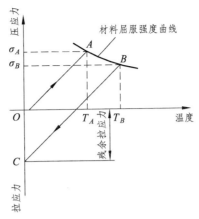

图 5-37　热塑性变形产生的残余应力

当切削区温度升高时，表面层受热膨胀而产生压缩应力，该应力随温度增加而线性地加大，当未达到 A 点时就开始冷却，因未产生热塑性变形而仍回至 O 点，表面层不产生残余应力。

当切削区温度升高到达 A 点时，热应力达到材料的屈服强度值，若在 A 点处温度再升高，至 T_B 表面层产生热塑性变形，热应力值将停留在材料在不同温度时的屈服强度值处（σ_B 为材料在 t_m 温度时的屈服强度），当磨削完毕温度下降时，热应力按原斜率下降（沿 BC 线），直到与基体温度一致时即到达 C 点。加工后表面层将有残余拉应力。

温度越高，越容易产生热塑性变形，产生的残余应力也越大。残余应力的大小，除与温度有关外，也与材料的特性有关，即与屈服极限的曲线及温度升降的斜率有关。

（3）金相组织的变化。

切削加工时，尤其是磨削加工时的高温，会引起表面层金属组织的相变。由于不同的金相组织有不同的密度，因此，不同的组织的体积也不相同。若表面层的体积增加时，由于受基体的影响，表面产生压应力。反之，表面层体积缩小时，则产生拉应力。

各种组织中，马氏体密度最小，奥氏体密度最大。各种组织的密度值如下：

马氏体：$\rho_m = 7.65 \times 10^3 \ \text{kg} / \text{m}^3$；

奥氏体：$\rho_m = 7.96 \times 10^3 \ \text{kg} / \text{m}^3$；

屈氏体：$\rho_m = 7.78 \times 10^3 \ \text{kg} / \text{m}^3$；

索氏体：$\rho_m = 7.78 \times 10^3 \ \text{kg} / \text{m}^3$。

磨淬火钢时，若表面层产生回火现象，马氏体转化成屈氏体和索氏体，因体积缩小，表面层产生残余拉应力，里层产生残余压应力。若表面层产生二次淬火时，由于二次淬火马氏体的体积比里层回火组织的体积大，因而表面层产生压应力。

在实际生产中，机械加工后表面层残余应力是由上述三方面因素综合作用的结果。例如，在切削加工中如果切削热的影响不大，表面层中没有产生热塑性变形，而是以冷塑性变形为主，此时，表面层中将产生残余压应力。在磨削加工中，一般因磨削温度较高，常以相变和热塑性变形为主，所以表面层常带有残余拉应力。

已加工表面层呈现的残余应力，是上述各种原因综合影响的结果。如果热塑性变形效应占优势，则已加工表面层呈现的是残余拉应力，如果弹性恢复的作用占优势，而且弹性变形是拉伸状态，那么，已加工表面层呈现残余压应力。

另外，残余应力有切削方向的应力 σ_x 和垂直于切削方向的应力 σ_y 之分，在已加工表面最外层往往是 $\sigma_x > \sigma_y$，而 σ_x 通常为接近材料屈服极限的拉应力，如图 5-38 所示。

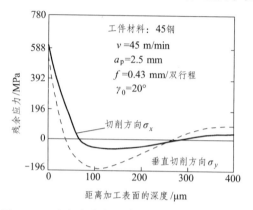

图 5-38 残余应力与距离加工表面深度的关系

图 5-38 是残余应力 σ_x 和 σ_y 随距离加工表面深度而变化的示例。残余应力的深度约为 0.3 mm，如果切削条件恶化，可达数毫米。

2. 影响残余应力的主要因素

图 5-39 是用直线切削刃或圆弧切削刃的刀具刨削软钢时残余应力与切削速度、背吃刀量和进给量的关系曲线。

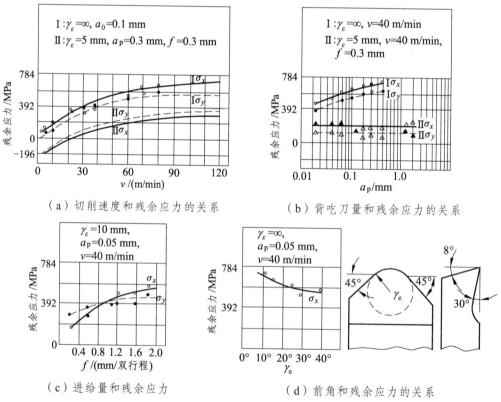

（a）切削速度和残余应力的关系　　　　（b）背吃刀量和残余应力的关系

（c）进给量和残余应力　　　　（d）前角和残余应力的关系

图 5-39 切削用量和刀具前角对残余应力的影响

如图 5-39（a）所示，当切削速度较低时，切削温度不高，热塑变形效应小，残余拉应力不大甚至出现残余压应力；切削速度较高时，热塑变形效应增强，残余拉应力增大。

如果切削速度更高，切削温度高于金属材料的相变温度时，金相组织的转变引起的密度变化起作用。由于热塑性变形效应使已加工表面的表层出现残余拉应力，金属相变使表层得到残余压应力。此时，两者的影响作用相互抵消，残余应力变化不大，曲线趋于平缓。

如图 5-39（b）和（c）所示，当背吃刀量和进给量增加时，由于被切削层的断面及体积增大，使切削刃前的塑性变形区扩大，变形增加，已加工表面层残余应力变大。

从图中还可以看出，切削用量中进给量对残余应力的影响较大，而切削速度和背吃刀量的影响较小。

刀具几何参数的影响。刀具几何参数中的前角对已加工表面层残余应力的影响很大，其次是刀尖圆弧半径 r_ε 和刃口圆弧半径 r_n 等。如图 5-39（d）所示，当前角增大时，刀具锋利，排屑流畅，切削轻快，所以切削方向的残余应力 σ_x 减小。刀尖圆弧半径 r_ε 和刃口圆弧半径 r_n 减小时，切削过程中塑性变形和摩擦均下降，所以残余应力减小。

5.5.3 加工表面层的组织变化

在切削加工过程中，加工表面层温度升高。当温度升高超过金相组织变化的临界点时，就会产生金相组织变化。对于一般的切削加工来说，温度升高不多，不一定能达到相变温度。但在磨削加工时，由于磨削力较大，磨削速度也特别高，所以磨削时的温度较高。再加上大部分磨削热将传给工件，所以磨削时容易发生表面金相组织的变化。

磨削实验证明，在轻磨削条件下磨出的表面层金相组织，没有什么变化。中等磨削条件下磨出的表面层金相组织，显然与基体组织不同，但变化层的深度只有几微米，较容易在后续工序中去除。而在重磨削条件下，磨出的表面层金相组织变化层，其深度显著加大，如果后续工序的加工余量较小，将不能全部去除变化层，对使用性能就会有影响。

影响金相组织变化的因素有：工件材料、磨削温度和冷却速度。各种材料的金相组织和转变的特性是不相同的。如淬火钢在磨削时，如果磨削区的温度超过马氏体的转变温度（中碳钢为 250~350 ℃）但未超过相变临界温度（碳钢约 720 ℃）时，则工件表面层的马氏体组织产生回火现象，转变成硬度较低的回火组织（索氏体或屈氏体）。如果磨削区超过相变温度又由于冷却液的急冷作用，表面层出现二次淬火马氏体组织，硬度较原来的回火马氏体高。

5.5.4 刀具切削时影响表面质量的工艺因素

用金属刀具进行切削加工时，主要有下述工艺因素影响表面质量：

1. 与切削用量有关的因素

切削速度 v、进给量 f 和背吃刀量 a_p 对切削力 F_r、切削温度 θ、冷作硬化的深度 h 和程度 N 的影响比较复杂。

当切削速度 v 很低时，切削温度 θ 也很低，不会产生恢复现象，所以有比较大的硬化（h 和 N）；当 v 增高时，温度升高，因切削热的影响，部分硬化有恢复现象。同时因温度升高后使得切削金属软化而使切削力下降，也就使硬化降低；当 v 很高时，出现脆性断裂，表面层中很少发生塑性变形，因此硬化较小，如图 5-40 所示。

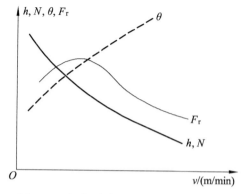

图 5-40　切削速度与表面层性能的关系

进给量 f 对硬化影响很大。f 增加后，切削厚度增加，因此使切削力加大，塑性变形相应增大，使表面硬化增加。因为 F_r 的增加，切削温度也有提高；当 f 很低时，由于刀具圆角半径对工件表面的挤压次数增多（在单位长度内），因此硬化增加，如图 5-41 所示。

背吃刀量 a_p 对硬化的影响与进给量相似，但作用较弱，如图 5-42 所示。

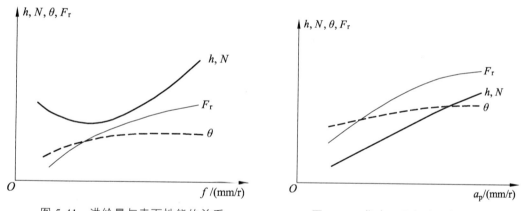

图 5-41　进给量与表面性能的关系　　　图 5-42　背吃刀量与表面性能的关系

切削用量对残余应力的影响比较复杂。它与工件的材料、原来的状态以及具体的加工条件等有关。一般情况下，在中等切削速度时，常产生残余拉应力，在速度很低或很高时，则产生残余压应力。关于进给量，残余应力的大小及波及的深度均随进给量的增加而增加。背吃刀量增加，残余应力也随之稍有增加。

2. 与切削刀具有关的因素

前角 γ_o 的变化，对表面质量有很大的影响。γ_o 角增大，塑性变形程度降低，并减小了楔角，使刃口圆角半径 ρ 也减小，但 γ_o 角不能在大范围内变化，所以对冷作硬化来说，γ_o 角不是主要因素。

γ_o 角变化对残余应力的影响较大。如采用不同的前角加工合金钢 18CrNiWA 时，残余应力的变化就很大，如图 5-43 所示。

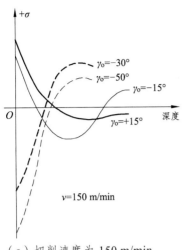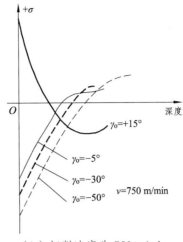

（a）切削速度为 150 m/min　　　（b）切削速度为 750 m/min

图 5-43　刀具前角对残余应力的影响

当用负前角加工时，表面层一般产生残余压缩应力。在 v=150 m/min 时，γ_o 由正变负，拉伸应力逐渐转变为压缩应力；当 v=750 m/min 时，所有负前角均为压缩应力。这是因为负前角在切削时产生较大的塑性变形，使金属的比容增加，产生了残余压缩应力。当 v 很大时，温度影响减弱，因此更容易产生残余压缩应力。

后角 α_o 增大，可使摩擦减小，同时后角使刃口的半径 ρ 减小，因而使硬化和残余应力减小。但因后角受到刀刃强度的制约，后角变化不大，所以对表面层的影响较小。

刀尖的圆角半径 r_ε 在切削加工中有挤压作用而造成附加的塑性变形，对硬化与残余应力有影响。r_ε 越大，影响也越大。

刃口圆角半径 r_n，对切削也有挤压作用，从而造成附加的塑性变形，r_n 越大，硬化和残余应力也越大。一般刀具在刃磨后，r_n 的最小值一般为 15~25 μm。经过光磨的刀具，一般为 12~20 μm，有的可达 2~6 μm。

刀具磨损后，对硬化及残余应力都有很大的影响。刀具磨损到一定程度时，切削力显著增加，同时刀具和工件的摩擦也加大，这就使表面层塑性变形增加，从而使表面层硬化深度和程度增加。磨损加大后，表层的温度也有变化，使残余应力也随这些因素而变化。

图 5-44 所示为端铣刀在不同磨损带宽度的情况下，加工 40CrNiMoA（刀具材料为 YT15）时，表面层深度与残余应力变化的情况。

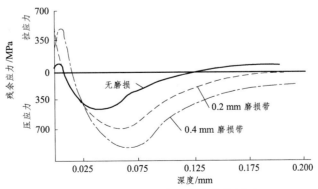

图 5-44　刀具磨损对残余应力的影响

3. 与零件材料有关的因素

零件材料的金相组织对硬化有明显的影响。在一般情况下，原来的硬度越高，加工时的塑性变形就越小。材料的塑性越好，则加工时的硬化也越大。

5.5.5 磨削加工时影响表面质量的工艺因素

与使用金属刀具相比较，磨削时的金属去除率很小，如磨平面的金属去除率仅为铣削时的 1/20，而切除单位质量金属所需的功率却大得多。另一方面，切削速度很高，切削是在极短的时间内进行的。因此，磨削热成为影响表面层性质的主要因素。加工过程中产生的磨削裂纹、烧伤和残余拉应力等，均起因于磨削热，所以，降低磨削时热的影响是十分重要的。

解决这一问题，主要可以采取以下工艺措施：

1. 提高冷却效果

现有的一般冷却方法效果较差。由于高速旋转的砂轮产生强大的气流，致使没有多少冷却液能进入磨削区，而常常是大量地喷注在已经离开磨削区的已加工表面上。此时，磨削热已进入工件表面造成了热损伤。所以，必须改进冷却方法以提高冷却效果。具体的改进措施有：

（1）采用高压大流量冷却；
（2）加装空气挡板，使冷却液能顺利地进入磨削区；
（3）采用内冷却砂轮。

2. 改善砂轮的磨削性能

砂轮选择不适当或使用钝的砂轮，均会产生很大的磨削力和磨削热，从而引起表面层的烧伤和残余拉应力。

磨削时选择砂轮应使其在磨削过程中有自锐能力，不致使砂粒因磨损而出现小平面，同时要求磨削时砂轮不产生堵塞现象，以避免产生过高的磨削温度。

砂轮的黏结剂也会影响加工表面层的质量。用橡胶作黏结剂的砂轮具有一定的弹性。在精加工使用时，可防止表面烧伤。

3. 选择合适的加工用量

提高工件速度，采用小的切深能够有效地减小残余拉应力，并消除烧伤与裂纹等磨削缺陷。

图 5-45 所示为磨削切深对残余应力的影响。

降低砂轮速度，也能得到残余压应力，

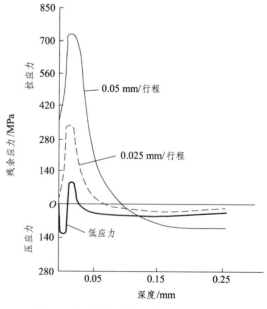

图 5-45　磨削深度对残余应力的影响

如图 5-46 所示。由于降低速度要影响生产率，故一般较少采用。若在提高砂轮速度的同时提高工件的速度，也可避免烧伤。

5.6 机械加工过程中的振动

在机械加工过程中，有时会产生振动。

振动时，工艺系统的正常切削过程受到破坏，工件和切削工具等除做正常的相对运动外，还做周期性的摆振，从而在已加工表面上留下振动的痕迹，使被加工表面的粗糙度变坏，对表面层的物理机械性能也有影响。振动要影响刀具的寿命，甚至使加工过程无法进行。振动还会使机床加快损坏。切削过程中的高频振动，噪声极大，污染环境。

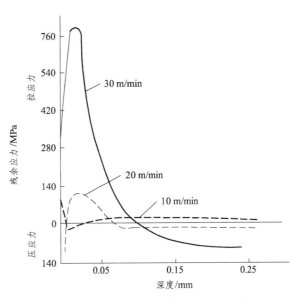

图 5-46　砂轮速度对残余应力的影响

为了避免振动的产生，常常被迫采用较小的加工用量，限制了生产率的提高。磨削时，其振动虽不如车削及铣削那样剧烈，但其危害也很大。如使粗糙度变坏，有时还会引起振动烧伤，严重地影响表面质量。

5.6.1　机械加工过程中振动的类型与特点

金属切削加工时，振动的基本类型有两种，即强迫振动和自激振动。这两种振动都是不衰减振动，危害很大。

此外，在切削加工过程中，还会出现自由振动，它是由于切削力突然变化或其他外界冲击等原因所引起的。但这种振动很快会衰减。因此，对切削加工过程的影响不大。

1. 强迫振动

强迫振动是受外界干扰而引起的，其主要特点如下：

（1）强迫振动在外界周期性干扰力作用下产生，其振动本身并不能引起干扰力的变化；

（2）强迫振动的频率，总是与外界干扰力的频率相同；

（3）强迫振动的振幅大小，在很大程度上取决于干扰力的频率和系统自然频率的比值。

当比值等于或趋近于 1 时，振幅达到最大值，这种现象称为共振。强迫振动的振幅大小还与干扰力的大小、系统的刚度及阻尼有关。干扰力越大，刚度与阻尼越小，则其振幅就越大。

消除或减弱强迫振动的途径有：

（1）消除或尽量减小干扰力；

（2）采取隔离措施，使干扰力不传到系统中来；

（3）增大系统刚度与阻尼，避免出现共振现象。

2. 自激振动

在机械加工过程中，经常出现的一种振动，是由振动过程本身引起某种切削力的周期性变化，又由这个周期性变化的切削力，反过来加强和维持振动，使振动系统补充了由于阻尼作用而消耗的能量。这种类型的振动，称为自激振动。

自激振动的特点如下：

（1）自激振动是一种不衰减的振动。振动本身能引起某种力的周期变化。通过这种力的变化，从中获得能量补充，运动一停止，力的变化和能量的补充也就停止。

（2）自激振动的频率，等于或接近于系统的自然频率。

（3）自激振动的振幅大小，以及振动能否产生，取决于每一振动周期内，系统所获得的能量与消耗的能量的对比情况。

当振幅为某一值时，如果获得的能量大于所消耗的能量，则振幅将不断加大。相反则振幅减小。振幅的增大或减小，直到能量平衡时为止。

减弱或消除自激振动的方法如下：

（1）减小振动系统获得的能量；

（2）减小切削力和增加系统刚度。

5.6.2 机械加工过程中的自激振动

在加工过程中，工件和切削工具在振动时，它们时而相离，时而趋近。当工件和刀具做相离运动时，切削力 $F_{相离}$ 与工件位移方向相同，因而所做的功为正值，如图 5-47（a）所示；当工件趋近刀具时，切削力 $F_{趋近}$ 做功为负值，如图 5-47（b）所示。

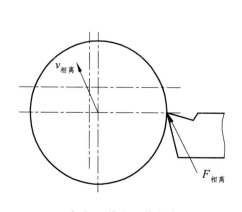
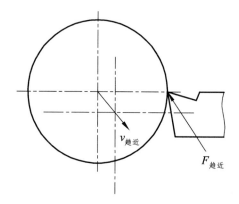

（a）刀具与工件相离　　　　　　　　（b）刀具与工件趋近

图 5-47　振动时切力与工件运动的方向

加工过程中产生自激振动的根本原因，是振动过程引起了切削力的变化，并使 $F_{相离} > F_{趋近}$，这样，在每一振动周期中，切削力对工件（或刀具）所做的正功总是大于它所做的负功，因而使系统获得能量补充。

关于在加工过程中，引起切削力改变的原因，有很多种假说，较为著名的有以下几种。

1. 再生切削自振原理

在机械加工过程中,后一次走刀和前一次走刀的切削区有时会有重叠部分,如图 5-48 所示为外圆磨削的情况。

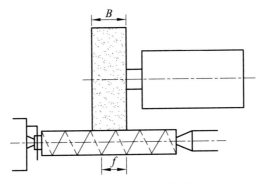

图 5-48　磨削时的重叠切削

设砂轮宽度为 B,工件每转进给量为 f,砂轮前一转的磨削区和后一转的磨削区有重叠部分,其大小可用重叠系数来表示,则

$$K_t = (B-f)/B \qquad (5\text{-}57)$$

前后两次完全重叠时,$K_t=1$;无重叠时,$K_t=0$;在一般情况下,$K_t=0 \sim 1$。

在稳定切削过程中,由于随机因素的扰动,工件和刀具产生振动,从而在加工表面上留下了振痕,当第二次走刀时,刀具就在有波纹的表面上切削,从而使切削厚度有周期性地变化,引起了切削力的周期变化,产生了自激振动。

在切削过程中,前一次走刀和后一次走刀有如图 5-49 所示的三种情况。

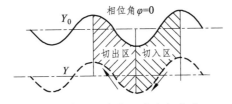

（a）前后两次走刀没有相位差

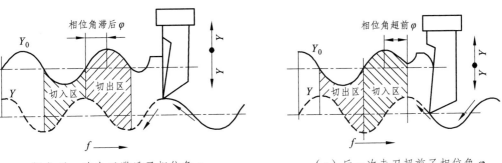

（b）后一次走刀滞后了相位角 φ　　　　　　（c）后一次走刀超前了相位角 φ

图 5-49　再生切削颤振分析

图 5-49 中 Y_0 表示前一次走刀后的工件表面,Y 表示后一次走刀后的工件表面。

从图 5-49（a）中可以看出，工件在前后两次走刀间没有相位差，$\varphi=0$。因此，切削厚度基本保持不变，切削力保持稳定，不产生自激振动。

图 5-49（b）则表示了 Y 比 Y_0 滞后了一个相位角 φ。因此，刀具切入时的半个周期中的平均切削厚度比切出时的平均厚度小，因此，切入时平均切削力比切出时小。所以在一个周期中，切削力的正功大于负功，有多余的能量输入系统中，振动得以加强与维持。

图 5-49（c）与图 5-49（b）相反，Y 比 Y_0 超前了一个相位角 φ。因此，刀具切入时的半个周期中的平均切削厚度比切出时的平均厚度大，因此，切入时平均切削力比切出时大。所以在一个周期中，切削力的负功大于正功，消耗的能量大于输入的能量，不会产生自激振动。

2. 振型耦合自振原理

当在加工无切削振痕的表面时，如加工矩形螺纹的外圆时，在一定切削条件下，也会产生自激振动。振型耦合原理是以工艺系统作为一个多自由度系统，各个自由度上的振动相互联系而使系统获得能量，以维护其振动的一种假说。

其原理如图 5-50 所示。设切削过程中的工艺系统为具有两个自由度的二维振动系统。

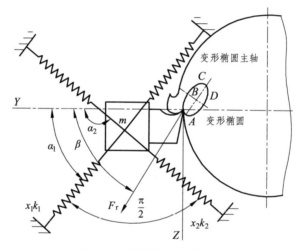

图 5-50　振型耦合原理模型

质量为 m 的刀具和刀架系统分别以弹性系数为 k_1 和 k_2 的两根互相垂直的弹簧支持着，并在（X_1）和（X_2）两个不同的方向上以一定的频率做平面振动，由于弹簧和切削力的方向等因素的组合影响，刀尖的运动轨迹近似于图中的椭圆 $ABCD$。若振动时刀具沿着 ABC 的轨迹切入工件，它的运动方向和切削力 F_r 相反，切削力做负功，若沿着 CDA 轨迹退出时，则 F_r 做正功。由于切出时的切削深度比切入时大，切削力做的正功大于负功。在一个周期中，便有多余能量输入系统，支持并加强系统的自振。

若工件和刀具的相对运动轨迹沿着 $ADCB$ 的方向进行，则切削力所做负功大于正功，振动无法维持，原有的振动会不断衰减。

3. 负摩擦自振原理

在加工韧性钢材时，切削分力 F_y 随切削速度的增加而加大，当达到一定速度后，切削分力 F_y 随速度的增加而下降。

由切削原理知，径向切削分力 F_y 主要取决于切屑和刀具相对运动所产生的摩擦力，F_y 改变主要是摩擦力的改变。摩擦力是随摩擦时的相对速度增加而减小的，称之为负摩擦特性。

在机械加工系统中，具有负摩擦特性的系统容易激发自激振动。图 5-51 所示为车削时的情况。

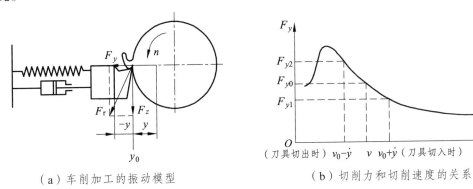

（a）车削加工的振动模型   （b）切削力和切削速度的关系

图 5-51   负摩擦颤振原理

图 5-51（a）是车削加工示意图，图 5-51（b）为径向分力 F_y 与切屑和刀具前面相对摩擦速度 v 的关系曲线。

在稳定切削时，刀具和切屑的相对滑动速度为 v_0。当刀具发生振动时，刀具前面和切屑的相对摩擦速度便要附加一个振动速度 $\dot{y}$，刀具切入时，相对速度为 $v_0+\dot{y}$，刀具退出时，其相对速度为 $v_0-\dot{y}$，它们分别使径向分力由 F_{y0} 改变为 F_{y1} 和 F_{y2}。所以，刀具切入的半个周期中，切削力所做的负功小于刀具在切出时所做的正功。在一个振动周期中，便有多余的能量输入振动系统。

4. 前角变化自振原理

切削力与刀具在加工时的实际前角有关。前角增大，切削力就下降。反之，切削力便增大。

前角在振动过程中的变化如图 5-52 所示。

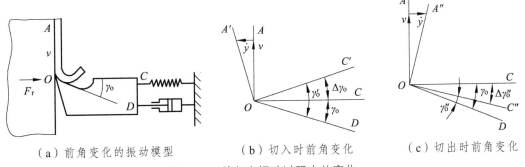

（a）前角变化的振动模型   （b）切入时前角变化   （c）切出时前角变化

图 5-52   前角在振动过程中的变化

当刀具以切削速度 v 切削工件时，刀具前角为 γ_0，径向分力 F_y 在工件法线 OC 方向作用于刀具上，如果刀具在水平方向振动，刀尖振动速度为 $\dot{y}$，当刀具切入工件时，刀尖相对于工件的合成速度方向便为 OA' 方向，法线位置也由 OC 转到 OC'，前面 OD 的方向不变，因此，

实际前角 γ_o' 比 γ_o 增大了一个 $\Delta\gamma_o'$，如图 5-52（b）所示。

$$\Delta\gamma_o' = \cot(y/v) \tag{5-58}$$

当刀具从工件退出时，如图 5-52（c）所示，其合成速度的方向为 OA''，工件法线方向由原来的 OC 转变到 OC''。此时，实际前角 γ_o'' 比 γ_o 小了一个 $\Delta\gamma_o''$。

$$\Delta\gamma_o'' = \cot(y/v) \tag{5-59}$$

由于前角增大，径向切削分力 F_y 减小，此时 F_y 与 Y 方向相反，因此，切削力做负功；当前角变小时，径向切削分力 F_y 加大，而此时 F_y 与 Y 的方向相同，切削力做正功。所以切削力所做的正功大于负功，系统能从固定能源中吸取能量，使自振得以产生。

5. 硬化自振原理

在加工时，切削力与材料的硬度有关。当刀具在切入和退出时，由于遇到的金属硬化程度不同而使切削力产生周期性变化。当切入时，切削刃遇到的是硬化较小的材料，切削力较小，切削力与位移方向相反，做负功。当退出时，切削刃遇到硬化程度较大的材料，切削力较大，切削力与位移方向相同，做正功。所以切削力做正功大于做负功，系统获得能量，产生和维持自激振动。

5.6.3　减小振动与提高稳定性的措施

减小振动，提高切削加工的稳定性，可采取下述措施：

1. 合理地选择切削用量

（1）切削速度的选择。

一般在一定的切削速度下，有时会较易产生自激振动。图 5-53 所示为车削中碳钢时切削速度对振幅的影响。

当切削速度在 30~60 m/min 时，容易产生自振，相应振幅也最大。

因此，为了避免切削产生振动，实现稳定切削，一般切削速度应在低速或高速的范围内选择。

（2）进给量的选择。

加大进给量，工艺系统不易产生自振，如图 5-54 所示。

加大进给量 f，振幅 A 下降，但 f 增加后要影响表面粗糙度。因此，在加工时，应在粗糙度许可条件下，选取较大的进给量。

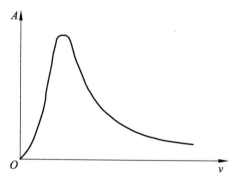

图 5-53　切削速度与振幅曲线

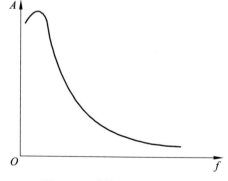

图 5-54　进给量与振幅曲线

（3）背吃刀量的选择。

随着背吃刀量 a_p 的增加，振幅 A 也增大，如图 5-55 所示。

为减小振动，可减小 a_p，但会导致生产率下降。因此，一般都优先采用调整切削速度和进给量的办法来抑制振动。

2. 合理地选择刀具的几何参数

合理地选择切削工具的几何参数，是保证稳定切削的重要措施。对产生振动影响较大的几何参数有：前角 γ_o、主偏角 κ_r、后角 α_o 和刀尖半径 r_ε。

（1）前角。

切削速度 v 较低时，随着正前角的加大，振动随之减弱，切削的稳定性增加，如图 5-56 所示。

当切削速度较高时，前角对振动的影响减弱。因为前角 γ_o 要影响刀尖的强度，所以，在中、低速加工时，可选用较大的前角，在高速加工时，才选择负前角加工。

（2）主偏角 κ_r。

随着主偏角 κ_r 的增大，振幅将逐渐降低，如图 5-57 所示。

主偏角 κ_r 增大，垂直于加工表面的切削分力 F_y 将减小，因此不易产生自振。

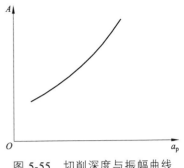

图 5-55　切削深度与振幅曲线

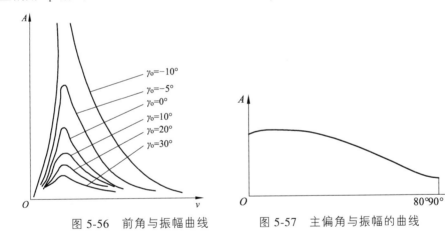

图 5-56　前角与振幅曲线　　图 5-57　主偏角与振幅的曲线

（3）后角 α_o。

减小后角 α_o，有利于稳定切削，这是由于刀具后面和工件间摩擦加大，增大了正阻尼。但是，α_o 过分减小，会使后面与工件之间产生太大的摩擦，有时反会引起切削不稳定。

在实践中，采用后面上磨出一倒棱，对消振有很好的效果，倒棱如图 5-58 所示。

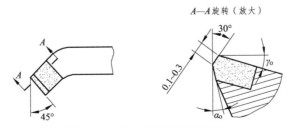

图 5-58　具有消振倒棱的车刀

（4）刀尖半径。

刀尖半径 r_ε 增大，则径向切削分力 F_y 将随之加大，所以刀尖半径 r_ε 越小，则越不易产生振动。但是，减小刀尖半径 r_ε，不但要影响刀具寿命，而且还要使表面加工粗糙度的值 Ra 增大。所以，在选择刀尖半径时，要综合上述因素来选择。

3. 提高工艺系统的抗振性

提高工艺系统的抗振能力，是减小切削加工过程振动的最基本的措施，一般可采取下述措施：

（1）改善机床结构以提高抗振性。

增加机床的刚度，特别是增加机床主轴部件、刀架部件、尾座部件和床身等的刚度，是提高抗振能力的重要手段。另外，提高机床的制造和装配质量可使接触刚度增加，并能增加阻尼系数，从而使抗振能力增强。

同时，还要合理安排各部件的固有频率，以避免由于机床内部干扰源的影响而产生共振。

（2）增加工件及支承系统的刚度。

在加工时，工件的刚度对加工稳定性也有极大的影响，尤其是在加工细长轴和薄壁盘时，更容易产生振动。工件越细长，刚度就越差，越容易引起振动。

在这种情况下，因采用辅助支承，在车床上可采用中心架或跟刀架。薄壁盘形零件一般可采用双面车床，在两边同时加工，以减少变形和振动。

在机床上加工时，刀杆也可采用支承件，以提高刚度，减少振动。

4. 消除或减少切削过程中的干扰源

切削过程中各种干扰源的影响，主要是使系统产生强迫振动。当干扰源的频率和某零部件的固有频率相近时，就要产生共振。干扰源有下列几种：

（1）机床。

机床回转零部件的不平衡所产生的离心力，在某一方向上的分力是一个周期激振力，要引起振动。

另外，由于齿轮等啮合不良而引起的冲击也会引起周期激振力而造成振动。

还有轴承、皮带与电机等也会引起强迫振动。

（2）工件。

工件回转时的不平衡，也会引起振动。另外，在加工不连续的表面时，也会产生振动。

（3）刀具。

在用多齿或单齿刀具进行铣削时，以及用滚刀、拉刀等工具加工时，由于不连续切削，也会引起冲击振动。

上述几种干扰源，减少或消除的方法，一般是采用提高制造精度、消除不平衡力或采用减振装置。

减振装置的种类很多，如图 5-59 所示为刀具的消振器。当刀具振动时，外壳也振动，但刀具与外壳是通过弹簧连接的，振动相位差一定的角度，所以外壳与车刀有相对运动（有一 Δ 间隙），产生冲击而消耗能量，以达到消除振动的目的。

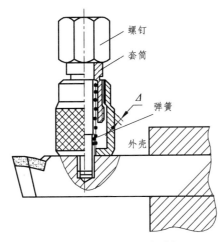

图 5-59 车刀用冲击式消振器

对于外来的干扰源，一般均采取隔振措施。尤其是对于精密机床，常采用将整个地基隔离开来，并将机床安装在合适的弹性隔振器上。常用的隔振材料有橡胶、弹簧、软木和泡沫塑料等。

思考题

1. 零件的加工精度应包括哪些内容？试举例说明它们的概念及它们之间的区别。

2. 什么是原理误差？它对零件的加工精度有什么影响？试举例说明。

3. 什么是调整误差？在单件小批量生产或大批量生产中各自会出现哪些调整误差？对加工精度会造成怎样的影响？

4. 为什么机床部件的加载和卸载过程的静刚度曲线既不重合又不封闭，并且其刚度值远远小于按实体计算的值？

5. 举例说明在加工过程中，工艺系统受力变形、热变形、磨损和残余应力会对零件加工精度产生怎样的影响。可以采取什么措施来克服这些影响？

6. 什么是误差复映？怎样控制误差复映对加工精度的影响？

7. 在车床上加工回转零件的端面时，有时会出现如图 5-60 所示的圆锥面（中凹或中凸）或断面呈凸轮的形状。试从机床几何误差的影响分析造成图示端面几何形状的原因。

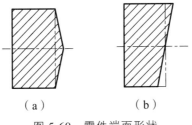

（a）　　　　　　　（b）

图 5-60 零件端面形状

8. 在外圆磨床上磨削薄壁套筒，工件如图 5-61 所示安装在夹具上，当磨削外圆至图纸要求的尺寸（合格），卸下工件后发现工件外圆呈马鞍形，试分析造成误差的原因。

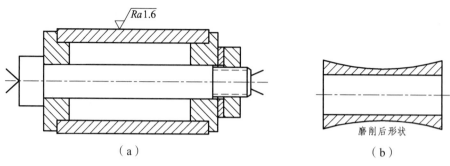

（a）   （b）

图 5-61   薄壁套筒的磨削

9. 试分别说明下列各种加工条件下，工艺系统产生热变形及其对加工误差的影响有何不同。

（1）刀具的连续切削和断续切削；

（2）加工时工件均匀受热和不均匀受热；

（3）机床热平衡前与热平衡后。

10. 试分析比较研究加工精度的分布曲线法与点图法的区别。

11. 表面质量的含义包括哪些主要内容？零件的表面质量对零件的使用性能有什么影响？

12. 机械加工过程中为什么会造成被加工零件表面层物理机械性能的改变？这些变化对产品质量有何影响？

13. 为什么会产生磨削烧伤及裂纹?试述磨削烧伤的种类和减轻磨削烧伤的措施。

14. 磨削加工时，影响加工表面粗糙度的主要因素有哪些？磨削外圆时，为什么说提高工件速度及砂轮速度，有利于减小加工表面的粗糙度，防止表面烧伤并能提高生产率？

15. 改善加工表面质量的途径有哪些？为什么表面强化工艺能改善表面质量？常用的表面强化工艺方法有哪些？

16. 机械加工中产生自激振动的原因是什么？它有何特点？它与受迫振动有何区别？

17. 简要解释自激振动的再生效应学说和振型耦合学说。

18. 车削一批轴的外圆，其尺寸要求为 $\phi 20_{-0.1}^{0}$ mm，若此工序尺寸按正态分布，均方差 $\sigma = 0.025$ mm，公差带中心小于分布曲线中心，其偏心值 $\Delta_0 = 0.03$ mm（见图 5-62）。试指出该批工件的常值系统误差和随机误差，并计算合格率与废品率。

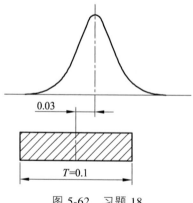

0.03

$T = 0.1$

图 5-62   习题 18

19. 表 5-7 中所列数据的序号是加工序号，用分布曲线法画出对应的分布曲线。

表 5-7　某零件加工序号和外径尺寸

单位：mm

序号	外径	序号	外径	序号	外径	序号	外径
1	9.936	26	9.938	51	9.945	76	9.949
2	9.930	27	9.938	52	9.946	77	9.948
3	9.939	28	9.943	53	9.949	78	9.956
4	9.931	29	9.946	54	9.948	79	9.955
5	9.933	30	9.945	55	9.946	80	9.945
6	9.942	31	9.943	56	9.944	81	9.947
7	9.939	32	9.945	57	9.950	82	9.950
8	9.935	33	9.941	58	9.950	83	9.957
9	9.939	34	9.941	59	9.946	84	9.954
10	9.937	35	9.943	60	9.944	85	9.952
11	9.933	36	9.940	61	9.947	86	9.947
12	9.936	37	9.940	62	9.949	87	9.950
13	9.936	38	9.940	63	9.950	88	9.953
14	9.939	39	9.945	64	9.951	89	9.954
15	9.934	40	9.943	65	9.944	90	9.952
16	9.942	41	9.944	66	9.955	91	9.950
17	9.943	42	9.941	67	9.948	92	9.950
18	9.937	43	9.941	68	9.951	93	9.955
19	9.940	44	9.945	69	9.951	94	9.949
20	9.940	45	9.944	70	9.949	95	9.960
21	9.937	46	9.947	71	9.947	96	9.959
22	9.942	47	9.946	72	9.952	97	9.958
23	9.940	48	9.947	73	9.953	98	9.962
24	9.942	49	9.944	74	9.953	99	9.956
25	9.942	50	9.946	75	9.948	100	9.957

20. 根据表 5-7 中的数据，以每 5 件为一组，以每组的平均尺寸画出工件的点图，并分析尺寸变化的原因。

21. 根据表 5-7 中的数据，以每 5 件为一组，画出 $\bar{X}$-R 质量控制图。

第6章 装配工艺基础

所有的机械产品都是由零件、组件和部件装配出来的。零件是组成机器的基本单元。

装配是生产过程的最后一个阶段，装配工作对机器的使用性能和寿命都有很大影响。通过装配才能最终确定机器的整体质量，若装配不当，质量全部合格的零件，不一定能装配出合格的产品。通过装配过程，可以了解全厂的生产情况，发现生产过程中的薄弱环节，从而采取措施提高产品质量和劳动生产率。

6.1 装配工艺规程设计

6.1.1 制订装配工艺规程的基本要求

装配工艺规程是用文件形式固定下来的装配工艺过程，它是指导装配工作的技术文件，也是制订装配生产计划和生产准备的主要依据。在设计装配工艺规程时应该遵循下列原则：

（1）保证产品的装配技术要求；

（2）装配生产周期尽可能短；

（3）装配工作的劳动量小，操作要安全；

（4）装配车间每单位生产面积的产量要尽可能大。

6.1.2 装配产品分析

分析产品装配图，研究装配时要满足的技术要求。

对产品结构进行尺寸链分析和装配工艺性分析。通过分析产品装配尺寸链，选择能够保证产品的装配精度的方法。分析产品的装配工艺性，对不合理的结构进行改进设计。分析产品的技术要求，特别是关键的技术要求，在设计装配工艺过程时采取一定的措施来保证这些要求。

将产品分解成独立的装配单元，便于组织装配工作的平行、流水生产。把产品分解成独立的零件、组件和部件等独立的装配单元，便于进行组件和部件的平行装配作业，缩短装配的生产周期。

由若干个零件组成，在结构上具有一定独立性的部分，称为组件。由若干个零件和组件组成，具有一定独立功能的结构单元称为部件。零件、组件和部件都是独立的装配单元。

6.1.3 装配组织形式的确定

根据产品结构特点和生产批量的大小，装配工作可以采用固定式装配和移动式装配两种组织形式。

1. 固定式装配

固定式装配是将产品或部件的全部装配工作安排在一个固定的工作地点进行。在装配过程中产品的位置不变，装配所需要的零件也都集中在工作地点附近。根据产品的结构和类型，固定式装配又有两种形式。

（1）集中固定式装配：全部装配工作由一组工人在一个工作地点集中完成。这种装配形式要求工人的技术水平高，装配时间长，适用于重型机械的单件小批生产。

（2）分散固定式装配：这种装配形式把产品全部装配过程分解为组件装配、部件装配和总装配，分别在不同的地点进行。各部件的装配和总装配由几组工人在不同的工作地点平行进行。这种组织形式可以使装配操作专业化，装配周期短，生产面积的使用率和生产率较高。

2. 移动式装配

移动式装配是在一个工作地点的装配工人不变，被装配对象连续或间断地从一个工位移动到另一个工位，在最后一个工位完成装配工作。移动式装配有两种组织形式：自由移动式装配和强制移动式装配。在自由移动式装配中，工件移动的进度是可以自由调节的。强制移动式装配的装配进度是强制调节的，装配工作按严格的节拍进行。

在移动式装配过程中，用传送带或输送小车从上一个工位把产品移动到下一个工位，就形成装配流水线。

6.1.4 确定装配顺序，绘制装配工艺系统图

将产品划分为组件、部件等独立的装配单元，是设计装配工艺过程的最重要的工作内容。在产品分解为独立的装配单元的过程中，要选定某一个零件或比它低一级的装配单元作为装配基准件，它通常是产品的基体零件或主干零件，基准件应该有较大的体积和质量，在其上有较大的表面作基准面。

图 6-1 为装配工艺系统图的示意图，由装配工艺系统图可以看出该产品的构成和装配过程。该产品由基准件开始沿水平线自左向右进行装配，直到装配成产品为止。图上每一个方框内需要填写零件或装配单元的名称、代号和件数。其中图 6-1（a）为产品装配系统图，图6-1（b）为部件装配系统图。

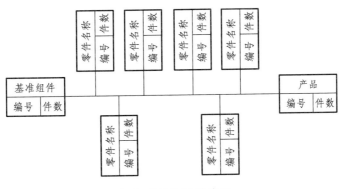

（a）产品装配系统图

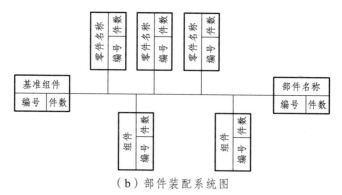

（b）部件装配系统图

图 6-1 装配工艺系统示意图

在实际装配工作中，由于产品包含的零件和装配单元很多，不便于把所有装配单元的装配过程画在同一张装配系统图上，因此分别绘制各个装配单元的装配工艺系统图，进入总装配工艺系统图的是基本的零件和装配单元。

6.1.5 确定装配工序，填写工艺文件

（1）把装配工艺系统图上的装配内容划分为单独的装配工序，并确定装配工序的内容。

（2）确定各个工序所需要的设备及工装，如需要专用设备和工装，需要提交设计任务书。

（3）制订各个工序的装配操作规范，如过盈配合的压入力、装配温度、拧紧紧固件的扭矩等。

（4）制订各装配工序的装配质量要求及检验方法。

（5）确定各装配工序的时间定额和节拍。在必要时要对装配节拍进行调整，以便和其他工序平衡。

（6）填写工艺文件。单件小批量生产时，只需要绘制装配工艺系统图，产品按装配图和装配工艺系统图进行装配；批量生产时，需要编制部装、总装工艺卡以及各个工序的工序卡等。

6.2 装配精度和装配尺寸链

6.2.1 机器产品的装配精度

1. 零件精度与装配精度的关系

机器的精度最终是在装配时达到的。保证零件的加工精度，其最终目的在于保证机器的装配精度，因此零件的精度和机器的装配精度有着密切的关系，即零件的精度在一定程度上决定了机器的装配精度。

机器的某些装配精度往往和一个零件有关，而有些精度则往往和几个零件有关。前者在生产上俗称"单件自保"，而后者则涉及装配尺寸链的问题。

但是有了合格精度的零件，如果装配方法不当，则可能装配不出合格的机器。因此机器的装配精度不但取决于零件的精度，而且取决于装配方法；反过来说，零件的精度要求取决于对机器装配精度的要求及装配方法。机器的同一项装配精度，如果装配的方法不同，对各个零件的要求也就不同。大量生产中，零件的互换性要求较高，装配时多用完全互换的装配

方法。这时对零件的精度要求就高，这样才能达到装配精度及生产节拍。对于单件小批生产，生产率的矛盾不大，因此多用修配法进行装配，这时零件的精度在加工时可以要求低些，而是靠装配时的修配来达到装配精度要求，当然这时就不能互换了。

所以，为了保证机器的装配精度，就要选择适当的装配方法并合理地规定零件的精度。

2. 机器的装配精度

装配精度是在产品装配过程中要保证的技术要求。产品装配精度主要包括以下三个方面的内容：

（1）各个零部件之间的位置精度。如零部件间的尺寸距离精度、导轨之间的垂直度和平行度、主轴与导轨之间的垂直度和平行度等。

（2）运动部件之间的运动精度。如回转运动、直线运动等本身的精度和它们之间的位置、速度比精度。

（3）配合表面的配合精度和接触精度。如两配合零件之间的间隙、过盈量的大小等。

零件的加工精度会累积到装配精度，提高零件的加工精度可以提高产品的装配精度。

6.2.2 装配尺寸链的建立

机器的装配精度是由相关零件的加工精度和合理的装配方法共同保证的。

装配尺寸链是以某项装配精度指标作为封闭环，查找所有与该项精度指标相关零件的尺寸（或位置要求）作为组成环而形成的尺寸链。

查找哪些相关零件的设计尺寸对某项装配精度指标有影响，就是建立装配尺寸链。选择合理的装配方法和确定这些相关零件设计尺寸的加工精度，就是解装配尺寸链。装配尺寸链可以分为长度尺寸链和角度尺寸链，本章主要介绍一维方向的长度尺寸链。

建立装配尺寸链是在完整的装配图或示意图上进行。装配精度和相关零件精度之间的关系构成装配尺寸链。装配精度即是封闭环，相关零件的设计尺寸是组成环。建立装配尺寸链就是根据封闭环——装配精度，查找组成环——相关零件的设计尺寸，并画出尺寸链图，判别增减环。

图 6-2 为某减速器的齿轮轴组件装配示意图。齿轮轴 1 在左右两个滑动轴承 2 和 5 中转动，两轴承又分别压入左箱体 3 和右箱体 4 的孔内，装配精度要求是齿轮轴台肩和轴承端面间的轴向间隙为 0.2 ~ 0.7 mm，试建立以轴向间隙为装配精度的尺寸链。

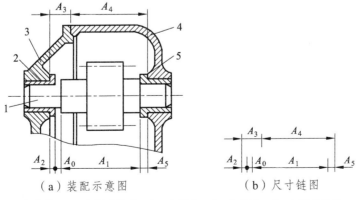

（a）装配示意图　　　　　（b）尺寸链图

1—齿轮轴；2—左滑动轴承；3—左箱体；4—右箱体；5—右滑动轴承。

图 6-2　齿轮轴组件的装配尺寸链

1. 确定封闭环

封闭环是装配精度 $A_0 = 0.2 \sim 0.7$ mm。

2. 查找组成环

组成环是相关零件的相关尺寸。相关尺寸就是指该相关零件上的某设计尺寸，它的变化会引起封闭环的变化。查找的步骤是先找出相关零件，再确定相关零件上的相关尺寸。

本例中，相关零件是齿轮轴 1、左滑动轴承 2、左箱体 3、右箱体 4 和右滑动轴承 5。

确定相关零件上的相关尺寸，应遵守"尺寸链环数最少"原则，它要求装配尺寸链中所包含的组成环数目为最少，即每个相关零件上仅有一个尺寸作为相关尺寸（即一件一环的原则）。本例中的相关尺寸是 A_1、A_2、A_3、A_4 和 A_5。

3. 画尺寸链图并确定组成环的性质

将封闭环和找到的组成环画出尺寸链图，如图 6-2（b）所示。图中 A_1、A_2 和 A_5 是减环，A_3 和 A_4 是增环。

上述尺寸链的组成环都是长度尺寸。当装配精度要求较高时，长度尺寸链中还应考虑形位公差环和配合间隙环。

6.3 保证装配精度的方法

装配完成的机械产品都必须满足规定的精度，这是满足机械产品正常工作的必需条件。在机械产品的装配过程中，采用什么装配方法来达到规定的装配精度，怎样用较低精度的零件装配出较高的装配精度，怎样用最少的装配工作量来保证装配精度，这些都是装配工艺的核心问题。在装配过程中，要根据产品的生产纲领、生产技术条件以及产品的性能、结构和技术要求来选择装配方法。

根据求解装配尺寸链的不同方法，保证产品装配精度的方法可以归纳为互换法、选配法、修配法和调整法四类。

6.3.1 互换法

参加装配的零件不需要经过任何选择、修配或调整，就能保证产品或部件的装配精度的方法称为互换法。根据求解尺寸链的不同原理，互换法有完全互换法和不完全互换法。

在完全互换法中，要求组成装配尺寸链的各组成环的公差之和要小于或等于装配精度，用公式表示如下：

$$A_0 \geqslant \sum_{i=1}^{n} A_i \qquad (6\text{-}1)$$

式中　A_0——装配精度；

　　　A_i——各有关零件的制造公差。

在这种装配方法中，装配精度的误差是各零件制造误差的累积，因此提高零件的制造误差可以提高产品或部件的装配精度。在装配过程中，各个零件是可以完全互换的。

在不完全互换法中，组成装配尺寸链的各组成环的公差值平方之和的平方根要小于或等于装配精度，用公式表示如下：

$$A_0 \geqslant \sqrt{\sum_{i=1}^{n} A_i^2} \tag{6-2}$$

同完全互换法比较，用不完全互换法进行装配时，零件的公差可以放大些，使零件的加工比较容易和经济。但是不完全互换法依据的基本理论是统计学原理，封闭环的尺寸分布将是正态分布曲线，如果封闭环的分散范围为 $\pm 3\delta$（δ 为封闭环均方根偏差），则机械产品的装配精度合格率为 99.73%，将有 0.27%的产品达不到装配精度要求。

互换法的特点如下：

（1）各零部件能够互换，装配工作简单、经济、生产效率高；

（2）装配所需要的时间容易控制，生产节拍稳定便于组织装配生产线；

（3）可以组织专业化的生产协作，有利于提高零件的生产效率和降低生产成本；

（4）对零件的加工精度要求较高，特别是尺寸链环数多时，使加工非常困难，甚至到了无法加工的程度。

6.3.2　选配法

在成批生产或大量生产条件下，若组成零件不多而装配精度很高时，采用互换法将使零件的制造公差过于严格，甚至使加工过程无法进行，这时可以采用选配法。选配法是将装配尺寸链中组成环精度按经济精度制造，然后选择合适的零件进行装配，从而保证规定的装配精度。

选配法有三种形式：直接选配法、分组选配法和复合选配法。

1. 直接选配法

直接选配法是由装配工人直接在许多待装配零件中选择合适的零件进行装配的方法。直接选配法可以使机械产品或部件达到很高的装配精度，但工人在挑选合适零件时需要花费大量的时间，并且装配精度在很大程度上依赖于装配工人的技术水平，因此直接选配法不适用于节拍严格的大批大量生产的装配流水线上。

2. 分组选配法

分组选配法是直接选配法的发展，事先将互配零件分组，装配时按对应组进行装配，满足装配精度要求。分组选配法适用于尺寸链环数少，而装配精度要求很高的情况，要达到很高的装配精度，组成环零件的精度要求特别高，将使加工变得非常困难。这时可以将装配尺寸链的各组成环零件按经济精度加工，即将各零件的制造公差 T' 放大到原先要求公差 T 的 n 倍，加工完后对所有零件用精密量具进行测量，分成 n 组，每组零件的公差仍然为原先要求的公差 T（$T=T'/n$），然后按相应的组进行装配，同组零件可以互换。

如图 6-3 所示为孔与轴的间隙配合，设轴与孔的公差分别为 $T_{轴}$ 和 $T_{孔}$，并且 $T_{轴}=T_{孔}=T$，孔的尺寸为 D_T，轴的尺寸为 d_T，装配后的最大间隙为 $X_{\max}$，最小间隙为 $X_{\min}$，由于孔和轴的公差太小，加工困难，采用分组装配法。在零件加工时，把孔和轴的偏差转换成同向标注，

将公差 T 放大 n 倍，成 $T'=nT$，如果孔和轴取下偏差为零，那么孔和轴的尺寸分别为 D^{nT} 和 $(d-T)^{nT}$，当孔和轴加工完毕后，通过测量将孔和轴按尺寸段分为 n 组，每组的公差为 $T=T'/n$，装配时按对应组装配。下面计算分组前和分组后第 k 组的最大间隙 X_{max} 和最小间隙 X_{min}。

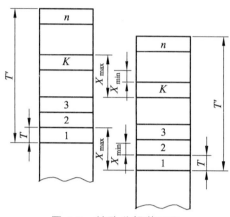

图 6-3 轴孔分组装配图

分组前的最大间隙 X_{max} 和最小间隙 X_{min}：

$$X_{min} = D - d \tag{6-3}$$

$$X_{max} = (D+T) - (d-T) = D - d + 2T \tag{6-4}$$

分组后，第 k 组的孔和轴的尺寸是 $D_{(k-1)T}^{kT}$ 和 $(d-T)_{(k-1)T}^{kT}$，最大间隙 X_{max} 和最小间隙 X_{min}：

$$X_{k\,min} = [D+(k-1)T] - [(d-T)+kT] = D - d \tag{6-5}$$

$$X_{k\,max} = (D+kT) - [(d-T)+(k-1)T] = D - d + 2T \tag{6-6}$$

上面的计算说明分组后能够保证原来的装配精度。需要说明的是分组装配法的零件的公差值必须相等，必须转换成同向偏差标注才能进行。在某一个组内，可能配合的零件有不配套的，需要特别加工一些配套零件来进行装配。

3. 复合选配法

复合选配法是上述两种方法的复合，先把零件测量分组，装配时再在各对应组中凭工人的经验进行直接选配。这种方法的配合零件的公差可以不等。在汽车发动机的制造中，气缸和活塞的装配大都采用这种方法。

6.3.3 修配法

在单件小批生产中，装配精度要求比较高，而组成装配尺寸链的环数又比较多，采用互换法不能满足装配要求，这时可以采用修配法。

在零件机械加工时，在某一个零件上预留一定的修配量，在装配中去掉这个组成环的修配量，使装配精度满足要求，这种装配方法称为修配法。修配法可以获得很高的装配精度，而零件的制造可以采用经济精度。但修配法增加了装配过程中的手工修配工作，劳动量大，工时不易控制，不便于组织流水作业，并且装配质量依赖于装配工人的技术水平。

在修配法中，各个组成环公差之和 A_N' 一般都大于装配精度 A_N，这个差值 $K = A_N' - A_N$ 称为补偿值。补偿值一般留在装配时最容易去除的某个零件上，这个零件称为补偿环。补偿环的选择应该遵循以下原则：

（1）补偿环应该选择那些只与本装配精度有关而与其他装配精度无关的零件。避免修配补偿环时破坏其他的装配精度。

（2）应该选择修配工作量小，并且易于修配的零件作为补偿环。

在实际生产中，有时为了修正产品的几何精度和零件之间的相互位置误差，还需要多预留一些修配余量，修配余量一般控制在 0.1~0.45 mm。

如图 6-4 为车床装配尺寸链。其中前顶尖中心线和后顶尖中心线对床身导轨的等高度（后顶尖比前顶尖高）A_0 为封闭环，也是装配精度。前顶尖中心至床身导轨面的高度 A_1、尾架底板的厚度 A_2 和后顶尖中心至尾架底板的高度 A_3 为组成环。由于装配精度高，组成环数多，故采用修配法，把各组成环按经济精度确定如下：

$A_0 = 0_{+0.03}^{+0.06}$ mm，为装配要求；$A_1 = (160 \pm 0.1)$ mm；$A_2 = 30_{0}^{+0.2}$ mm；$A_3 = (130 \pm 0.1)$ mm。

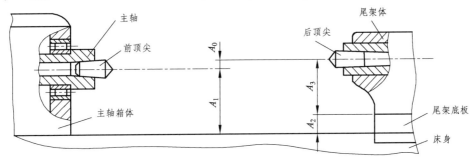

图 6-4　车床装配尺寸链

根据补偿环选择原则，选组成环 A_2（增环）为补偿环，根据尺寸链计算公式可以验算封闭环 A_0 的尺寸及上下偏差为 $A_0' = 0_{-0.2}^{+0.4}$ mm，把这一数值和装配精度比较，当 A_0 出现 -0.2 mm 时，垫块上已经没有修配余量，因此在 A_2 尺寸上增加修配补偿量 0.23 mm，即

$$A_2 = 30.23_{0}^{+0.2} = 30_{+0.23}^{+0.43} \text{ mm}$$

根据尺寸链计算公式得：

$$A_0 = 0_{+0.03}^{+0.63} \text{ mm}$$

当 A_0 出现最小值+0.03 mm 时，刚好满足装配精度要求，最小修刮量等于零；当 A_0 出现最大值+0.63 mm 时，超差量为 0.57 mm（0.63 - 0.06=0.57），所以最大修刮量等于 0.57 mm。

为了提高接触刚度，垫块上平面必须经过刮研，因此它必须具有最小修刮量。在生产实践中，最小刮研量为 0.1 mm，那么应该把这个值加到 A_2 上去，于是得到：

$$A_2 = 30.1_{+0.23}^{+0.43} \text{ mm} = 30_{+0.33}^{+0.53} \text{ mm}$$

根据尺寸链计算公式得：

$$A_0'' = 0_{+0.13}^{+0.73} \text{ mm}$$

此时最小修刮量为 0.1 mm，最大修刮量为 0.67 mm。

6.3.4 调整法

调整法和修配法在原理上是相似的。修配法用一个可调整的零件，在装配时调整它在产品中的位置或增加一个定尺寸的零件（如垫铁、垫圈、套筒等）以达到装配精度。上述两种零件称为补偿件，根据补偿件的类型，调整法可以分为可动补偿件调整法和固定补偿件调整法。

图 6-5 为保证齿轮端面间隙的装配方法。图 6-5（a）为互换法，以组成环 A_1 和 A_2 的加工精度来保证装配间隙；图 6-5（b）为固定补偿件调整法，在齿轮端面加入一个固定的垫圈来保证齿轮端面的间隙；图 6-5（c）为可动补偿件调整法，通过螺钉来调整套筒的位置，从而保证齿轮的端面间隙。在固定补偿件调整法中，根据要求制造一系列尺寸的补偿件，根据实际装配后各个组成环误差的累积情况选用不同尺寸的补偿件。

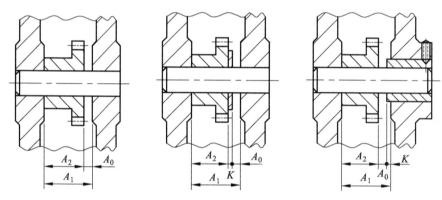

图 6-5　保证装配间隙的方法

图 6-6（a）所示的车床主轴双联齿轮装配后轴向间隙要求为 $A_0 = 0^{+0.20}_{+0.05}$ mm，已知：$A_1 = 115$ mm，$A_2 = 8.5$ mm，$A_3 = 95$ mm，$A_4 = 9$ mm，$A_5 = 2.5$ mm。采用固定补偿件，选择组成环 A_4 作为调整环。需要计算调整环的分组数和调整环的尺寸系列。计算方法如下：

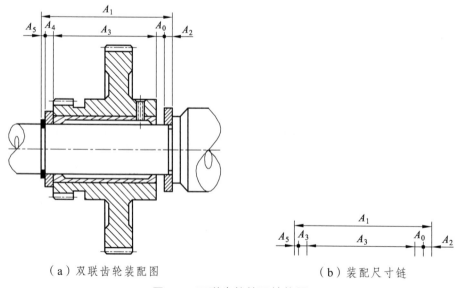

（a）双联齿轮装配图　　　　　　（b）装配尺寸链

图 6-6　双联齿轮转配结构图

（1）确定调整环的基本尺寸及公差：

$$A_4 = 9_{-0.03}^{0} \text{ mm}, \quad T_4 = 0.03 \text{ mm}$$

（2）确定组成环的经济公差，它们的尺寸及偏差如下：

$$A_1 = 115_{+0.05}^{+0.20} \text{ mm}, \quad A_2 = 8.5_{-0.10}^{0} \text{ mm}, \quad A_3 = 95_{-0.10}^{0} \text{ mm}, \quad A_5 = 2.5_{-0.12}^{0} \text{ mm}$$

（3）确定组成环的性质，验算基本尺寸。其中 A_1 是增环，A_2、A_3、A_4 和 A_5 是减环。封闭环的基本尺寸为

$$A_0 = A_1 - A_2 - A_3 - A_4 - A_5 = 0 \text{ mm}$$

（4）计算超差量。根据尺寸链计算公式得：

$$A_0 = 0_{+0.05}^{+0.52} \text{ mm}$$

间隙变动量 $\delta = 0.05 \sim 0.52$ mm；$T(A_0') = 0.47$ mm。

超差量：

$$\delta_k = T(A_0') - T(A_0) = 0.47 - 0.15 = 0.32 \text{ (mm)}$$

此超差量应该进行补偿，因此 δ_k 称为补偿量。

（5）确定调整环的组数 n。

如果调整环做得绝对精确，没有公差，分组数可以用下列公式计算：

$$n = \frac{\delta_k}{T(A_0)} + 1 \tag{6-7}$$

由于调整环不可能做得绝对精确，所以必须把调整环的加工公差 T_4 考虑进去得到新的公式：

$$n' = \frac{\delta_k + T_4}{T(A_0) - T_4} + 1 = \frac{0.32 + 0.03}{0.15 - 0.03} + 1 = 47/12$$

向上圆整取 $n=4$。

（6）确定补偿范围的尺寸分组及各组尺寸。各组间隔尺寸为

$$\Delta = \frac{T(A_0')}{n'} = \frac{0.47}{4} = 0.12 \text{ (mm)}$$

间隙尺寸分组及调整环尺寸如表 6-1 所示。

表 6-1　调整环尺寸系列及间隙系列

编号	间隙尺寸分组/mm	调整环间隙/mm	调整后的实际间隙/mm
1	9.05~9.17	$9_{-0.03}^{0}$	0.05~0.20
2	9.17~9.29	$9.12_{-0.03}^{0}$	0.05~0.20
3	9.29~9.41	$9.24_{-0.03}^{0}$	0.05~0.20
4	9.41~9.53	$9.36_{-0.03}^{0}$	0.05~0.19

在调整法中，零件可以按经济精度要求加工零件，能获得很高的装配精度，而且可以随时调整由于磨损、热变形等原因引起的误差。但是调整法需要增加补偿件，增加了零件的数量，从而增加了制造费用。在采用可动补偿件时，使机构复杂性增加。另外，调整法的装配精度在一定程度上依赖于装配工人的技术水平，由于复杂的调整工作，使工时定额不容易确定，不便于组织流水线生产。

思考题

1. 什么叫装配?它包括哪些内容?
2. 零件精度和装配精度是什么关系?
3. 装配的组织形式有哪几种? 有何特点? 各应用于什么场合?
4. 制定装配工艺规程时，应考虑哪些原则?
6. 为什么要把机器装配划分为若干独立的装配单元?
5. 装配精度包括哪些方面? 影响装配精度的主要因素有哪些?
6. 保证装配精度的主要方法有哪几种?
7. 完全互换装配法和不完全互换装配法各有何特点? 其应用场合是什么?
8. 什么是分组装配法? 其特点和应用场合是什么?
9. 什么是修配装配法? 其特点和应用场合是什么?
10. 什么是调整装配法? 它有哪三种形式?
11. 图 6-7 所示的齿轮箱部件，根据使用要求，齿轮轴肩与轴承端面间的轴向间隙应在 1~1.75 mm。若已知各零件的基本尺寸：$A_1 = 101$ mm，$A_2 = 50$ mm，$A_3 = A_5 = 5$ mm，$A_4 = 140$ mm，采用互换法装配，试确定这些尺寸的公差及偏差。

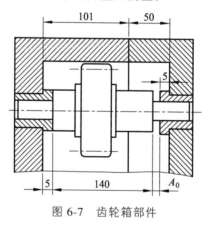

图 6-7 齿轮箱部件

12. 图 6-8 所示的双联转子泵，要求冷态下装配间隙 $A_0 = 0.05 \sim 0.15$ mm，已知各组成环基本尺寸：$A_1 = 41$ mm，$A_2 = A_4 = 17$ mm，$A_3 = 7$ mm 求：

（1）采用完全互换装配法时，各组成环尺寸及其极限偏差（选 A_1 为协调环）。

（2）采用不完全互换法装配时，各组成环尺寸及其极限偏差（选 A_1 为协调环）。

（3）采用修配法装配时，选 A_2 和 A_4 按 IT9 公差制造，选 A_1 按 IT10 公差制造，选 A_3 为修配环，试确定修配环的尺寸及其极限偏差，并计算可能出现的最大修配量。

（4）采取固定调整法装配时，A_1、A_2、A_4 仍接上述精度制造，选 A_3 为调整环，并取 T_{A_3} = 0.02 mm，试计算垫片组数及尺寸系列。

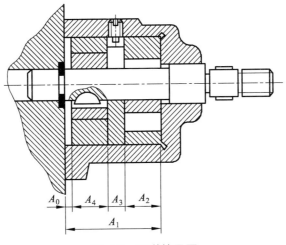

图 6-8 双联转子泵

13. 图 6-9 所示的连杆曲轴部件，要求装配间隙 A_0 = 0.1~0.2 mm，已知基本尺寸 A_1 = 150 mm，$A_2 = A_3 = 75$ mm。该部件为大批生产，试选取适合的装配方法并确定各尺寸。

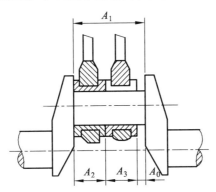

图 6-9 曲轴连杆部件

14. 在图 6-4 所示车床两顶尖的不等高的装配尺寸链中，要求装配后 A_0 = 0~0.06 mm，且只许尾座高。已知：A_1 = 202 mm，A_2 = 46 mm，A_3 = 156 mm。采用合并加工修配法，即将尾架和底板接触面配制后，将两者装成一个整体。请选择修配环，并计算修配环的尺寸及极限偏差。

第7章 数控加工工艺基础

7.1 数控加工机床与刀具的选择

7.1.1 数控加工机床类型及其工艺特点

在复杂的曲面加工中，一般采用数控铣床或数控加工中心，根据其坐标轴配置情况可分为三坐标、四坐标和五坐标铣床等几种。数控加工中心可能会多于五个轴，其联动轴数表明加工曲面能力的强弱，根据坐标轴联动情况可分为三轴、四轴和五轴联动数控加工中心。

1. 三坐标数控铣床

如图 7-1 所示，三坐标机床是指数控机床具有 X、Y 和 Z 三个可控的平动坐标。若三个坐标轴中只有两个或任意两个可以联动，则称其为三轴两联动。现代的三坐标机床一般都具有三轴联动的能力。三坐标数控铣床与加工中心的共同特点是除具有普通铣床的工艺性能外，还具有加工形状复杂的二维以及三维复杂轮廓的能力。这些复杂轮廓零件的加工有的只需二轴联动（如二维曲线、二维轮廓和二维区域加工），有的则需三轴联动（如三维曲面加工），它们所对应的加工一般相应称为二轴（或 2.5 轴）加工与三轴加工。对于一些加工面积小的叶片类零件，可以用三轴联动加工。

图 7-1 三坐标数控铣床

对于三坐标铣削加工中心（无论是立式还是卧式），由于具有自动换刀能力，适用于多工序加工，如箱体等需要铣、钻、铰及攻丝等多工序加工的零件。特别是卧式加工中心，加装分度转台后，可实现四面加工，而若主轴方向可换，则可实现五面加工，因而能够一次装夹完成更多表面的加工，同时还可以完成孔加工，特别适合于加工复杂的箱体类零件、泵体、阀体、壳体等，如水轮机的顶盖、座环、底环、轴承体、汽轮机的缸体、轴承体、阀体、泵体等。

2. 四坐标数控铣床

四坐标是指在 X、Y 和 Z 三个平动坐标轴基础上增加一个转动坐标轴（A 或 B），有四轴四联动及四轴三联动的构造，四轴三联动中的回转工作台多为分度功能。四轴四联动中的转动轴既可以作用于刀具（刀具摆动型），也可以作用于工件（工作台回转/摆动型）；机床既可以是立式的也可以是卧式的；此外，转动轴既可以是 A 轴（绕 X 轴转动），也可以是 B 轴（绕 Y 轴转动）。由此可以看出，四坐标数控机床可具有多种结构类型，但除大型龙门式机床上采用刀具摆动外，实际中多以工作台旋转/摆动的结构居多。但不管是哪种类型，从共同特点是相对于静止的工件来说，刀具的运动位置不仅是任意可控的，而且刀具轴线的方向在刀具摆动平面内也是可以控制的，从而可根据加工对象的几何特征按保持有效切削状态或根据避免刀具干涉等需要来调整刀具相对零件表面的姿态。因此，四坐标加工可以获得比三坐标加工更广的工艺范围和更好的加工效果，如具有直纹面的导叶、叶片类零部件。

3. 五坐标数控铣床

五坐标是指在三个平动坐标轴基础上增加两个转动坐标轴（A、B 或 A、C 或 B、C），且五个轴可以联动。由于具有两个转动轴，导致五坐标机床有很多种运动轴配置方案，但它们可以归于如下三大结构类型：

（1）刀具摆动型。如图 7-2 所示，这种结构类型是指两个转动轴都作用于刀具上，刀具绕两个互相正交的轴转动以使刀具能指向空间任意方向。由于运动是顺序传递的，因而在两个旋转轴中，有一个的轴线方向在运动过程中始终不变，称为定轴。而另一个轴线方向则是随着定轴的运动而变化，称为动轴（动轴紧靠刀具）。对于定、动轴的配置，理论上存在 A-B、A-C、B-A、B-C、C-A 和 C-B 六种组合情况。但由于在 A-C 和 B-C 的情况下动轴轴线与刀具轴线平行而没有意义，因此定、动轴的运动配置主要是 A-B、B-A、C-A 与 C-B 四种，这类机床的主要特点是摆动机构结构较复杂，一般刚性较差，但其运动灵活，机床使用操作（如装卡工件）较方便，因而在大型龙门式机床上广泛采用。

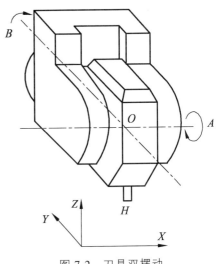

图 7-2 刀具双摆动

（2）工作台回转型。如图 7-3 所示，这种结构类型是指两个转动轴都作用于工件上，根据运动的相对件原理，它与由刀具摆动产生的效果在本质上是一样的。这种结构也是定、动轴结构，只是其动轴紧靠工件。对于其定、动轴的配置，理论上也有 A'-B'、A'-C'、B'-A'、B'-C'、C'-A' 和 C'-B' 六种组合情况。但出于此时的定轴到刀具间只存在平动，因而选 C' 轴作为定轴将因不能改变刀具轴线的方向而失去意义，因此该类型的定、动轴的运动配置分为 A'-B'、A'-C'、B'-A' 与 B'-C' 四种，而且 A'-B' 与 A'-C' 以及 B'-A' 与 B'-C' 实质上也可看成是等效的结构（初始状态不同）。这类机床的主要特点是其旋转/摆动工作台刚性容易保证、工艺范围较广，而且容易实现。但由于工件要随工作台在空间摆动，因此这种结构主要适合于中小规格的机床加工体积不大的零件。

非常重要。刀具的性能及如何根据加工对象选用合适的刀具有着极为重要的影响。刀具性能包括耐用度、刚度、抗脆性、断屑和调整更换等方面。在现代数控加工中，广泛采用可转位硬质合金刀片的组合刀具。根据毛坯的状况、材料、热处理状况、机床功率和刚度等来选择刀具尺寸和切削用量。在制定工艺方案中，从如何加工的角度看，加工刀具类型与工艺方案的合理选择极为重要。必须根据加工对象的几何特征来确定刀具的类型。在叶片类零部件加工中，根据刀位轨迹计算来确定刀具。

从刀具的几何形状来简化，应用数控铣削加工的刀具主要有平底立铣刀、端铣刀、球头刀、环形刀、鼓形刀和锥形刀，各种刀具简化模型分别如图 7-5 中（a）、（b）、（c）、（d）、（e）和（f）所示。

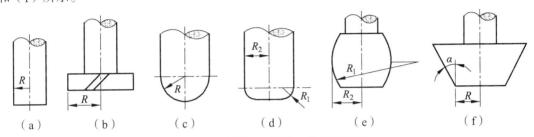

（a）　　　　　（b）　　　　　（c）　　　　　（d）　　　　　（e）　　　　　（f）

图 7-5　铣削加工常用刀具简化模型

（1）平底立铣刀。平底立铣刀主要以周边切削刃进行切削，切削性能好，是铣削加工的主要刀具，除用于平面铣削和二维轮廓铣削外，同时也是立体轮廓粗加工和多坐标精加工的主要刀具，而且也可应用于三维轮廓的三坐标精加工。

在多轴联动加工曲面情况下，平底立铣刀的应用有侧铣和端铣两种方式。侧铣方式主要应用于以直线为母线进行旋转、平移或其合成所形成的一类型面（称为直纹面）的加工，如水轮机叶片的出水边、直纹面的压缩机和泵的叶轮叶片、扩散器的导叶等，可由立铣刀周边切削刃一次成型，加工效率高，并可有效保证型面质量。显然，对于由固定或变化的平坦曲线运动所形成的一般型面，采用多坐标侧铣加工也可大大减少走刀次数并提高型面质量。端铣方式主要应用于不适合侧铣加工的其他情况，如加工水轮机叶片的焊接坡口、叶片头部曲面等部位，它采用一行一行的行切方式加工。从工艺范围看，它是多坐标加工的主要方式。它在保证刀具不与型面干涉的前提下，尽可能使平底立铣刀底部贴近被加工表面进行加工，切削条件好，并可有效抑制切削行间的残余高度，从而减少走刀次数。

在三轴联动加工情况下，若采用平底立铣刀加工内凹的型面，可能产生超出公差范围的局部欠切削区域，此时还需采取一定的后续处理措施。

（2）端铣刀。端铣刀主要用于面积较大的平面铣削和较平坦的三维曲面的多轴联动铣削，加工平面、雕塑曲面叶片类零部件的大表面等采用行切方式加工，以减少走刀次数，提高加工效率与表面质量。

（3）球头刀。球头刀是三维立体轮廓加工特别是三坐标加工的主要刀具。球头刀加工的刀具中心轨迹是由零件轮廓沿其外法线方向偏置一个刀具半径而成，即使在三坐标加工情况下，除了内凹的暗角，球头刀均可加工。因此，球头刀对加工对象的适应能力强且编程与使用也较方便，但球头刀加工也存在一些不足之处。除其制造较困难外，球头切削刃上各点的切削情况不一，越接近球头刀的底部，其切削条件越差（切削速度低、容屑空间小等）。因此，在需要刀具底部切削（如型面平坦部位的加工等）的情况下，加工效率难以提高且刀具容易磨损。另外，球头刀加工时的走刀行距一般也比相同直径的其他刀具加工时小，因此效率较低。球头刀主要用于清根和过渡曲面的加工。

（4）环形刀。环形刀是在用边切削刃与底面切削刃之间以一段小圆弧过渡，主要用于凹槽、平底型腔等平面铣削和立体轮廓的加工，其工艺特点与平底立铣刀类似，切削性能较好。而且，与平底立铣刀相比，由于环形刀的切削部位是圆环面，切削刃强度较好且不易磨损。另外，它还可以用于如图 7-6 所示的一些特殊加工情况。但是，环形刀的刃磨和编程相对困难一些。

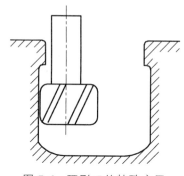

图 7-6　环形刀的特殊应用

（5）鼓形刀。鼓形刀多用来对倾斜的零件表面进行三坐标加工，如图 7-7（a）所示。这种表面最理想的加工方案是多坐标侧铣。鼓形刀的刀口纵剖面为半径 R_1 较大的圆弧，因而不仅对表面上各处的倾斜角变化具有一定的适应性，而且能有效减少走刀次数（相对于球头刀），提高加工效率与表面质量。圆弧半径 R_1 越小，刀具所能适应的斜角变化范围就越广，但是行切得到的工件表面质量就越差或效率越低。如图 7-7（b）所示，除上述加工应用外，鼓形刀也应用于一般表面的多坐标侧铣，而且它比圆柱面或圆锥面侧铣的适应能力强。鼓形刀的缺点是刃磨较困难、切削条件较差，而且不适宜于加工各种内缘表面。

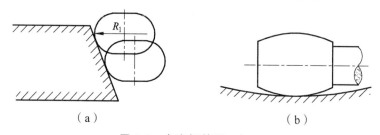

（a）　　　　　　　　　　　　　　　（b）

图 7-7　多坐标鼓形刀加工

（6）锥形刀。锥形刀的应用目的与鼓形刀有些相似，在三坐标机床上，它可代替多坐标侧铣加工零件上与安装面倾斜的表面，特别是当倾斜角固定时可一次成型，并可加工内缘表面（见图 7-8），如一些缸体、泵体的加工。而且，锥形刀刃磨容易，切削条件好，可获得较高的加工效率与表面质量。但是，用锥形刀加工变斜角零件时的效果不如鼓形刀，当工件的斜角变化范围较大时，需要多次走刀或分阶段换刀加工，从而影响加工效率与表面质量。在多坐标机床上，锥形刀可代替圆柱立铣刀侧铣或端铣，特别是对于图 7-9 所示的底部狭窄的通道等情况的加工，采用锥形刀可在满足结构空间限制的前提下增加刀具的刚度，从而有利于提高加工效率与精度。

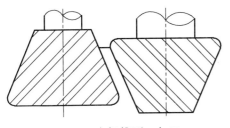

图 7-8 三坐标锥形刀加工

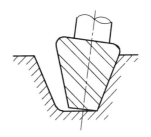

图 7-9 多坐标锥形刀加工

7.2 数控机床的坐标系与原点偏置

数控机床的坐标系统，包括坐标系、坐标原点和运动方向，对于数控加工及编程，数控机床坐标系统是一个十分重要的概念。每一个数控编程员和数控机床的操作者，都必须对数控机床的坐标系统有一个完整、正确的理解，否则，程序编制将发生混乱，操作时更容易发生事故。为了使数控系统规范化及简化数控编程，对各种数控机床的坐标系统做了若干具体的规定。

7.2.1 坐标系

数控机床的坐标系采用右手直角笛卡儿坐标系，其基本坐标轴为 X、Y、Z 直角坐标，相对于每个坐标轴的旋转运动坐标为 A、B、C，如图 7-10 所示。

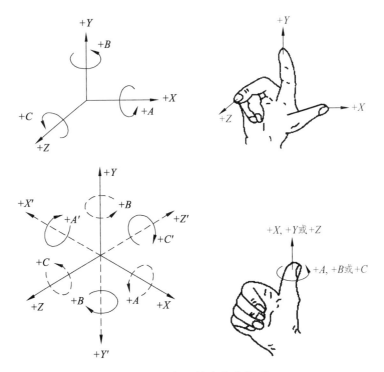

图 7-10 右手笛卡儿坐标系

7.2.2 坐标轴及其运动方向

在数控加工过程中，不论是工件静止不动、刀具做进给运动，还是工件做进给运动、刀具静止不动，数控机床的坐标运动指的是刀具相对于工件的运动，即认为刀具做进给运动，而工件静止不动。

ISO 对数控机床的坐标轴及其运动方向均有一定的规定，图 7-11 描述了两坐标数控车床及三坐标数控镗铣床（或加工中心）的坐标轴及其运动方向。

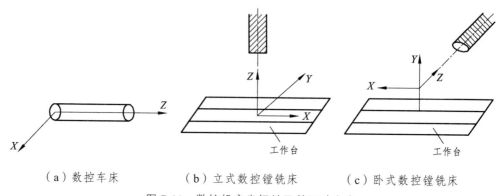

（a）数控车床   （b）立式数控镗铣床   （c）卧式数控镗铣床

图 7-11 数控机床坐标轴及其运动方向

Z 轴定义为平行于机床主轴的坐标轴，如果机床有一系列主轴，则选尽可能垂直于工件装夹面的主轴为 Z 轴，其正方向定义为从工作台到刀具夹持的方向，即刀具远离工作台的运动方向。

X 轴为水平的、平行于工件装夹平面的坐标轴，它平行于主要的切削方向，且以此方向为正方向。Y 轴的正方向则根据 X 和 Z 轴按右手法则确定。

旋转坐标轴 A、B 和 C 的正方向相应地在 X、Y、Z 坐标轴正方向上，按右手螺旋法则来确定。

有关的附加直线轴和附加旋转轴，ISO 均有相应的规定，具体可查阅有关参考资料。

7.2.3 坐标原点

1. 机床原点

现代数控机床一般都有一个基准位置，称为机床原点或机床绝对原点，是机床制造商设置在机床上的一个物理位置，其作用是使机床与控制系统同步，建立测量机床运动坐标的起始点，也称为机械原点。

2. 机床参考点

与机床原点相对应的还有一个机床参考点，它是机床制造商在机床上用行程开关设置的一个物理位置，与机床相对位置是固定的。机床出厂之前由机床制造商精密测量确定。机床参考点一般不同于机床原点。一般来说，加工中心的参考点为机床的自动换刀位置。

3. 程序原点

对于数控编程和数控加工来说，还有一个重要的原点就是程序原点，是编程人员在数控编程中定义在工件上的几何基准点，有时也称为工件原点，程序原点一般用 G92 或 G54 ~ G59（对于数控镗铣床）和 G50（数控车床）设置。

4. 装夹原点

除了上述 3 个基本原点之外，有的机床还有一个重要的原点，即装夹原点。装夹原点常见于带回转（或摆动）工作台的数控机床或加工中心，一般是机床工作台上的一个固定点，比如回转中心。与机床参考点的偏移量可通过测量得到，然后存入数控系统的原点偏置寄存器中，供数控系统原点偏移计算用。

7.2.4 程序原点的设置与偏移

现代数控系统一般都要求机床进行回零操作，即在机床回到机床原点或机床参考点（不同的机床采用的回零操作方式可能不一样，但一般都要求回参考点）之后，才能启动机床。机床参考点和机床原点之间的偏移值存放在机床参数中，回零操作后机床控制系统进行了初始化，即机床运动坐标 X、Y、Z、A、B 等的显示（计数器）为零。

当工件在机床上固定以后，程序原点与机床原点（或机床参考点）的偏移量必须通过测量来确定，现代数控系统一般都配有工件测量头，在手动操作下能准确地测量该偏移量，然后存入 G54 ~ G59 原点偏置寄存器中，供数控系统进行原点偏移计算用。在没有工件测量头的情况下，程序原点位置的测量要靠碰刀的方式进行。

如图 7-12 所示描述了一个一次装夹加工 3 个相同零件的多程序与机床参考点之间的关系及偏移计算方法。

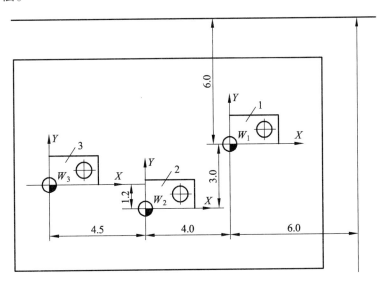

图 7-12 程序原点的设置

采用 G92 实现原点偏移的有关指令：

N1 G90	绝对坐标编程，刀具位于机床参考点
N2 G92 X6.0　Y6.0　Z0	将程序原点定义在第一个零件上的工件原点 W_1
…	加工第一个零件
N8 G00 X0　Y0	快速回程序原点
N9 G92　X4.0　Y3.0	将程序原点定义在第二个零件上的工件原点 W_2
…	加工第二个零件
N13 G00 X0 Y0	快速回程序原点
N14 G92　X4.5 Y-1.2	将程序原点定义在第三个零件上的工件原点 W_3
	加工第三个零件

采用 G54～G59 实现程序原点偏移的有关指令：

首先设置 G54～G59 原点偏置寄存器。

对于零件 1：G54 X-6.0 Y-6.0 Z0

对于零件 2：G55 X-10.0 Y-9.0 Z0

对于零件 3：G56 X-14.5 Y-7.8 Z0

然后调用：

N1　G90 G54	
…	加工第一个零件
N7 G55	
…	加工第二个零件
N10 G56	
…	加工第三个零件

显然，对于多程序原点偏移，采用 G54～G59 原点偏置寄存器存储所有程序原点的偏移量，然后在程序中直接调用 G54～G59 进行原点偏移。

采用程序原点偏移的方法还可实现零件的空运行试切加工，方法是：将程序原点向刀轴（Z 轴）方向偏移，使刀具在加工过程中抬起一个安全高度。

对于编程员而言，一般只要知道工件上的程序原点就够了，与机床原点、机床参考点及装夹原点无关，也与所选用的数控机床型号无关（注意与数控机床的类型有关）。但对于机床操作者来说，必须十分清楚所选用的数控机床的上述各原点及其之间的偏移关系（不同的数控系统程序原点设置和偏移的方法不完全相同，必须参考机床用户手册和编程手册）。数控机床的原点偏移实质上是机床参考点对编程员所定义在工件上的程序原点的偏移。

数控系统的位置、运动控制指令可采用两种坐标方式进行编程，即绝对坐标编程和增量坐标编程。

1. 绝对坐标编程

刀具运动过程中所有的刀具位置坐标以一个固定的程序原点为基准，即刀具运动的位置坐标是指刀具相对于程序原点的坐标，在程序中用 G90 指定。

如图 7-13（a）所示三个孔的加工，采用绝对坐标编程的有关指令如下：

G90 G00 X10 Y15 ；绝对坐标编程，快速定位到 P_1 点

… 　　　　加工第一个孔

G90 G00 X30 Y30；绝对坐标编程，快速定位到 P_2 点

…　　　　　　　加工第二个孔

G90 G00 X50 Y45；绝对坐标编程，快速定位到 P_3 点

…　　　　　　　加工第三个孔

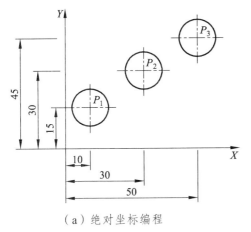 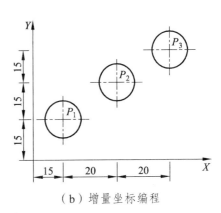

（a）绝对坐标编程　　　　　　　　　（b）增量坐标编程

图 7-13　编程方式

2. 增量坐标编程

刀具运动的位置坐标是指刀具从当前位置到下一个位置之间的增量，在程序中用 G91 指定。如图 7-13（b）所示三个孔的加工，采用增量坐标编程的有关指令如下：

G90 G00 X15 Y15；绝对坐标编程，快速定位到 P_1 点

…　　　　　　　加工第一个孔

G91 G00 X20 Y15；增量坐标编程，快速定位到 P_2 点

…　　　　　　　加工第二个孔

G91 G00 X20 Y15；增量坐标编程，快速定位到 P_3 点

…　　　　　　　加工第三个孔

注意：第一个孔的加工应该采用绝对坐标编程。增量坐标编程也称为相对坐标编程。

7.3　数控加工工艺的特点及主要内容

在使用数控机床加工零件前，首先要设计数控加工工艺过程，必须对待加工的零件进行工艺分析，拟定加工方案，选择合适的刀具和夹具，确定切削用量。在数控程序编制以前，还需要设计数控工艺的工序内容，并确定对刀点等。所以数控工艺过程的设计是一项十分重要的工作。

7.3.1　数控加工的工艺特点

数控加工与普通机床加工方法有许多类似的地方，不同之处主要是控制方式的差异。在普通机床上加工工件，在工艺过程设计完成之后，工步的安排、机床各部件的位移、走刀路

线、切削参数的选择等，一般都由操作工人自行确定。在数控加工过程之前，必须由编程人员把全部工艺过程、工艺参数和位移量事先编制成程序，用数控程序去驱动机床的整个加工过程。

由于整个程序是自动运行的，所以数控加工工艺设计需要比普通加工方式的工艺具体。如工步安排、各部件运动次序、位移、走刀路线、切削用量等都必须在工艺设计中认真加以考虑并正确编入加工程序中。这样，所有的工艺内容必须在数控程序编制前确定，由编程人员事先编制到数控程序中去。

虽然数控机床自动化程度高，但自我调整能力差。因此，数控加工工艺设计应该十分严密，必须细化到工艺的每一个细节。大量的数控加工实践表明，数控加工中出现差错和失误的主要原因，多数为工艺设计时考虑不周或编程时粗心大意。所以数控工艺的设计人员和数控编程人员必须具备扎实的工艺基础知识和丰富的工艺设计经验，并且有扎实严谨的工作作风。

数控加工的应用范围正在不断扩大，但不是所有的零件都适合在数控机床上加工。根据数控机床的特点及大量应用实践，一般按适应程度将被加工零件分为以下 3 类：

1. 最适应类

（1）形状复杂、精度要求高，用普通机床无法加工或虽然能加工但很难保证质量的零件；
（2）用数学描述的复杂曲线或曲面轮廓的零件；
（3）具有难测量、难控制进给、难控制尺寸的内腔型壳体类零件和盒形零件；
（4）必须在一次装夹中完成多道工序的零件。

上述零件是数控加工的首选类零件，先不必过多地考虑经济性，应先考虑可行性，考虑数控加工能否行得通。

2. 较适应类

（1）在普通机床上加工易受人为因素（情绪波动、体力强弱、技术水平高低）干扰，一旦出现质量问题会造成重大经济损失的零件；
（2）在普通机床上加工时为保证精度必须设计和制造复杂工装夹具的零件；
（3）尚未定型（试制中）产品中的零件；
（4）在普通机床上加工调整时间过长的零件；
（5）用普通机床加工时生产率很低或劳动强度很大的零件。

此类零件在分析可加工性后，还要考虑生产效率和经济性。一般认为，它们是数控加工的主要选择对象。

3. 不适应类

（1）生产批量大的零件（不排除个别工序用数控机床加工）；
（2）装夹困难，完全靠找正定位来保证加工精度的零件；
（3）加工质量不稳定且数控机床中无自动检测及自动调整工件坐标位置的装置，易产生较大的工艺变形的零件；
（4）必须用特定工艺装备协调加工的零件。

上述零件如用数控机床加工，在生产效率、经济性上无明显优势，有些情况下还会造成数控设备精度下降。所以，此类零件一般不应作为数控加工的选择对象。

7.3.2　数控加工内容的选择

数控加工的零件选定之后，并不一定在数控机床上完成所有加工工序，而可能只是选择其中一部分工序进行加工。因此，应对零件图进行工艺分析，选择最适合、最需要进行数控加工的工序，充分发挥数控加工的优势。一般按以下顺序考虑：

（1）普通机床无法加工的工序是优先选择的内容；

（2）普通机床难加工，质量难以保证的工序是重点选择的内容；

（3）普通机床加工效率低，工人劳动强度大的工序，可作为一般选择的内容。

下列一些加工工序不宜选择数控加工：

（1）占机调整时间长，如用粗基准定位加工第一个精基准的工序；

（2）必须使用专用夹具或工装所加工的工序；

（3）由某些特定的样板、样件、模块等为依据加工的型面轮廓，主要原因是数据采集困难而增加了编程的难度；

（4）不能在工件一次装夹中完成的其他零星工序。

此外，在选择和决定数控加工工序时，还要考虑生产批量、生产周期以及生产均衡性等，做到优质、高产和高效。

7.3.3　数控加工工艺设计的主要内容

数控加工工艺设计一般包括以下内容：

（1）确定进行数控加工的工件及加工内容；

（2）对被加工工件的图样进行工艺分析，明确加工内容和技术要求，在此基础上确定工件的加工方案，并进行工序划分；

（3）设计数控加工工序，如工步的划分、工件的基准及定位方案的选择、夹具与刀具的选择、切削用量的确定等；

（4）选择对刀点、换刀点的位置，确定加工路线，考虑刀具的补偿；

（5）分配数控加工中的余量；

（6）数控加工工艺文件的定型与归档。

在加工程序编制中进行工艺分析和设计时，编程设计人员应根据机床的操作说明和编程指南、切削用量与标准工具手册及其他有关技术参考资料，结合具体零件进行分析，设计出符合要求的数控加工工艺。

7.4　数控加工工艺分析

在前述数控加工零件和工序的选择中，已做过一些工艺性分析，但还不够具体和充分。

对于数控加工工艺设计而言，必须从数控加工的可能性和方便性角度出发，认真、仔细地进行工艺分析。

7.4.1 零件图尺寸的标注方法

零件用数控方法加工时，其工艺图样上的工件尺寸标注方法应与数控加工的特点相适应。

一般地，零件的设计和尺寸的标注是以零件在机器中的功用和装配是否方便作为基本依据的，如图 7-14（a）所示的某箱体零件的孔系尺寸标注，是以孔距作为主要标注形式，以满足性能及装配要求和减少累积误差。

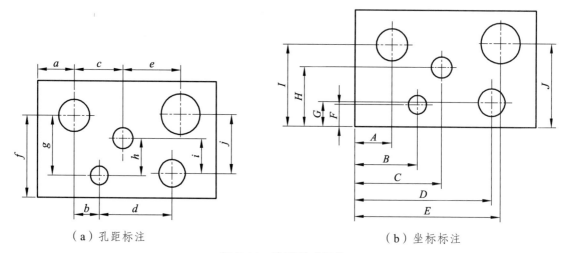

（a）孔距标注   （b）坐标标注

图 7-14 孔系尺寸标注

然而，在数控加工中，以同一基准标注尺寸或直接给出坐标尺寸，却是最合适的，如图 7-14（b）所示。它适应了数控加工的特点，既方便于编程，也便于尺寸之间的相互协调，在保持设计、工艺、检测基准与编程原点设置的一致性方面带来了很大的方便。因此，在设计数控加工工艺时，工艺图样上的工件尺寸标注必须为集中标注或坐标式标注。事实上，由于数控加工精度及重复定位精度都很高，不会过多产生由于尺寸标注而引起的累积误差。

7.4.2 构成零件轮廓的几何元素条件

构成零件轮廓的几何要素的形状与位置尺寸（如直线的位置、圆弧的半径、圆弧与直线是相切还是相交等），是数控编程的重要依据。手工编程时，应根据它计算出每一个节点的坐标，自动编程时，依据它才能对构成轮廓的所有几何元素进行定义。无论哪一种条件不明确，编程都无法进行。因此，分析零件图样时，务必仔细认真，发现这种问题时，应及时与零件设计人员协商更改设计。

7.4.3 数控加工的定位基准

数控加工的工艺分析中应注意工件定位基准的选择和安装等问题。与普通机床一样，也要合理选择定位基准和夹紧方案。应注意以下问题：

（1）遵循基准统一原则，选用统一的定位基准加工各表面，既保证了各面的位置精度，避免或减少了因重复装夹造成的定位误差；

（2）力求设计基准、工艺基准与编程计算基准的统一性；

（3）必要时在工件轮廓上设置工艺基准，在加工完成后除去；

（4）一般应选择已加工面作为数控加工的定位基准。

对拟订的数控加工对象进行工艺分析与审查，一般是在零件与毛坯图设计以后进行，所以会遇到很多问题。特别是将原来在普通机床上加工的零件改在数控机床上加工，会遇到更多的麻烦。因为产品已定型，为适应数控加工零件图和毛坯图必须做较大的更改，这不仅仅是工艺部门的事情。因此，工艺编程人员要和产品设计人员密切合作，尽量在产品零件尚未定型之前进行工艺审查，充分考虑数控加工的工艺特点，使零件图纸的标注、基准、结构等适应数控加工的要求，在不影响零件使用功能的前提下，让零件图设计更多地满足数控加工工艺的各种要求。

7.5 数控加工工艺路线设计

数控加工工艺路线是几道数控加工工序的概括，而不是指从毛坯到成品的整个工艺过程。因此，不仅有数控工序的划分和安排问题，还有与普通工序相衔接问题。

7.5.1 工序的划分

数控加工工序一般用下述方法划分：

1. 根据装夹定位划分

因为每个零件的形状不同，各表面的技术要求也不一样，因而在加工时定位方式也各不相同，所以，应将加工部位分成若干部分，每次安排其中一部分或几个部分，每一部分可用典型刀具加工。

2. 按所用刀具划分工序

为了减少换刀次数，减少空程时间，可以按刀具划分工序。在一次装夹中，用一把刀加工完能加工的所有部位，再换第二把刀加工。自动换刀数控机床中大多采用这种方法。

3. 以粗、精加工划分工序

由于粗加工切削余量较大，会产生较大的切削力而易使刚度较差的工件发生变形，故一般要进行校正。因此，要将粗、精加工分序进行。

在划分工序中，要根据零件的结构特点与工艺性、机床性能及数控加工内容和生产条件灵活掌握，力求合理。

7.5.2　加工工序的安排

加工顺序对加工精度和效率有很大的影响，安排加工工序时，一般要考虑以下因素：

（1）粗加工全部加工完之后再进行精加工。在一次安装中绝不可以先将工件的某一部分加工完毕之后，再加工其他表面。一般应该是先粗加工切除大部加工余量，再将工件各表面精加工到尺寸。这样既提高了粗加工切除余量的效率，又保证了精加工精度和表面粗糙度的要求。

（2）尽量减少换刀次数，尽可能用同一把刀具加工能够加工的所有部位，然后再换刀加工其他部位，利用缩短辅助时间来提高生产效率。

（3）先加工工件内腔，后加工工件外形。

总之，工序顺序的安排应根据零件的结构和毛坯状况以及定位安装与夹紧的需要综合考虑。

7.5.3　数控加工工序与普通工序的衔接

数控加工工序前后一般都穿插有其他普通工序，如衔接不好易产生问题。解决办法是：相互建立状态要求。即要不要留加工余量，留多少；定位面与孔的精度要求及形位公差；对校形工序的技术要求；对毛坯的热处理要求等。其目的是达到相互能满足加工需要，质量目标及技术要求明确，交接验收有依据。交接状态要求一般用状态表表示，按一定程序会签，并反映在工艺规程中。

7.6　数控加工工序设计

当数控加工工艺路线设计完成之后，各道数控加工工序的内容已基本确定。接下来就应该进行数控加工工序设计。

数控工序设计的主要任务是进一步确定本工序的具体加工内容，如切削用量、工装夹具、定位及夹紧方式和刀具运动轨迹等，为编制加工程序做好充分准备。

7.6.1　进给路线的确定和工步的顺序安排

走刀路线是刀具在加工工序中的运动轨迹，它既包括工步的内容，也反映工步的顺序。工步由走刀（工作行程）所组成，而工序又由工步所组成。在不引起混淆的情况下，走刀路线又称进给路线。走刀路线是编写程序的依据之一。因此，在确定走刀路线时最好画一张简图，将已经拟订好的走刀路线画上去（包括进、退刀路线），这样便于编程。工步的划分和安排一般可随走刀路线进行。在确定走刀路线时，一般遵循以下原则：

（1）确定的加工路线应能保证零件的加工精度和表面要求。

铣削工件外轮廓时一船采用立铣刀侧刃切削。刀具切入工件时，应避免沿工件外廓的法向切入，而应从外廓线延长线的切向切入，以免在工件的轮廓上切入处产生刻痕，以保证工件表面平滑过渡，如图 7-15 所示。同理，在刀具离开工件时，也应避免在工件的轮廓处直接退刀，而要沿工件轮廓延长线的切线方向逐渐离开。

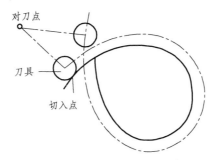

图 7-15　刀具的切入与切出

　　铣削封闭的内轮廓表面时，因内轮廓线曲线不允许外延，可用圆弧形进刀（或退刀）轨迹与轮廓相切，如图 7-16 所示。当刀具只能沿轮廓线的法向切入和切出时，刀具的切入切出点应尽量选在内轮廓面的交线处。

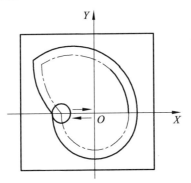

图 7-16　内轮廓加工刀具的切入与切出

　　用圆弧插补方式铣削外整圆时，如图 7-17 所示。当整圆加工完毕时，不要在切点处直接退刀，要让刀具多运动一段距离，最好是沿切线方向，以免取消刀具补偿时，刀具与工件表面碰撞，造成工件报废。铣削内圆弧时，也要遵守切向切入的原则。最好选择从圆弧过渡到圆弧的走刀路线，如图 7-18 所示，以提高内孔表面的加工精度和表面质量。

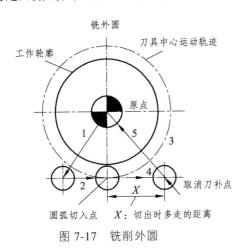

图 7-17　铣削外圆　　　　　　　　　　图 7-18　铣削内圆

对于孔位置精度要求较高的零件，精镗孔系时，安排的镗孔路线一定要注意各孔的定位方向一致，即采用单向趋近定位的方法，以避免传动系统的误差或测量系统的误差对定位精度的影响。如图 7-19（a）所示的加工路线，在加工孔Ⅳ时，X 方向的反向将影响Ⅲ-Ⅳ孔的孔距精度；如图 7-19（b）所示的加工路线，可使各孔的定位方向一致，传动系统的间隙不会影响孔的位置精度。

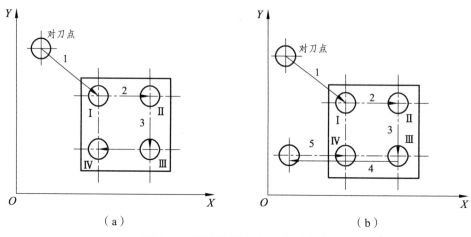

（a）　　　　　　　　　　（b）

图 7-19　两种孔系的加工路线方案

此外，轮廓加工中应避免进给停顿。因为加工过程中，工艺系统会发生受力变形，进给停顿，将使切削力突然减小，系统弹性变形恢复，造成刀具在停顿处给工件留下划痕。

为了降低切削表面的粗糙度，提高加工精度，可以采用多次走刀的方法，最后一次走刀应留较小的加工余量，一般以 0.2 ~ 0.5 mm 为宜，精铣时应尽量采用顺铣，以降低被加工表面的粗糙度。

（2）为提高生产效率，在确定加工路线时，应尽量缩短加工路线，减少刀具空行程时间。

如图 7-20 所示是正确选择钻孔加工路线的例子。按照一般习惯应先加工均布于同一圆周上的八个孔，再加工另一圆周上的孔，图 7-20（a）所示。但对于点位控制的数控机床而言，这并不是最短的加工路线，应按图 7-20（b）所示的路线进行加工，使各孔间的距离总和最小，以节省加工时间。

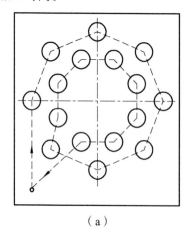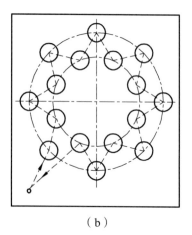

（a）　　　　　　　　　　（b）

图 7-20　最短加工路线选择

（3）为了减少编程工作量，还应使数值计算简单，程序段数量少，程序短。

7.6.2　工件的安装与夹具的选择

在考虑工件的安装时，首先要考虑定位基准和夹紧方案，应注意以下几点：

（1）要求设计基准、工艺基准与编程计算的基准统一；

（2）尽量减少装夹次数，尽可能做到一次定位装夹后就能加工出全部待加工表面，避免采用占机人工调整方案。

夹具在数控加工中也有重要地位。根据数控加工的特点，对夹具有如下基本要求：

（1）保证夹具的坐标方向与机床的坐标方向相对固定；

（2）能协调零件与机床坐标系的尺寸；

（3）当零件加工批量较小时，尽量采用组合夹具、可调试夹具及其他通用夹具；

（4）当生产批量较大时，采用专用夹具，但应力求结构简单；

（5）夹具的定位、夹紧元件和机构不能影响刀具在加工中的移动；

（6）装卸零件要方便可靠，准备时间短。有条件时，批量较大的零件应采用气动或液压夹具和多工位夹具。

7.6.3　数控刀具的选择

数控机床具有高速、高效的特点。一般数控机床，主轴转速要比普通机床主轴转速高 1 ~ 2 倍，且主轴功率也大。因此，数控机床的刀具比普通机床刀具要求要严格得多。选用刀具应注意以下几点：

（1）数控机床上铣平面，采用镶装不重磨可转位硬质合金刀片的铣刀。一般用两次走刀。一次粗铣，一次精铣。当连续切削时，粗铣刀直径要小一点，精铣刀直径要大一些，最好能包容待加工面的整个宽度。加工余量大且面又不均匀时，刀具直径应选用小一些，否则，粗加工时会因接刀刀痕过深而影响加工质量。

（2）高速钢立铣刀多用于加工凸台和凹槽，一般不要用来加工毛坯面，因为毛坯面的硬化层和夹砂，会使刀具磨损很快，同时高速钢的耐热性较硬质合金差。

（3）余量较小，并且要求表面粗糙度低时应采用镶立方氮化硼刀片的端铣刀或镶陶瓷刀片的端铣刀。

（4）硬质合金的立铣刀可用于加工凹槽、窗口面、凸台面和毛坯表面。

（5）硬质合金的玉米型铣刀可用于强力切削，铣削毛坯表面和用于孔的粗加工。

（6）精度要求较高的凹槽加工时，可以采用直径比槽宽小一些的立铣刀，先铣槽的中间部分，然后再利用刀具半径的补偿功能铣削槽的两边，直到达到精度要求为止。

（7）在数控机床上钻孔，一般不采用钻模。钻孔深度与直径比大于 5 倍以上的深孔容易折断钻头，可采用固定循环程序，多次自动进退，以利于冷却和排屑。钻孔前最好先用中心钻钻一中心孔，或用一个刚性好的短钻头锪沉孔引正。锪沉孔除了引正作用外，还可以进行孔口倒角。

7.6.4 切削用量的选择

切削用量包括切削速度、背吃刀量和进给量。

数控加工中切削用量的确定，要根据机床说明书中规定的允许值，再按刀具耐用度允许的切削用量复核；也可按照切削原理中的方法计算，并结合实践经验确定。

自动换刀数控机床往主轴或刀库上装刀所费时间较多，所以选择切削用量要保证刀具加工完一个零件，或保证刀具耐用度不低于一个工作班，最少不低于半个工作班。对于易损刀具，可配备几把刀具，以保证加工的连续性。

（1）背吃刀量 a_p 主要根据机床、工件和刀具的刚性决定。

在刚性允许的情况下，可以使 a_p 与工件加工余量相等，以减少走刀次数，提高加工效率。有时为了保证必要的加工精度和降低表面粗糙度，可留一定的精加工余量，最后进行一次精加工。数控机床的精加工余量可小于普通机床，一般取 0.2 ~ 0.5 mm。

（2）切削速度 v 与主轴转速 n 的关系由下式确定：

$$v = \frac{n\pi D}{1\,000}(\text{m/min}) \tag{7-1}$$

式中　n——主轴转速（r/min）；

　　　D——工件或刀具直径（mm）。

一般根据刀具耐用度确定切削速度，由上式计算出主轴转速 n，再根据机床说明书选取主轴转速标准值，并填入程序单中。

（3）进给量 f 是数控加工的重要参数，应根据零件的加工精度和表面粗糙度的要求以及工件材料选取。如精铣时可取 20~25 mm/min，精车时可取 0.10~0.20 mm/r，最大进给量受机床刚度和进给系统性能的限制。

在选择进给量时，还应注意零件加工中的某些特殊因素。比如在轮廓加工中，选择进给量时，应考虑轮廓拐角处的"超程"问题。特别是在拐角角度较大、进给速度较高时，应在接近拐角处适当降低进给速度，在拐角后逐渐升速，以保证加工精度。

以加工如图 7-21 所示工件为例，铣刀由 A 点运动到 B 点，再由 B 点运动到 C 点。如果进给速度过高，由于惯性的作用，在 B 点可能出现超程现象，将拐角处的金属多切去一部分。为了克服这种现象，可在接近拐角处适当降低进给速度。这时可将 AB 段分成 AA′ 和 A′B 两段，在 AA′ 段使用正常的进给速度，A′B 为较低速度。低速的具体值，要根据具体机床的动态特性和超程允差决定。机床动态特性是在机床出厂时由制造厂给用户的"超程表"给出，也可由用户根据试验确定。超程表中给出了不同进给速度的超程量。超程允差根据零件的加工精度决定，其值可与程序编制允差相等。

低速度段的长度，即如图 7-21 所示中 A′B 的长度，由机床动态特性决定。由正常进给速度变到拐角处的低速度的过渡过程的时间，应小于刀具由 A′ 点移动到 B 点的时间。

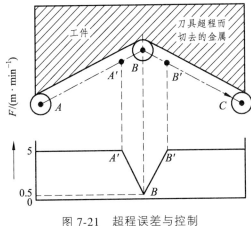

图 7-21 超程误差与控制

加工过程中，由于切削力的作用，工艺系统产生的变形，可能使刀具运动滞后，从而在拐角处可能产生"欠程"，这一问题在编程时应给予足够重视。此外，还应充分考虑切削过程的自然断屑问题，通过选择刀具几何形状和对切削用量的调整，使排屑处于最顺畅的状态，严格避免长屑。

7.6.5 对刀点与换刀点的确定

对刀点是指在数控机床上加工零件时，刀具相对零件做切削运动的起始点，选择在对刀方便、编程简单的地方。

对于采用增量编程坐标系统的数控机床，对刀点可选在零件孔的中心上、夹具上的专用对刀孔上或两垂直平面（定位基面）的交线（即工件零点）上。但所选的对刀点必须与零件定位基准有一定的坐标尺寸关系，这样才能确定机床坐标系与工件坐标系的关系，如图 7-22 所示。

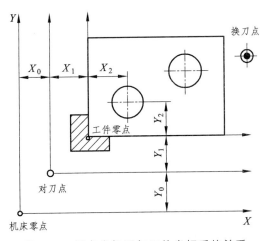

图 7-22 机床坐标系与工件坐标系的关系

对于采用绝对编程系统的数控机床，对刀点可选在机床坐标系的机床零点上或距机床零点有确定坐标尺寸的点上。因为数控装置可用指令控制自动返回参考点（即机床零点），不需人工对刀。但在安装零件时，工件坐标系与机床坐标系必须要有确定的尺寸关系（见图 7-22）。

对刀时，应使刀具刀位点与对刀点重合。所谓刀位点，对于立铣刀是指刀具轴线与刀具底面的交点，对于球头铣刀是指球头铣刀的球心，对于车刀或镗刀是指刀尖。

数控车床、数控铣床或加工中心在加工时常需进行换刀，故编程时还要设置一个换刀点，换刀点应设在工件的外部，避免换刀时碰伤工件。一般换刀点选择在第一个程序的起始点或机床零点上。

对于具有机床零点的数控机床，当采用绝对坐标系编程时，第一个程序段就是设定对刀点的坐标值，以规定对刀点在机床坐标系的位置；当采用增量坐标系编程时，第一个程序段则是设定对刀点到工件坐标系原点（工件零点）的距离，以确定对刀点与工件坐标系间的相对位置关系。

7.6.6 测量方法的确定

由于工作条件和测量要求的不同，在数控机床上有不同的测量方式。

1. 增量式测量和绝对式测量

增量式测量的特点：只测量位移增量，如果单位为 0.01 mm，则每移动 0.01 mm 就发出一个测量信号；测量装置比较简单，任何一个对中点都可作为测量起点，在轮廓控制数控机床上都采用这种测量方式，典型的检测元件如感应同步器、光栅等。

但在增量式测量系统中，移距是靠对测量信号计数读出的，一旦计数有误，此后的测量结果就会出错。如发生某种故障（如断电、断刀等），在事故排除后，不能重新找到事故前的正确位置，这就是增量测量方式的缺点。

绝对值测量方式从原则上讲可以避免上述缺点，它的被测量的任一点的位置都由一个固定的零点算起，每一被测点都有一个相应的测量值，典型的如数码盘，对应码盘的每一个角位有一组二进位数。显然分辨率要求越高，所需的二进位数也越多，数码盘的结构也越复杂。

2. 数字式测量和模拟式测量

数字式测量是将被测量用测量单位量化后以数字形式表示。以直线测量为例，只要测量单位足够小（如 0.01 mm 或更小），就可以将被测距离比较准确地量化。测量信号一般是电脉冲，以把它直接送入数控装置进行比较处理。其典型的测量装置如光栅位移测量装置。

数字式测量的特点：

（1）被测量量化后转换成脉冲个数，便于显示和处理；

（2）测量精度取决于测量单位，与量程基本无关（当然也有累积误差问题）；

（3）测量装置比较简单，脉冲信号抗干扰能力较强。

模拟式测量是将被测量用连续的变量来表示，如用相位变化、电压变化来表示。在大量程内作精确的模拟测量在技术上有比较高的要求，在数控机床上，模拟式测量主要用于小量程的测量，如感应同步器的一个线距内信号相应变化等。

模拟式测量的特点：

（1）直接测量，无须量化；

（2）在小量程内可以实现高精度测量；

（3）直接测量和间接测量。

直接测量装置上常用光栅、感应同步器等直接来测量工作台的直线位移，其优点是直接反应工作台的直线位移，缺点是测量装置必须与机床的行程等长，这对大型数控机床来说是一个很大的限制。

间接测量是通过和工作台直线运动相关联的回转运动间接地测量工作台的直线位移，回转测量装置有旋转变压器等。间接测量使用可靠方便，无长度限制，其缺点是测量信号加入了直线运动转变为回转运动的传动链误差，从而影响了测量精度。

思考题

1. 试述数控加工工艺的特点。
2. 数控加工工艺有哪些主要内容？
3. 哪些类型的零件最适合在数控机床上加工？零件上的哪些加工内容适合采用数控加工？
4. 对数控加工零件进行工艺分析包括哪些主要内容？
5 在数控工艺路线设计中，应注意哪些问题？
6. 机床坐标和工件坐标系的区别是什么？
7. 绝对坐标编程和增量坐标编程有什么区别？试举例说明。
8. 如何选择合理的编程原点？
9. 什么是对刀点？什么是换刀点？
10. 什么是刀位点？说明立铣刀、球头铣刀和钻头的刀位点。
11. 什么是数控加工的走刀路线？确定走刀路线时，通常要考虑哪些问题？
12. 五轴联动数控加工机床有哪些基本类型？各有什么工艺特点？
13. 说明五轴联动加工所用的刀具的主要类型及其工艺特点。

第8章 多轴联动数控加工技术基础

对于一些大型复杂零部件，为了满足复杂的动力学特性要求，在零件上存在着复杂的回转面、直纹面、雕塑曲面和各种组合自由曲面。在现代制造企业中，对这些零部件实现数字化加工是现代数字化制造中最重要的内容。其加工工艺的合理规划对实现优质、高效、经济的数控加工具有极为重要的作用。其内容包括选择加工方法，确定合适的机床、刀具形状与尺寸、刀具相对加工表面的姿态、走刀路线、主轴速度、切削深度和进给速度等。特别是对于大型复杂曲面零件高效加工，只有在合理的工艺规划下，选择合适的工艺参数与切削策略才能获得较理想的加工效果。从加工的角度看，数控加工工艺主要是围绕加工方法与工艺参数的合理确定及其实现的理论与技术。但对于形状复杂零件的加工，如何选择合适的加工方案与加工参数是一个比较复杂的问题。

8.1 自动编程方法与过程

复杂零件数控加工编程因涉及复杂的计算处理，必须采用自动编程方法，即借助数控自动编程系统由计算机来辅助生成零件加工程序。现代数控编程软件主要分为以批处理命令方式为主的各种类型的 APT 语言和交互式 CAD/CAM 编程集成系统。对于复杂零部件数控加工，采用最广泛的是后一种方式。交互式 CAD/CAM 编程涉及对加工零部件的几何建模、刀具轨迹生成、后置处理等。本章以叶片式流体机械中的曲面零部件自动编程的刀具轨迹生成为例进行介绍。

计算机自动编程的整个过程是通过自动编程系统在计算机上自动完成的，如图 8-1 所示。自动编程系统经历了 APT、图形编程、面向专业领域的 CAM 系统编程及以 CAD/CAM 集成系统的特征编程。自动编程系统具有可视化、自动化的优点，现正朝着智能化和集成仿真技术方向发展。随着数控系统功能的不断加强，自动编程可以在线编程和离线编程。一些高档数控系统具有二维轮廓的蓝图编程，还有一些系统具有三维曲面直接编程的在线自动编程功能。在复杂工件加工中，目前使用最广泛的是以 CAD/CAM 集成系统的离线编程方式，其自动编程的主要过程如图 8-1 所示。CAD/CAM 集成系统数控编程的主要特点是零件的几何形状可在零件设计阶段采用 CAD/CAM 集成系统的几何设计模块在图形方式下进行定义、显示和修改，最终得到零件的几何模型。数控编程的一般过程包括刀具的定义或选择、刀具相对于零件表面的运动方式的定义、切削加工参数的确定、走刀轨迹的生成、加工过程的动态图形仿真显示、程序验证直到后置处理等，一般都是在屏幕菜单及命令驱动等图形交互方式下进行的，具有形象、直观和高效的优点。

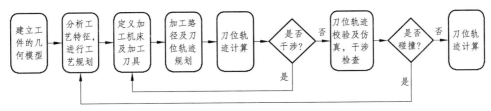

图 8-1 自动编程过程

在自动编程过程中，刀具轨迹生成技术是复杂零件数控加工中重要的内容，同时也是研究最为广泛深入的内容。它是在所建立的工件几何模型的基础上，根据所选用的加工过程、机床、刀具、走刀方式、走刀路线以及加工余量等工艺方法与参数进行刀位计算并生成数控加工刀具运动轨迹。刀具轨迹生成能力直接决定了数控编程系统的功能及所生成的数控加工程序的质量。高质量的刀具轨迹生成方法除应保证编程精度和无干涉外，同时应满足通用性好、加工时间短、编程效率高、代码量小等条件。

8.2 二维曲线、轮廓及型腔加工的刀具轨迹生成

8.2.1 曲线加工

在实际加工中，很大一批工件上存在这样一类特征，其零件形状可以由所采用的刀具按设计的曲线运动包络而成，这类加工可称为曲线加工。可见，曲线加工的理论刀具轨迹也就是曲线本身，不必考虑刀具形状与尺寸的补偿问题，因而比较简单。但由于数控系统上一般只具有直线、圆弧等插补功能，因此，给定曲线的理论轨迹不一定能由数控系统直接处理。此时，需要用数控系统能处理的曲线段（一般只用直线或圆弧段），并按允许的逼近误差对约定的理论轨迹进行离散逼近，生成以一系列直线段、圆弧段或其组合所描述的刀具轨迹。在实际数控加工中，一般都采用较简单的直线逼近法。

对于任意曲线，从计算几何上可以表达为 $r = r(t)$ 的参数形式。对于给定的允许逼近误差，可以采用等参数、等步长和等误差三种方式对其进行离散直线逼近。

1. 等参数离散逼近法

等参数离散逼近是对参数轴 t 进行等间距分割（即等参数步长），然后将每一个节点的参数值代入曲线表达式中计算出各离散点的位置坐标，将各相邻离散点用直线段顺序相连即构成逼近原曲线的刀具轨迹，如图 8-2 所示。

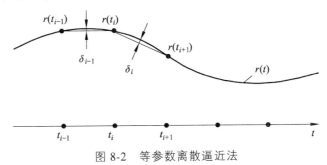

图 8-2 等参数离散逼近法

等参数离散逼近方法的特点是算法简单稳定、速度快，其整条参数线上按等参数步长计算点位，但参数步长和曲线加工误差没有一定关系。由于参数空间与实际位置空间的非线性关系，由相等的参数增量所得到的相邻离散点之间的距离是不等的，更不能保证各逼近线段与原曲线之间误差的一致性。因此，为了使各段的逼近误差均在给定的允许误差范围内，参数增量只能按最不利的情况选取，且往往是由较保守的估计来确定，因而该方法所生成的零件程序质量一般不是很好。

2. 等步长离散逼近法

等步长离散逼近法是使各相邻离散点间的距离相等，如图 8-3 所示。显然，当已知前离散点为 $r_i = r(t_i)$，离散步长为 Δl 时，则下一离散点 $r_{i+1} = r(t_{i+1})$ 从原理上可按如下方法求得：以 r_i 为中心作半径为 Δl 的球(平面曲线时则为圆)，该球(或圆)与 $r = r(t)$ 的交点之一即为 r_{i+1}。但这种直接求交的方法一般难以实施，需要采取如数值计算、迭代搜索或离散求交等措施来实现。

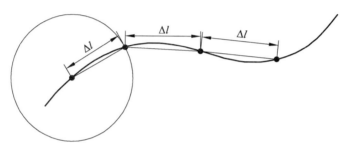

图 8-3　等步长离散逼近

等步长离散逼近方法的计算过程比等参数法要复杂得多，而且由于原曲线在各处的曲率不等，各逼近段内的逼近误差也并不相等，离散步长 Δl 也只能按最不利的情况来选取，因而也难得到高质量的零件程序。

3. 等误差离散逼近法

等误差离散逼近法是使这个逼近段内的实际逼近误差保持一致，因此它比上面两种方法都要合理。实现等误差离散逼近的常见方法有参数筛选法和步长估计法。

参数筛选法是按等参数步长法计算离散点列，步长取值使离散点足够密，然后按曲线的曲率半径、加工工误差从离散点列中筛选出点位信息。参数筛选法克服了等参数步长的缺点，但计算速度稍慢一些。该方法的优点是计算的点位信息比较合理且具有一定的实用性。

步长估计法是在参数曲线方向上按最大曲率估计步长，然后按等参数步长进行离散。采用局部等参数步长离散算法来求刀位点，不仅考虑了曲率的变化对走刀步长的影响，而且计算方法也比较简单。

8.2.2　二维轮廓加工

外形轮廓铣削数控加工的刀具轨迹是刀具沿着预先定义好的工件外形轮廓运动而生成的刀具路径。外形轮廓通常为二维轮廓，加工方式为二坐标加工；在某些特殊情况下，也有三维轮廓需要加工。在生产实际中，很多工件可以采用二维轮廓加工。对于二维轮廓的加工，其理论刀具轨迹是在轮廓曲线基础上偏置一个刀具半径而成，因而存在刀具半径补偿问题，这也是轮廓加工与曲线加工在刀具轨迹计算时的本质不同之处。

从原理上讲，由于数控系统一般具有直线、圆弧轮廓加工时的刀具半径补偿功能，因此，对于由直线、圆弧构成的二维轮廓加工，其刀具轨迹可由数控系统在线编程完成，如 Sinumerik 系统中的蓝图编程功能。对于包含任意非圆曲线（用型值点来描述）的轮廓加工，由于刀具偏置引起的刀具轨迹计算的复杂性以及由于数控系统处理的实时性等限制，即使在二维情况下。数控系统中的刀具轨迹计算功能也并不完善。特别是当零件程序中包含对轮廓曲线进行离散逼近的一系列小线段时，将可能出现由于处理不完善导致的刀具干涉过切等严重问题。因此，对于较复杂轮廓的加工，一般都需通过离线编程计算出无干涉的刀具轨迹后再给数控系统执行。

二维轮廓加工刀具轨迹生成需要进行轮廓预处理、轮廓偏置的分析和计算及正确选择切削工具。

1. 轮廓预处理

轮廓预处理主要是对非圆轮廓的线段进行离散逼近并将各轮廓段按一定方向排列。当轮廓中包含非圆曲线段时，将其预先按逼近精度要求离散成一系列直线段或圆弧段，以使最终的轮廓只包括直线与圆弧段。值得指出的是，即使数控系统具有其他曲线的插补功能，轮廓中的这些曲线段也应预先离散成直线或圆弧段。因为对于这些曲线，经过刀具偏置得到的理论刀具轨迹一般不能再以原曲线类型来精确表达，因而其理论刀具轨迹不可能直接由数控系统插补，最终也得用直线或圆弧段离散，而这些曲线在生成刀具轨迹前预先离散却可以简化算法的设计，并且提高了算法效率。关于非圆曲线离散逼近的具体方法在前述曲线加工中已有介绍。将轮廓离散成线段后，将各线段按一定的走向顺序连接，这一过程称为排序。经离散与排序后的各轮廓段数据可用链表结构存储。

2. 偏置轮廓

经过预处理后的轮廓只包含直线段与圆弧段，各段对应的偏置线段依然是直线段与圆弧段。但是，当轮廓由一系列的直线与圆弧段组成时，加工整个轮廓的刀具轨迹却并不是由各轮廓段所对应偏置线段的简单相连，否则，刀具运动时将与零件轮廓发生干涉而导致过切削。其具体干涉情况可分为局部干涉和整体干涉两大类。

从刀具轨迹（偏置轮廓）的特征看，如图 8-4 所示，当整体干涉（包括凹节点局部干涉）存在时，刀具偏置轮廓将出现自交而形成一些偏置环，其中一些偏置环是由有效偏置线段组成的（称为有效环），而另一些则由干涉偏置线段组成（称为干涉环）。因此，如何有效地生成、检测与分离有效环与干涉环是轮廓加工刀具轨迹生成中的核心问题。值得指出的是，轮廓加工中的整体干涉是由于刀具直径过大造成的，因此一般应通过减小刀具直径来避免。但为了提高效率，也往往需要先采用大直径刀具先对轮廓进行粗加工。此外，对于后面将要介绍的型腔环切加工，由于要通过不断的轮廓偏置以使刀具轨迹覆盖整个加工区域，故轮廓偏置时的整体干涉往往不可避免。因此，一个较通用完善的偏置轮廓生成算法需要考虑到整体干涉的检测与处理问题。

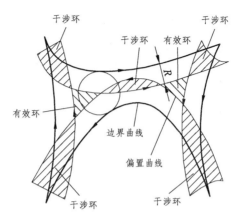

图 8-4　有效环与干涉环

3. 二维轮廓铣削的刀具选择

铣削二维外形轮廓一般采用立铣刀。刀具的尺寸一般应满足：

（1）刀具半径 R 小于朝轮廓内侧弯曲的最小曲率半径 ρ_{min}，一般可取 $R = (0.8 \sim 0.9)\rho_{min}$。

（2）刀具与零件的接触长度 $H \leqslant (1/4 \sim 1/6)R$，以保证刀具有足够的刚度。

如果 ρ_{min} 过小，为提高加工效率，可先采用大直径刀具进行粗加工，然后选择刀具对轮廓中残留余量过大的局部区域处理后再对整个轮廓进行精加工。对于一个外形轮廓的加工，可以分为粗加工和精加工等多个加工工序。最简单的粗精加工刀具轨迹生成方法可通过刀具半径补偿途径来实现。

4. 走刀路线的选择

走刀路线是指加工过程中刀具相对于被加工工件的运动轨迹和方向。加工路线的合理选择是非常重要的，因为它与零件的加工效率和表面质量密切相关。确定走刀路线的一般原则：

（1）保证零件的加工精度和表面粗糙度要求。

（2）缩短走刀路线，减少进退刀时间和其他辅助时间。

（3）方便数值计算，减少编程工作量。

对于三维轮廓的铣削，无论是外轮廓还是内轮廓，要安排刀具从切向进入轮廓进行加工，当轮廓加工完毕之后，要安排一段沿切线方向继续运动的距离退刀，这样可以避免刀具在工件上的切入点和退出点处留下接刀痕（见图 7-17）。进刀/退刀线是为了防止过切、碰撞和飞边而设置的。

此外，在铣削加工零件轮廓时，要考虑尽量采用顺铣加工方式，这样可以提高零件的表面质量和加工精度，减少机床的"颤振"。要选择合理的进、退刀位置，尽可能选在不太重要的位置。

8.2.3　二维型腔加工

型腔是指具有封闭边界轮廓的平底或曲底凹坑，而且可能具有一个或多个不加工的岛屿（见图 8-5），当型腔底面为平面时即为二维型腔。如缸体类零部件的加工部位可归结为型腔加工。

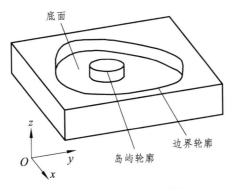

图 8-5 型腔类零件示意图

二维型腔加工的一般过程：沿轮廓边界留出精加工余量，先用平底端铣刀环切或行切法走刀，铣去型腔的多余材料，最后沿型腔底面和轮廓走刀，精铣型腔底面和边界外形。当型腔较深时，则要分层进行粗加工，这时还需要定义每一层粗加工的深度以及型腔的实际深度，以便计算需要分多少层进行粗加工。切轮廓通常又分为粗加工和精加工两步。粗加工的刀具轨迹如图 8-6 中粗线所示，是从型腔边界轮廓向里及从岛屿轮廓向外偏置铣刀半径 R 并且留出精加工余量而形成。它是计算内腔区域加工走刀路线的依据。在 CAM 软件中切削内腔区域时，最常用的方法是环切和行切，如图 8-7 所示，其共同点是都要切净内腔区域的全部面积，不留死角，不伤轮廓，同时尽量减少重复走刀的搭接量。从加工效率、代码质量等方面衡量，行切与环切走刀路线哪个较好要取决于型腔边界的具体形状与尺寸以及岛屿数量、形状尺寸与分布情况，而且，型腔加工还可采用其他走刀路线（例如行切与环切的混合）。对于一具体型腔，采用各种不同的走刀方式，并以加工时间最短作为评价目标进行比较，原则上可获得较优的走刀方案，但更具智能化的型腔加工方案优化方法仍有待进一步研究。

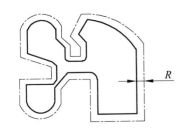

图 8-6 型腔轮廓粗加工

（a）行切 （b）环切

图 8-7 型腔区域加工走刀路线

1. 环形走刀法刀具轨迹生成

环形走刀法在区域加工中应用广泛，环形走刀的刀具轨迹实质上都是由型腔轮廓的不断偏置产生的，因此在原理上它可由轮廓加工刀具轨迹生成算法的不断重复调用来完成。但是，尽管轮廓加工刀具轨迹的生成在上一节已经讨论，但那只是针对单个轮廓的情况。而对于具有岛屿（甚至多个岛屿）的型腔，型腔轮廓是由边界轮廓和岛屿轮廓等多个轮廓组成，显然，在对任一轮廓进行偏置时，不仅要考虑其偏置得到的刀具轨迹与本轮廓的干涉过切问题，而且必须要同时考虑与其他轮廓的干涉过切问题。因此，对于具有多岛屿的复杂型腔，环形走刀法刀具轨迹生成的主要问题是多轮廓并存时的轮廓偏置问题。

对于环形走刀法，型腔加工的刀具轨迹可从边界轮廓开始逐步向内偏置生成，也可从岛屿轮廓开始逐步向外偏置生成，同时也可由上述两个过程同步进行来生成，即边界轮廓每向内偏置一次，岛屿轮廓也向外偏置一次，这样交叉进行直到刀具轨迹覆盖整个区域。

但不管采取哪种方式，刀具轨迹的生成步骤包括：①型腔轮廓的预处理；②型腔轮廓的精加工轨迹生成；③型腔轮廓的粗加工轨迹生成；④型腔区域加工的轨迹生成。

2. 平行走刀法刀具轨迹生成

平行走刀法是指用一组平行于某个方向的直线段作为加工型腔区域的刀具轨迹，但型腔轮廓的精加工仍按环形走刀方式进行。平行走刀法刀具轨迹生成的具体算法也有多种，主要处理过程包括：① 轮廓预处理与轮廓精加工刀具轨迹生成；② 轮廓粗加工刀具轨迹的生成；③ 区域加工约束边界的处理；④ 走刀区域的分解，⑤型腔区域加工刀具轨迹的生成。

采用大直径刀具进行型腔加工可以获得较高的加工效率，但对于形状复杂的二维型腔，若采用大直径刀具，将产生大量的欠切削区域，需进行后续加工处理，而若直接采用小直径刀具，则又会降低加工效率。因此，采用大直径刀具与小直径刀具混合使用的方案将是较好的选择。

8.3 多坐标联动加工刀具轨迹生成的基本方法

曲面加工的刀具轨迹生成是实现曲面数控加工的关键环节，同时也是一个比较复杂的环节。曲面加工一般需要采用多坐标联动加工机床来完成。曲面类零件的形状特征复杂多变，其加工要求包括粗加工与精加工，加工方式包括三坐标、四坐标或五坐标的端铣/侧铣，加工刀具可采用球头刀、平底刀、环形刀和鼓形刀等，而其加工走刀方式则更是多种多样。曲面加工刀具轨迹生成技术包括刀具轨迹规划、刀位计算、步长与行距的控制、刀具干涉的检测与处理等。本节先着重介绍多坐标联动加工的刀具轨迹生成技术的一些基本概念，然后着重介绍五坐标加工曲面的刀具轨迹生成方法。

8.3.1 多坐标数控加工的基本概念

（1）曲面加工刀具的统一描述。曲面加工中常用的刀具有球头刀、平底刀、环形刀和鼓形刀，为使算法具备较好的通用性并避免分类叙述的烦琐，本书以图 8-8 所示的刀具模型来统一定义上述几种刀具，即当刀具模型参数 $R_1 = R_2$ 时为球头刀，$R_1 > R_2$ 时为鼓形刀，$R_1 < R_2$ 时为环形刀，$R_1 = 0$ 时为平底刀。

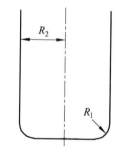

图 8-8　刀具模型

（2）刀具切触点（Cutting Contact Point）。刀具切触点指刀具在加工过程中与被加工零件曲面的理论切触点。对于曲面加工，不论采用什么刀具，从几何学的角度来看，刀具与加工曲面的接触关系均为切触。所谓刀具切触点，即 CC（Cutter Contact）点，是指刀具表面与曲面相切接触的点。在生成刀具轨迹时，很多情况下是先确定 CC 点，再由此计算相应的刀位点。

（3）刀具切触点曲线（Cutting Contact Curve）。刀具切触点曲线指刀具在加工过程中由切触点构成的曲线。切触点曲线是生成刀具轨迹的基本要素，既可以显式地定义在加工曲面上，如曲面的等参数线、二曲面的交线等，也可以隐式定义，使其满足一些约束条件，如约束刀具沿导动线运动。而导动线的投影可以定义刀具在加工曲面上的切触点，还可以定义刀具中心轨迹，切触点曲线由刀具中心轨迹隐式定义。这就是说，切触点曲线可以是曲面上实际的曲线，也可以是对切触点的约束条件所隐含的"虚拟"曲线。

（4）刀位点数据（Cutter Location Data，CL-Data）。刀位点数据指准确确定刀具在加工过程中的每一位置所需的数据。一般来说，刀具在工件坐标系中的准确位置可以用刀位点（Cutter Location，CL）和刀轴矢量来进行描述。其中刀具 CL 点可以是刀心点，也可以是刀尖点，视具体情况而定。所谓刀位点，即用以确定刀具运动位置的基准点，刀具轨迹就是指刀位点的运动轨迹。原则上可定义刀具上的任一点作为刀位点，但实际中为便于计算和对刀调整，一般采用刀具端面中心点作为标准刀位点。为简化分析描述，常用图 8-9 所示刀具上的 m 点作为刀位点，由它可很方便地得出标准刀位点。

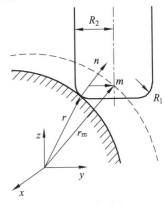

图 8-9　刀位的确定

（5）刀具轨迹曲线（Tool Path）。刀具轨迹曲线指在加工过程中由刀位点构成的曲线，即曲线上的每一点包含一个刀轴矢量。刀具轨迹曲线一般由切触点曲线定义刀具偏置计算得到，计算结果存放于刀位文件（CL-Data file）之中。

（6）导动规则。导动规则指曲面上切触点曲线的生成方法（如参数线法、截平面法）及一些有关加工精度的参数，如步长、行距、两切削行间的残余高度、曲面加工的盈余容差（out tolerance）和过切容差（inner tolerance）等。

（7）刀具偏置（Tool Offset）。刀具偏置指由切触点生成刀位点的计算过程。

8.3.2　刀具轨迹的生成方法

在实际加工时，刀具沿工件上面的一些有限的曲线轨迹运动。刀具轨迹的生成方法实际上也就是在刀具偏置面上确定刀具的运动路线或者是在零件曲面上确定刀具接触点的切削路线的方法。由于不同的走刀轨迹对加工质量和加工效率具有重要影响，因此对刀具轨迹生成方法的研究仍在不断进行之中。一种较好的刀具轨迹生成方法不仅应该满足计算速度快、占用计算机内存少的要求，更重要的是要满足切削行距分布均匀、加工误差小及分布均匀、走刀步长分布合理、加工效率高等要求。目前，比较常用的刀具轨迹生成方法有以下几种。

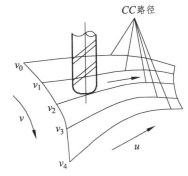

图 8-10　参数线法生成刀具轨迹

1. 参数线法

参数线法主要适用于曲面区域和组合曲面的加工编程。参数线法是以被加工曲面的参数线作为刀具切触点路径来生成刀具轨迹，如图 8-10 所示。在曲面的数字化设计中，曲面参数方程为 $r = r(u, v)$，其刀具偏置面表达为 $r_m = r_m(u, v)$，则参数线加工的刀具轨迹可表达为

$$r_m(t) = r_m\left[u(t), v(t)\right]\big|_{u(t)=cst, v(t)=t \ or \ v(t)=cst, u(t)=t} \qquad (8\text{-}1)$$

曲面参数线加工方法是多坐标数控加工中生成刀具轨迹的主要方法，特点是切削行沿曲面的参数线分布，即切削行沿 u 线或 v 线分布，适用于网格比较规整的参数曲面的加工，如水轮机叶片的正背面曲面加工。但由于参数空间与笛卡儿空间的非线性关系，有些曲面上的参数线分布可能很不均匀，此时用参数线法生成的刀具轨迹的加工效率不高。基于曲面参数线加工的刀具轨迹计算方法的基本思想是利用 Bezier 曲线曲面的细分特性，将加工表面沿参数线方向进行细分，生成的点位作为加工时刀具与曲面的切触点。因此，曲面参数线加工方法也称为 Bezier 曲线离散算法。基于参数线加工的刀具轨迹计算方法有多种，比较成熟的有等参数步长法、参数筛选法、局部等参数步长法、参数线的差分算法及参数线的对分算法等。

2. CC 路径截面线法

CC 路径截面线法主要适用于曲面区域、组合曲面、复杂多曲面和曲面型腔的加工编程。截平面法对于曲面网格分布不大、均匀及由多个曲面形成的组合曲面的加工非常有效，这是因为刀具与加工表面的切触点在同一平面上，从而使加工轨迹分布相对比较均匀，加工效率也比较高。这种方法是在走刀过程中，将刀具与被加工曲面的切触点（CC 点）始终约束在另外一组曲面内，即用一组约束曲面与被加工曲面的截交线作为刀具切触点路径来生成刀具轨迹，如图 8-11（a）所示。尽管原则上作为约束的曲面类型是任意的，但实际应用中约束面一般是平面与柱面（包括圆柱面或任意曲线沿 Z 轴方向扫出的柱面）。

在曲面区域加工、型腔加工及组合曲面加工时，常常在 XOY 坐标平面上规划出平行或环形等二维走刀路线，然后将其投影到待加工曲面上得到刀具接触点路径，再由此生成刀具轨迹，如图 8-11（b）所示。这种投影方法其实质也是 CC 路径截面线法。约束面一般均垂直于 XOY 坐标平面，但在用平面作为约束面时，约束面也可垂直于 Z 坐标轴，这种加工方式即为等高线加工。设任意约束面的方程表达为 $r_{st} = r_{st}(u_{st}, v_{st})$，则 CC 路径截面线法生成的刀具轨迹曲线可表示为

$$r_m(t) = r_m\left[u(t), v(t)\right]\big|_{r(u(t)t, v(t)) \in r_{st}(u_{st}, v_{st})} \qquad (8\text{-}2)$$

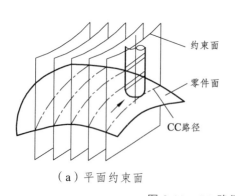

（a）平面约束面

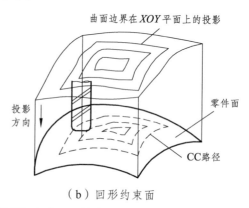

（b）回形约束面

图 8-11 CC 路径截面法生成刀具轨迹

在生成切触点路径时，为了便于求交，可先将参数曲面离散成一系列满足逼近精度要求的三角片，即将曲面模型转化为多面体模型，从而将约束面与参数曲面的求交问题转化为平面片之间的求交问题，并便于刀具干涉检测处理。这种先将曲面模型转化为多面体模型，再生成刀具轨迹的方法有时被称为多面体加工方法。

CC 路径截面线方法对走刀路线的控制比较灵活，所生成的刀具切触点轨迹分布均匀，从而具有较高的加工效率，适合于参数线分布不均匀的曲面加工、型腔加工及复杂组合曲面的加工。但由于需要求交运算，其算法较复杂，计算量较大。

CC 路径截面线方法与参数线法刀具轨迹生成方法一样，都是先生成刀具切触点路径，再转化为刀具轨迹，但所生成的刀具轨迹还需要进行刀具干涉检测处理。

3. CL 路径截面线法

CL 路径截面线法特别适合于具有边界约束的曲底型腔加工及复杂组合曲面的连续加工。这种方法的特点是在走刀过程中，直接将刀具运动轨迹（刀位点）约束在另外一组曲面内，相当于用一组约束曲面与被加工曲面的刀具偏置面的截交线作为刀具轨迹，如图 8-12(a)所示。与 CC 路径截面线法一样，尽管原则上作为约束的曲面类型是任意的，但实际应用中约束面也一般是平面与柱面。在具有边界约束的型腔加工以及组合曲面加工时，也常常在 XOY 坐标平面上规划出平行或环形等二维走刀路线，然后将其投影到待加工曲面的偏置面上得到刀具轨迹，如图 8-12（b）所示。尽管该过程的具体实施算法不一定是采用约束面与被加工曲面的偏置面求交来获得刀具轨迹，但其本质上也属于 CL 路径截面线法的处理思想。在用平面作为约束面时，得到的刀具轨迹为平面曲线，且当约束平面平行于坐标平面时，只需两轴联动即可实现三维曲面加工。同样设任意约束面的方程表达为 $r_{st} = r_{st}(u_{st}, v_{st})$，则 CL 路径截面线法生成的刀具轨迹可表示为

$$r_m(t) = r_m\left[u(t), v(t)\right]\big|_{r(u(t)t, v(t)) \in r_{st}(u_{st}, v_{st})} \tag{8-3}$$

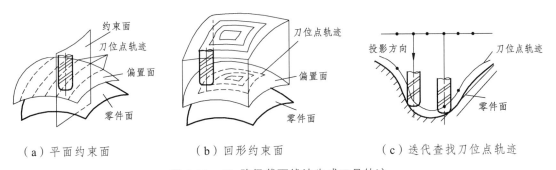

（a）平面约束面　　　　　　（b）回形约束面　　　　　（c）迭代查找刀位点轨迹

图 8-12　CL 路径截面线法生成刀具轨迹

CL 路径截面线法生成刀具轨迹的具体实施算法主要有两种：

第一种算法是直接构造零件曲面的刀具偏置面，由约束面与偏置面求交来得到刀具轨迹，这种方法有时也称为偏置面法，如图 8-12（a）所示。但由于偏置面的构造比较复杂，同时为了便于求交，偏置面一般也用多面体网格模型（由零件曲面的多面体模型转化得到）描述。但即使是这样，还必须采取措施检测与处理偏置面可能产生的自交或裂缝，否则所得到的刀具轨迹不能保证是无干涉的，还需要进行进一步的干涉检测处理。

第二种算法是并不直接构造零件曲面的偏置面，而是通过迭代等措施，也即在约束面上找到刀具与被加工曲面相切的一系列刀位点来构成刀具轨迹，如图 8-12（c）所示。同样，为了便于计算刀具到曲面的距离，一般也是先将曲面模型转化为多面体模型，从而将求解刀具到参数曲面的距离转化为求解刀具到一系列平面片的距离。这也属于多面体加工方法的一种。

CL 路径截面线方法与 CC 路径截面线方法的特点基本类似：对走刀路线的控制比较灵活，生成的刀具轨迹分布均匀，具有较高的加工效率。

4. 导动面法

在导动面法中，是通过引入导动面来对走刀过程进行约束，使走刀过程中刀具始终保持与被加工表面及导动面相切，如图 8-13 所示。这种方法的代表是 APT 的刀具轨迹生成算法，采用数值迭代搜索来确定刀具运动过程中每一步的位置，使其到零件面与导动面的最小距离满足给定的编程精度要求，从而得到无干涉的刀具轨迹。该算法的主要缺点是数值迭代计算量较大，并存在迭代是否收敛的稳定性问题，特别是对跨曲面连续加工的处理更为困难。在三坐标加工时，导动面法一般只能采用球头刀加工，此时的刀具轨迹在本质上是被加工曲面的等距面与导动面的等距面的交线，即使这样，其处理也比较复杂。因此，导动面法一般多用于组合曲面的交线进行清除处理。

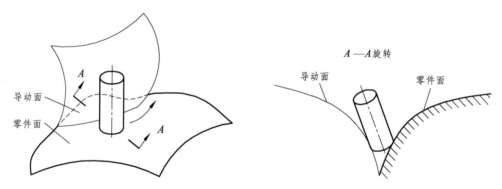

图 8-13　导动面法生成刀具轨迹

导动面法和 CL 路径截面线法都是直接生成刀位点的运动轨迹，且一般在生成刀具轨迹的同时进行刀具干涉检测处理，直接得到无干涉的刀具轨迹。

上面介绍了在 CAM 软件中主要刀具轨迹的生成方法。对于曲面加工刀具轨迹的生成，无论采用上述哪种方法，主要是要解决以下三个问题：走刀步长的确定、走刀行距的确定以及刀具干涉的检测与处理。

8.4　三坐标加工曲面的刀具轨迹生成

在三维曲面中，三坐标联动加工曲面方法得到较为广泛的应用。几乎所有的 CAM 软件都具有三坐标加工曲面的刀具轨迹计算功能，下面对其刀具轨迹生成中的参数确定和如何避免干涉进行介绍。

8.4.1 走刀步长和加工行距

多坐标曲面加工的刀具运动轨迹在理论上是由刀具与曲面的啮合关系所确定的复杂曲线，但由于 CNC 系统插补能力的限制，连续光滑轨迹只能用一系列的小直线段进行离散逼近后，再由 CNC 控制机床的多个坐标轴作线性插补运动来近似包络成型。显然，离散步长（一般称为走刀步长）过大将使轮廓的理论加工精度降低，一阶不连续性使表面质量恶化，后续处理工作量加大，整体效率降低。但离散步长过小又将导致零件程序膨胀，编程效率下降，且小步长零件程序的执行容易产生进给速度波动和平均速度的下降，从而影响加工效率和表面质量。再之，走刀步长和加工行距的计算依据是控制加工曲面几何误差的大小。加工精度要求越高，走刀步长和加工行距就越小，编程效率和加工效率也越低。因此，在满足加工精度要求的前提下，应尽量加大走刀步长和加工行距，提高编程效率和加工效率。

1. 走刀步长的确定

曲面加工中对理论刀具轨迹进行离散的基本方法可分为三类：等步长法、等步长筛选法和等精度步长估计法。

（1）等步长法。等步长法包括等参数步长法和等距离步长法，其定义、实现方法及特点与 8.2.1 中的曲线加工相同。等参数步长离散法一般用于参数线法生成刀具轨迹，而等距离步长则可应用于各种刀具轨迹生成方法中。

（2）步长筛选法。步长筛选法是先以小的等参数步长或等距离步长对刀具轨迹进行密集离散，然后再校核各离散轨迹段内的实际逼近误差，并将不必要的刀位点删除，从而使所剩下的各刀具轨迹段内的误差分布比较均匀。

（3）步长估计法，步长估计法是根据当前刀具接触点处曲面的微观几何形状与走刀方向来估计满足编程精度要求的离散走刀步长，再由此确定下一刀具接触点或刀位点的位置。步长估计的常见方法是对理论刀具轨迹和刀具接触点路径进行弧弦逼近。由弦弓高误差来近似确定加工误差和进给步长。

设 k_f 为加工表面在插补段内沿进给方向的法曲率，δ_t 为弦（直线）弓高误差逼近误差，对任一指定的直线逼近误差极限 ε，当 $|\delta_t| < \varepsilon$ 时，有 $\frac{1}{8}|k_f| \leq \varepsilon$。

即走刀步长 L 可用下式进行计算：

$$L \leq 2\sqrt{\frac{2\varepsilon}{k_f}} \tag{8-4}$$

2. 走刀行距

走刀行距（也称切削行宽度）是指两相邻切削行刀具轨迹或刀具接触点路径之间的距离，其大小是影响曲面加工精度和加工效率的重要因素。它与刀具半径和残余高度密切相关，行距过小将使加工时间成倍增加，同时还导致编程效率的下降以及零件程序的膨胀；但行距过大，则表面残余高度增大，后续处理工作量加大，整体效率降低。关于加工曲面的几何误差、加工效率、走刀行距之间关系的研究较多，它是曲面加工刀具轨迹生成的一个非常重要的问题。

在生成刀具轨迹时。有时采取等行距方式来获得各切削行刀具轨迹。例如，在参数线法生成刀具轨迹时，使各切削行之间的参数增量相等；在用平面约束的截面线法生成刀具轨迹时，使各相邻约束平面之间的距离相等。这种方法的特点是算法简单、计算量小，但得到的各切削行之间的残余高度分布不均匀，所产生的刀具轨迹的效率低。当加工曲面的曲率半径很大而且没有尖角时，或者曲面加工精度要求不是很高时，采用固定走刀步长和加工带宽的方式较合理，因为计算简单，编程效果高，程序的可靠性也高，当加工曲面的曲率半径很小而且有尖角时，或者曲面加工精度要求很高时，应该采用固定弦差和残余高度的方式进行编程。

为了提高加工效率，较合理的走刀行距应是在满足残余高度要求前提下的最大走刀行距。对于满足残余高度要求的行距计算，不同的刀具有不同的计算式以及简化处理措施。

8.4.2 三坐标加工曲面中的刀具干涉避免

由于曲面零件形状复杂，加工时刀具可能与零件产生干涉。如图 8-14 所示，对于一定尺寸的刀具，当加工零件表面上曲率半径较小的凹区域及组合曲面的交线附近时可能产生过切，但此时过切的避免也意味着欠切的出现，同样不能满足零件的加工要求。因此，完善的干涉处理既要能避免过切的产生，又要能对由此导致的欠切区域进行有效的后续加工处理。长期以来，干涉处理作为曲面加工刀具轨迹生成中的最关键问题之一，在三坐标加工曲面中已得到了广泛深入的研究。

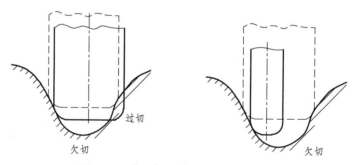

图 8-14 曲面加工中的刀具干涉示例

无论是采用哪种方法来生成刀具轨迹，归纳起来，对刀具干涉的检测与处理方法可分为以下三种：

（1）直接距离计算法。直接距离计算法是通过直接计算刀具表面与曲面之间的距离来判断是否干涉并进行相应调整，直到刀具表面到曲面的最小距离满足给定的编程精度要求。对于参数曲面，这种方法一般将采用数值迭代计算，计算量较大，并存在迭代是否收敛的稳定性问题。

（2）多面体方法。多面体方法是首先将零件曲面离散成一系列满足精度要求的三角片，将曲面模型转化为多面体模型，再通过计算刀具表面到多面体的距离来判断是否干涉并进行相应调整，直到刀具表面与多面体接触并且不过切多面体。由于是对三角平面片进行处理，因此该方法能够相对方便地处理干涉问题，能可靠地防止刀具过切多面体，算法好，其应用广泛。

（3）基于点的方法。基于点的方法的思路与多面体法类似，它首先将零件曲面离散成一系列密集点，即将曲面模型转化为点模型，再通过计算点到刀具表面的距离来确定无干涉的刀具位置。其特点与多面体法类似，且算法更加简单，但当精度要求高时，点模型的信息量很大。

8.5 五坐标加工曲面的刀具轨迹生成

对于五坐标联动数控加工，由于刀轴可以控制，在加工对象的适应性和效率方面比三坐标数控加工有明显的优势。在复杂曲面零件加工中，一般需要采用五坐标联动加工曲面方法来加工。近十年来，随着五轴联动数控机床的发展，五坐标数控加工在各类复杂曲面数控加工中得到较为广泛的应用。

在刀具轨迹生成方法方面，五坐标加工原则上也可采用参数线法、CC 路径截面线法、CL 路径截面线法以及导动面法来生成刀具轨迹。其中，前两种方法是先生成刀具接触点路径，再转化为刀位数据，其刀轴控制方式可在曲面局部坐标系内较方便地描述，下面主要讨论这种情况下的五坐标加工刀具轨迹生成问题。

8.5.1 刀位数据及其计算

五坐标机床按其运动配置不同而有许多种类，但不管哪种类型，其运动本质均相同。根据运动的相对性原理，五坐标数控加工编程在前置处理生成刀具轨迹时采取的是在统一的工件坐标系中进行，而不考虑机床的具体结构，然后再由后置处理过程根据具体的机床结构将前置处理得到的刀具相对于工件的运动轨迹转换为机床各坐标轴的运动。

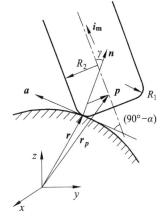

由于五坐标加工的刀具位置和刀具轴线方向都是变化的，如图 8-15 所示，五坐标加工的刀具轨迹是由工件坐标系中的刀位点位量矢量 r_p 和刀具轴线方向矢量 i_m 组成。对基于前倾角 α（Lead angle）和倾斜角 γ（tilt angle）的一般刀轴控制方式和图 8-5 定义的一般刀具模型，五坐标加工时的刀具与零件表面的啮合状态如图 8-15 所示，其中，(a, v, n) 为曲面在切削点处的局部坐标系。设切削点位矢为 r，则刀位点 p 的位矢 r_p 和刀轴单位矢量 i_m 为

图 8-15 五轴加工刀位定义

$$
\begin{cases}
i_m = \sin\alpha \cdot a + \cos\gamma \cdot n \pm (\sin^2\gamma - \cos^2\alpha)^{\frac{1}{2}} \cdot v \\
r_p = r + R_1 \cdot n - (R_2 - R_1) \cdot \dfrac{(n - \cos\gamma \cdot i_m)}{|n - \cos\gamma \cdot i_m|}
\end{cases}
\tag{8-5}
$$

虽然由图 8-15 所示的端铣加工状态得出上式，但由于基于前倾角 α 和倾斜角 γ 的刀轴控制方式具有一般性，所以式（8-5）对侧铣加工刀位计算同样适合，它是五坐标加工刀位的通用计算式。下面是两种特殊情况下的刀位计算表达式。

（1）垂直于表面端铣（$\alpha - \gamma = 0°$）：

$$\begin{cases} i_m = n \\ r_p = r + R_1 \cdot n \end{cases} \tag{8-6}$$

（2）平行于表面端铣（$\gamma = 90°$）：

$$\begin{cases} i_m = \sin\alpha \cdot a \pm (1 - \sin^2\alpha)^{\frac{1}{2}} \cdot v \\ r_p = r + R_2 \cdot a \end{cases} \tag{8-7}$$

8.5.2 走刀步长的确定

确定走刀步长的基本要求是保证对理论刀具轨迹进行离散逼近引起的几何误差在允许的范围内。如前所述，对于三坐标加工曲面，刀具轨迹离散逼近引起的加工几何误差应是三维刀具做线性插补包络运动时对曲面产生的最大过切或欠切量，影响其大小的因素有多方面。而对于五坐标加工曲面，除上述因素外，刀具工件的摆动对该误差则有更大的影响。因此，为了能合理地确定五坐标加工走刀步长，必须先分析由离散线性运动代替理想刀具运动轨迹所引起的理论加工误差。

1. 五坐标加工理论误差分析

五坐标机床按其运动配置不同有许多种类，而不同结构形式的五坐标机床对加工几何误差的影响是不同的。在此以图 8-16 所示的刀具双摆动型五坐标机床为例进行分析，对于其他结构形式，可按类似的分析方法进行。

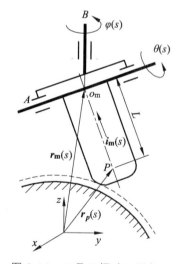

如图 8-16 所示，设 $r(s)$ 为零件面上的任一曲线（s 为弧长参数）对基于前倾角 α 和倾斜角 γ 的一般刀轴控制方式，刀具沿 $r(s)$ 进行切削时的刀位矢量 $r_p(s)$ 和刀轴方向矢量 $i_m(s)$ 可由图 8-16 获得，它们即是沿 $r(s)$ 进行切削的理论刀具轨迹。

在图 8-16 中。记 B 轴和 A 轴的旋转运动分别为 $\varphi(s)$ 和 $\theta(s)$，设在初始状态下：$\varphi(s)$ 和 $\theta(s)$ 为零，刀轴单位矢量在工件坐标系中为 $(0, 0, 1)$，且 A、B 轴分别平行于 x 轴和 z 轴，则可得机床旋转运动为

图 8-16　刀具双摆动五轴加工

$$M_B[\phi(s)] \cdot M_A[\theta(s)] \cdot [0\ \ 0\ \ 0]^T = i_m(s) \tag{8-8}$$

式中，$M_B[\varphi(s)]$ 和 $M_A[\theta(s)]$ 分别为刀轴绕 B 轴和 A 轴旋转的变换矩阵。

$$M_B[\varphi(s)] = \begin{bmatrix} \cos\varphi(s) & -\sin\varphi(s) & 0 \\ \sin\varphi(s) & \cos\varphi(s) & 0 \\ 0 & 0 & 1 \end{bmatrix} \tag{8-9}$$

$$M_A[\theta(s)] = \begin{bmatrix} 1 & 0 & 0 \\ 0 & \cos\theta(s) & -\sin\theta(s) \\ 0 & \sin\theta(s) & \cos\theta(s) \end{bmatrix} \tag{8-10}$$

$$i_m = (\sin\varphi\sin\theta, -\cos\varphi\sin\theta, \cos\theta) \tag{8-11}$$

由以上各式可得

$$\begin{cases} \theta(s) = \arccos i_z(s) \\ \varphi(s) = \arctan\left[\dfrac{-i_x(s)}{i_y(s)}\right] \end{cases} \tag{8-12}$$

式中，$i_x(s)$，$i_y(s)$ 和 $i_z(s)$ 为刀轴矢量 $i_m(s)$ 的坐标分量，由于机床平动可视为摆心 o_m 的运动，记该平动为 $r_m(s) = [x_m(s), y_m(s), z_m(s)]$，刀心 p 至摆心 o_m 的距离为 L，则

$$r_m(s) = r_p(s) + L \cdot i_m(s) \tag{8-13}$$

以上两式确定的五个坐标轴的理论运动均是弧长参数 s 的连续函数，当其被离散后，实际运动是由机床的五个轴独立做线性匀速运动而合成，可看作摆心的匀速直线运动和刀具绕摆心匀速摆动的合成运动。在此过程中，摆心偏离理想轨迹以及两转动轴匀速运动的合成近似代替刀轴的转动规律均将导致加工中的过切或欠切。由于在小线段离散情况下，两转动轴匀速运动的合成近似对应于刀轴方向的线性变化，因此，五坐标加工理论误差可按摆心的匀速直线运动和刀轴方向的线性变化进行分析。

如图 8-17 所示，设在一个离散线性段中，机床摆心由 r_{m0} 线性运动至 r_{o1}，且 r_{m0} 对应弧长参数为 $s=0$，r_{m1} 对应为 s_1，同时，刀轴方向由 r_{m0} 线性变化至 r_{m1}，其运动合成使刀心 P 的实际轨迹 $r_{lp}(s)$ 偏离理论轨迹 $r_p(s)$，从而产生加工几何误差。

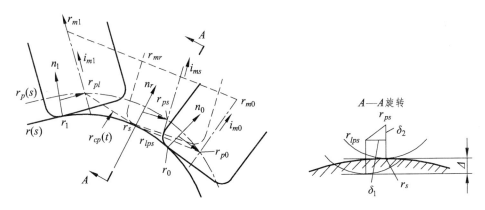

图 8-17　五坐标加工理论几何误差

根据如上所述的理论几何误差定义和理论刀具轨迹描述，从曲面微分几何推导出了刀心沿 $r_{lp}(s)$ 运动时刀具对零件而产生的法向加工误差的最大值 Δ_{max} 为

$$\Delta_{\max} = \frac{s_1^2}{8}\left\{-\kappa_n + \left[R_1 + (R_2 - R_1)(1-i_n^2)^{\frac{1}{2}}\right](\kappa_n^2 + \tau_g^2) + L \cdot i_n \cdot \left[(i_a\kappa_n + i_v\tau_g)^2 + i_n^2(\kappa_n^2 + \tau_g^2)\right]\right\} \qquad (8\text{-}14)$$

式（8-14）即为图 8-14 所示五坐标机床加工时由于离散线性逼近所引起的加工几何误差估计式，该几何误差可进一步分解为以下三个组成部分。

（1）曲面轮廓逼近误差。

$$\Delta_1 = -\kappa_n \cdot \frac{s_1^2}{8} \qquad (8\text{-}15)$$

该误差即为各离散段内以直线迫近理论刀具接触点轨迹的弦弓高误差，其大小取决于曲面的形状和走刀方向。

（2）与刀具形状和尺寸有关的误差。

$$\Delta_2 = \frac{s_1^2}{8} \cdot \left[R_1 + (R_2 - R_1)(1-i_n^2)^{\frac{1}{2}}\right] \cdot (\kappa_n^2 + \tau_g^2) \qquad (8\text{-}16)$$

该误差是由刀具的三维形状尺寸引起的，其大小还与曲面形状、走刀方向、刀轴控制参数等有关。在侧铣加工情况下，$i_n = 0$，该项误差即简化为

$$\Delta_2 = \frac{s_1^2}{8} \cdot \left[R_1 + (R_2 - R_1)\right] \cdot (\kappa_n^2 + \tau_g^2) \qquad (8\text{-}17)$$

上述两项误差之和实质上也就是各离散段内以直线逼近理论刀位点轨迹的弦弓高误差。

（3）与机床结构形式和结构参数有关的误差。

$$\Delta_3 = \frac{s_1^2}{8} \cdot L \cdot i_n \cdot \left[(i_a\kappa_n + i_v\tau_g)^2 + i_n^2(\kappa_n^2 + \tau_g^2)\right] \qquad (8\text{-}18)$$

该项误差是由于刀具相对于工件的摆动引起的，一般也称为非线性误差，其计算表达式与五坐标机床的具体结构形式有关。式（8-18）只适合于图 8-16 所示的刀具双摆动型机床，在大型复杂曲面零件加工中广泛采用该结构形式的机床。由式（8-18）可知，该项误差的大小与机床的旋转/摆动机构参数 L 成正比关系，此外还与曲面形状、走刀方向和刀轴控制参数密切相关。例如，在垂直于表面的端铣加工方式下，$i_n = 1$，该项误差具有最大值；而在平行于表面的侧铣加工方式下，$i_n = 0$，该项误差也等于零。

2. 误差控制与走刀步长估计

由于机床摆动机构参数 L 较大，由此引起的非线性误差一般是五坐标加工理论误差的主要因素，应在结构允许的情况下尽可能减小。从工艺和编程方面考虑，选择合适的走刀方向、刀具尺寸、刀轴控制参数和走刀步长均可减小理论加工误差，但走刀方向、刀具尺寸和刀轴控制参数一般应从尽可能增大走刀行距等以提高加工效率的角度进行选择。因此，在生成刀具轨迹时，理论加工几何误差的大小应通过确定合适的走刀步长来控制。若用 r_0、r_1 间的弦长（即进给步长）Δl 近似代替相应弧长 s_1，则当给定编程精度要求 ε 时，进给步长 Δl 应满足：

$$\Delta l \leqslant \frac{\sqrt{8\varepsilon}}{\sqrt{-\kappa_n + \left[R_1 + (R_2 - R_1)(1 - i_n^2)^{\frac{1}{2}}\right](\kappa_n^2 + \tau_g^2) + L \cdot i_n \cdot \left[\left(i_o \kappa_n \cdot i_n \tau_g\right)^2 + i_n^2 \left(\kappa_n^2 + \tau_g^2\right)\right]}}$$

（8-19）

式（8-19）即为五坐标加工时考虑刀具参数和加工曲面几何特性的走刀步长较严格计算式。其中，曲面法曲率和短程挠率可参考有关微分几何书籍进行计算。

需要指出的是，采用上述方法估计步长的前提是必须知道机床的具体结构类型与结构参数。但由于通用数控编程系统在前置处理生成刀具轨迹时是在统一的工件坐标系中考虑，并不知道机床的具体结构。因此，式（8-19）在通用的数控编程系统中难以直接应用。对于这种情况，走刀步长的估计和非线性误差的控制可按下述方法进行。

（1）在前置处理生成刀具轨迹时先不考虑机床结构引起的非线性误差 Δ_3 的影响，走刀步长按保证理想刀位点轨迹的离散迫近精度来确定。此时，与三坐标加工一样，对理论刀具轨迹的离散也可采取等步长法、等步长筛选法和等精度步长估计法等来实现。例如，按精度要求来估计步长时相当于在式（8-19）中令机床的旋转/摆动机构参数 L 等于零，即

$$\Delta l \leqslant \frac{\sqrt{8\varepsilon}}{\sqrt{-\kappa_n + \left[R_1 + (R_2 - R_1)(1 - i_n^2)^{\frac{1}{2}}\right](\kappa_n^2 + \tau_g^2)}}$$

（8-20）

大型曲面零部件，如水轮机叶片，由于不考虑五坐标机床结构形式与结构参数引起的误差项 Δ_3，所生成的离散刀具轨迹的实际理论误差与给定的允许误差要求之间可能相差很大，因而不能有效地生成能保证精度要求的刀具轨迹，将要在后置处理时再根据刀位文件中的刀位数据和机床结构类型与结构参数对非线性误差 Δ_3 进行校验与修正。

（2）在后置处理程序中再根据刀位文件中的刀具轴线矢量和机床结构类别与结构参数对非线性误差 Δ_3 进行校验与修正。但是，由于刀位文件中已不再包含零件形状等信息，而实际上 Δ_3 是与此有关的，因此，后置处理中对非线性误差 Δ_3 的校验与修正只可能是近似的。

8.5.3　走刀行距的确定

除直纹面类零件采用五坐标侧铣刀成型外，其他情况的五坐标侧铣与端铣加工一般也是由一行一行的走刀来完成加工的。对于行距的计算，五坐标加工与三坐标加工在原理上完全一样，其关键在于确定刀具运动包络面在各比较平面内的截形。以图 8-5 定义的一般刀具模型为对象，推导五坐标加工情况下刀具运动包络面在各比较平面内的截形表达式。只要确定了刀具运动包络面在各比较平面内的截形表达式，五坐标加工时的行距计算就可按三坐标加工时的同样方法进行，按照给定的残余高度来确定。关于五坐标端铣加工的行距、残余高度、型面几何误差控制、加工效率之间的关系研究已有大量的成果。深入了解它们之间的关系，对五坐标端铣加工曲面的刀具轨迹优化非常重要。

8.5.4 干涉检测与处理

与三坐标加工相比，五坐标加工的工艺范围更广，加工对象的结构形状也可复杂得多，同时刀具轴线方向相对于零件表面可以是任意的，这些特点使得五坐标加工中刀具干涉出现的情况多种多样，因而刀具干涉的检测处理要比三坐标加工时复杂得多。特别是对于刀具干涉的避免，往往要根据具体的加工对象类别和加工方式进行具体对待，很难设计像三坐标加工时那样的通用算法进行处理。下面主要只就其基本问题和处理思路做一定性介绍，以便了解在加工曲面的刀具轨迹时如何进行干涉处理。

1. 干涉产生的情况

按加工方式分，五坐标加工中的刀具干涉可分为端铣干涉和侧铣干涉，其干涉产生的原因和处理措施有一定的差别。而按与零件发生干涉的刀具部位分，无论是端铣加工还是侧铣加工，都可能存在刀具头部干涉和刀杆（指刀具圆周切削刃）干涉两种情况。

（1）端铣加工时的刀具干涉情况。在端铣加工时，主要的干涉是刀具头部干涉，在如图8-18 所示的曲面上的内凹区域和如图 8-19 所示的组合曲面的过渡区域附近加工时都可能出现。在加工一些如图 8-20 所示的异形结构零件和加工通道类、型腔类等具有约束面的零件时，则容易出现刀杆干涉。

图 8-18　刀头部位干涉

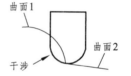

图 8-19　刀头部位干涉

图 8-20　刀杆干涉

（2）侧铣加工时的刀具干涉。由于侧铣是用刀具的圆周表面紧贴零件表面进行加工，且多数情况下是以线接触方式进行加工，因此，刀杆干涉是其主要的干涉情况。以典型的直纹面线接触加工情况为例，当被加工表面不可展时，由图 8-21 所示刀具与加工表面的位置关系可知，因刀具直径不可能为零，此情况下的刀杆干涉是不可避免的。在这种情况下的侧铣本身就只是一种近似的加工方法，其问题关键在于如何处理刀具干涉，以使理论加工误差满足给定的编程精度要求。对于像整体叶轮等异型零件的加工，由于结构空间的限制，刀杆干涉不仅可能发生在正在加工的表面上，而且还可能发生在其他表面上。此外，如图 8-22 所示，采用五坐标侧铣加工一些异形结构零件和具有约束边界面的零件表面时也可能出现刀杆干涉。

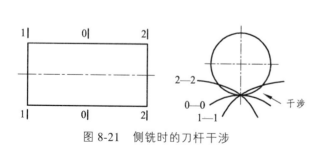

图 8-21　侧铣时的刀杆干涉

图 8-22　侧铣时的刀头干涉

2. 干涉的检测

根据干涉产生情况的不同，五坐标加工干涉的检测分析也要视具体情况而分别对待。它与前述三坐标加工时的干涉检测过程类似。

3. 干涉的避免方法

对于计算出刀位数据，若在干涉检测过程中判定刀具与加工零部件的表面干涉，就需要对该刀位数据进行调整，以避免干涉。根据不同的干涉情况，一般应采取相应的刀位数据调整方法。因为五坐标中刀轴方向可以控制，它一方面给有效避免干涉带来了更大的灵活性和可能性，但另一方面也使得干涉避免的方法多样化与复杂化，给通用的干涉避免算法的设计带来很大的困难。下面定性分析不同干涉情况下避免干涉可采取的基本方法，可供刀具轨迹计算时参考。

（1）端铣加工刀具干涉的避免。

在五坐标端铣加工出现干涉时，调整刀位数据（即刀具位置与方向）以避免干涉的方法可分为两类：轴向移动法和轴线摆动法。图 8-23 为采用这两种方法避免五坐标端铣刀头干涉的基本原理的示意图。其中，图 8-23（a）为轴向移动法，图 8-23（b）为轴线摆动法。

（a）   （b）

图 8-23   刀头干涉避免

轴向移动法是使刀具沿着刀轴方向移动到一个新的位置，以使刀具与加工表面（离散为三角多面体）相切接触且不再存在干涉。该方法的主要优点是算法较简单，除坐标变换外，它与三坐标加工时的干涉处理算法完全相同。但是该方法未能发挥五坐标加工可调整刀轴方向的优势，在避免过切的同时又将导致一定程度的欠切，因此一般只在用轴线摆动法难以避免干涉的情况下使用。此外，对于球头刀加工，其刀头部位干涉则只可能用轴向移动法来避免。

轴线摆动法则是保持刀具接触点不变，而通过摆动刀具轴线到一新的方向，以使刀具与加工表面相切接触且不再存在干涉。由于刀具接触点不变，因此该方法在避免过切的同时不会产生欠切，它是五坐标加工中避免刀具干涉的较理想的方法。而且，对于刀杆干涉也只能用轴线摆动法进行处理，如图 8-24 所示。但是，这种方法的算法设计复杂，由于刀具轴线原则上可沿任意方向调整而不受限

图 8-24   轴线摆动法避免刀杆干涉

制，因此如何确定最佳的或合适的刀具轴线调整方向是这种方法要解决的关键问题，同时也是较复杂的问题。解决该问题的一般方法是针对具体的加工机床、加工对象和加工方式进行相应处理。但如果要设计较通用的算法，则需要采取搜索寻优的措施。

（2）侧铣加工刀具干涉的避免。

在五坐标侧铣加工出现干涉时，调整刀具以避免干涉的方法可分为三类：轴线平移法、

轴线摆动法和轴向移动法。其中，轴线平移法和轴线摆动法用于对刀杆干涉进行处理，而轴向移动法用于对刀头干涉进行处理。

轴线平移法是使刀具在垂直于刀轴的平面内沿某一方向（如曲面法矢方向）平移到一个新的位置，以使刀具与加工表面相切接触或使在整个刀杆切削长度内的加工误差分布满足给定的精度要求，如图 8-25 所示。该方法的主要优点是算法较简单，但可能产大较大的欠切量。

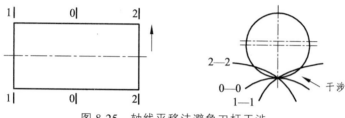

图 8-25 轴线平移法避免刀杆干涉

轴线摆动法与端铣加工时类似，但其目标一般也是要使得在整个刀杆切削长度内的加工误差分布较均匀且最大误差满足给定的精度要求。同样，如何确定最佳的或合适的刀具轴线调整方向是这种方法要解决的关键问题。由于要从整个刀杆切削长度内考虑误差的情况，因此其算法的设计比端铣加工时更为复杂，该问题的有效解决仍需要进一步的研究。目前，在实际应用中一般只是针对特定的加工对象和加工方式进行一定程度的处理，例如在加工不可展直纹面时采取的双点偏置法和多点偏置法，通过在直纹面母线上选取两点或更多的点，由这些点对应的刀具偏置点来综合确定刀具轴线的方向，以达到改善加工误差分布和减小加工误差的目的。

轴线移动法与端铣加工时相同，只用于对刀头干涉进行处理，如图 8-26 所示。

无论端铣或侧铣，干涉的避免都可能需要综合采取以上方法才能获得较满意的结果。

图 8-26 避免刀头干涉

8.6 曲面零件粗加工的刀具轨迹生成

复杂曲面零件的毛坯来源是各式各样的，有钢板、铸造毛坯、锻造毛坯。曲面零件的加工一般也需经过粗、半精和精加工过程。精加工的目的是准确地得到预期的零件形状与尺寸，加工精度是考虑的重点。粗加工则是从毛坯上快速切除多余的材料，其加工效率是最重要的。

根据毛坯的状况，曲面粗加工一般可采取两种方法：偏置法和层切法，如图 8-27 所示。

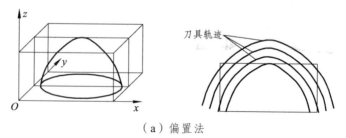

（a）偏置法

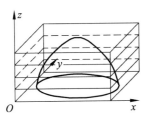 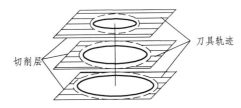

（ｂ）层切法

图 8-27　曲面零件的粗加工方法

偏置法适合于毛坯形状与零件形状相似的情况，如铸造的水轮机叶片毛坯等，否则将产生较多的空走刀行程而影响加工效率，如图 8-24（ａ）所示。层切法用一系列假想水平面与零件面和毛坯边界截交，得到一系列二维切削层，然后用平底刀对各切削层进行分层加工。对于型腔等边界受到约束的情况，还需考虑垂直进刀问题及相邻切削层的走刀轨迹过渡问题。此时，采用层切法加工是合理的选择。如整体叶轮加工，钢板作为毛坯加工叶片等。

对于层切法，可采取预先钻一工艺孔作为各切削层起刀位置来解决进刀问题。

如对于铸造成型的大型叶片类零件毛坯，曲面粗加工时广泛采用偏置法，而对于锻压成型的盘状叶轮毛坯，则采用层切法粗加工叶轮流道。刀具轨迹生成方法如下：

偏置法用于曲面的法向偏置，其刀具轨迹的生成过程与精加工情况基本相同，只需在有关计算式中将余量考虑进去即可。例如，对于第 i 次粗加工走刀，设零件面的法向加工余量为 b_t，则该次走刀时的刀位点计算公式为

$$\boldsymbol{r}_m = \boldsymbol{r} + (R_1 + b_t)\boldsymbol{n} + \frac{(R_2 - R_1)\boldsymbol{n}_{xy}}{|\boldsymbol{n}_{xy}|} \qquad (8\text{-}21)$$

层切法用一系列假想水平面与零件面和毛坯边界截交，得到一系列二维切削层，然后用平底刀对各切削层进行分层加工，显然，各切削层的刀具轨迹与二维型腔加工轨迹完全一样。可见，复杂曲面零件的层切加工刀具轨迹生成问题即归结为如何获取各切削层加工区域的形状，其实质为曲面与平面的求交问题。下面简要给出层切法粗加工刀具轨迹生成的主要过程。

（１）确定分层铣削的切削深度，即各层切平面之间的距离，一般根据工件材料、刀具尺寸与刀具材料来确定。

（２）确定各层切平面。从毛坯最高点所在平面开始依次向下移动一个切削深度即得到各层切平面。

（３）调用曲面/平面求交过程，计算各层切平面与零件曲面以及毛坯的截交线，确定由其围成的二维切削区域（可能为多个独立区域，也可能为带有岛屿的复杂区域）。

（４）确定各二维切削区域内的走刀方式，然后调用平行切削或环形切削刀具轨迹生成过程，得到各切削层的刀具轨迹。

8.7　复杂形状零件数控加工的工艺规划

8.7.1　曲面零部件的三轴联动加工

复杂曲面零件加工可采用三轴联动、四轴联动或五轴联动的加工方法完成，由于三坐标机床的价格优势，编程较为简单，三轴联动加工曲面方法应用最为普遍。尽管三轴联动加工

曲面的效率低，但是对于一些加工面积不大的叶片类零部件也广泛采用该方法。

1. 三轴联动加工曲面的工艺特点

三轴联动方法加工曲面可采用球头刀、平底立铣刀、环形刀、鼓形刀和锥形刀等，其特征是加工过程中刀具轴线方向始终不变，平行于 Z 坐标轴。

三轴联动方法加工曲面一般只能采用行切方法来完成，通过刀具沿各切削行刀具轨迹的运动来近似包络出被加工曲面，如图 8-28 所示。两相邻切削行刀具轨迹或刀具接触点路径之间的距离称为走刀行距，其大小是影响曲面加工精度和效率的重要因素。行距过小，将使加工时间成倍增加，同时还将导致编程效率的下降以及零件程序的膨胀；但行距过大，则表面残余高度增大，后续处理工作量加大，整体效率降低。因此，为了既满足加工精度和表面粗糙度的要求，又要有较高的生产效率，应确定合适的加工方案，以便在满足残余高度要求的前提下使走刀行距尽可能大。

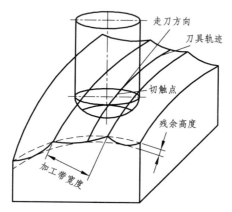

图 8-28 三坐标加工曲面原理

为了避免加工中的过切，刀具参数、零件形状与安装方位、走刀方向对行距的影响存在以下规律：

（1）球头刀加工时，零件形状与安装方位及走刀进给方向的变化对走刀行距的影响较小。

（2）平底刀加工时，行距对零件形状、安装方位及走刀进给方向的变化非常敏感。n_z 越大且进给方向角越小，则行距越大。此时可获得的最大行距值比用相同直径球头刀加工时大。

（3）环形刀加工时，其影响规律介于平底刀与球头刀之间。

（4）鼓形刀加工时，行距对零件形状、安装方位及走刀进给方向的变化也很敏感，但与平底刀和环形刀加工时的规律相反。

从曲面的几何特征来看，加工凸曲面时，减小沿 v 方向的曲面曲率，将增大走刀行距。加工凹曲面时，为了能在有效避免刀具干涉的情况下提高走刀行距，选曲面曲率较小的方向作为进给方向也较有利。

采用三轴联动方法加工曲面，为尽可能加大走刀行距以提高加工效率，可采取以下优化措施：

（1）合理选择刀具：与球头刀相比，采用平底刀、环形刀或鼓形刀等非球面刀加工不但可改善切削条件，而且还可增大走刀行距。若选择了合适的进给方向和工件安装方位，将可能获得较高的加工效率和较好的表面质量。因此除了一些凹曲面为了避免干涉而必须采用球头刀加工外，应优先考虑使用非球面刀进行加工，以获得较高的加工效率和较好的表面质量。此外，还应选择大直径的刀具进行加工，以提高刀具刚度和增大行距。

（2）合理选择工件安装方位：平底刀或环形刀加工时，应使工件表面各处法矢与 Z 轴的夹角尽可能小以增大行距，因此可以通过工装来合理地安装工件。此外，在加工凹曲面时选择的工件安装方位应不存在刀具干涉。鼓形刀加工时，应使工件表面各处法矢与 Z 轴的夹角尽可能大，以增大行距。

（3）合理选择进给方向：平底刀或环形刀加工时，选择的进给方向应使进给方向角尽可能小。而鼓形刀加工时则相反。此外，应选择曲面曲率较小的方向作为进给方向，但它对行距的影响比进给方向对行距的影响小。

2. 走刀路线的选择

三轴联动方法加工曲面时，有参数线型、截面线型、放射线型、环型等多种多样的走刀路线可供选择，对于不同形状的零件，采用不同的走刀路线对加工效率、加工质量、编程（刀具轨迹计算）以及复杂件和零件程序长度等有着重要影响。如何根据曲面形状、刀具形状以及零件的加工要求等合理选择走刀路线既是一个十分重要的问题，同时也是一个十分复杂的问题，其系统完善的分析方法仍有待进一步研究。图 8-29 为加工参数曲面时可采取的三种走刀路线，即沿参数曲面的 u 向参数线走刀、沿 v 向参数线走刀和环切走刀。参数线走刀的特点是刀具轨迹的规划和刀位计算简单，适合于参数线分布较均匀的情况。例如，图 8-29（a）与 8-29（b）的方案相比，图 8-29（a）中的刀具轨迹分布较均匀（与截曲线型刀具轨迹基本相当），因而有较高的加工效率与代码质量。至于采用哪种走刀路线，应根据加工零部件的具体情况确定，如边界的开敞性、零部件的刚度、装夹方式、机床的结构和限制等。

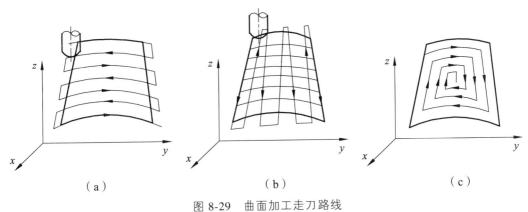

|（a）|（b）|（c）|

图 8-29　曲面加工走刀路线

当工件的边界开敞时，如大型水轮机的叶片加工，为保证加工的表面质量，应从工件的边界外进刀和退刀，如图 8-29（a）和 8-29（b）所示。

8.7.2　曲面零部件的五轴联动加工

1. 五轴联动加工特点

五坐标机床在三个平动轴基础上增加了两个转动轴，不仅可使刀具相对于工件的位置任意可控，而且刀具轴线相对于工件的方向也在一定范围内任意可控。五轴联动加工与三轴联动加工的本质区别在于：在三轴联动加工情况下，刀具轴线在工件坐标系中的方向是固定的，它始终平行于 Z 坐标轴；而在五轴联动加工情况下，刀具轴线在工件坐标系中的方向一般是变化的。五轴联动加工具有以下特点：

（1）可有效避免刀具干涉，加工三轴联动方法难以完成的复杂零件，加工范围更广，如图 8-30（a）所示。

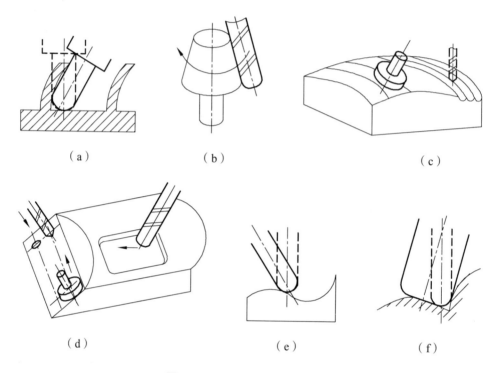

图 8-30　五轴联动加工的特点

（2）对于直纹面类零件，如扭曲直纹面的叶片类零件，可采用侧铣方式一刀成型，加工质量好、效率高，如图 8-30（b）所示。

（3）对于一般三维曲面，特别是较为平坦的大型表面，如水轮机叶片，可用大直径端铣刀端面贴近表面进行加工，走刀次数少，残余高度小，相对于三轴联动加工可大大提高加工效率与表面质量，如图 8-30（c）所示。

（4）可一次装卡对工件（如大型箱体、缸体类零部件）上的多个空间表面进行多面、多工序加工，加工效率高，并有利于提高各表面的相互位置精度，如图 8-30（d）所示。

（5）五轴联动加工时，刀具相对于工件表面可处于最有效的切削状态，例如，在球头刀加工时可避免用球头底部切削，如图 8-30（e）所示，有利于提高加工效率。同时，由于切削状态可保持不变，刀具受力情况一致，变形一致，可使整个零件表面上的误差分布比较均匀。

（6）形状复杂的型腔，如空间受到限制的通道加工和组合曲面的过渡区域加工，可采用较大尺寸的刀具避开干涉进行加工，刀具刚性好，有利于提高加工效率与加工精度，如图 8-30（f）所示。

2. 刀轴控制方式

在五轴联动加工曲面时,刀具轴线在工件坐标系中的方向一般是变化的。刀轴控制(Tool Orientation)方式是指走刀过程中刀具轴线方向按什么规律进行控制,它是影响五轴联动加工曲面效果的一个重要因素。刀具轴线的取向原则是获得高的切削效率和质量,同时避免加工中可能存在的刀具干涉问题,因此,理想的刀轴控制是随曲面形状变化而对刀轴方向进行自适应调控。由于零件结构形状的千变万化,导致五坐标加工刀轴控制方式也多种多样,要找到一种能适合各种各样约束条件的刀轴控制方式相当困难,这也即是实现五坐标数控加工编程通用化的困难所在。因此,对于五轴联动加工曲面编程,一般多采取设计面向不同对象加工的在一定范围内通用的程序模块来解决各种加工问题。下面介绍在 CAM 软件中较常用的刀轴控制方式。

(1)垂直于驱动/工件表面方式(Normal to drive/Part surface)。

该方式是使刀具轴线始终平行于驱动/工件表面各切削点处的表面法矢,由刀具底面紧贴加工表面来对切削行间的残余高度进行最大限度地控制,以减少走刀次数和获得高的生产效率。该方式一般用于无干涉的凸曲面端铣加工情况。

(2)平行于工件表面方式(Swarf drive)。

该方式是指刀具轴线或母线始终处于各切削点的切平面内,对应的加工方式一般称为侧铣。这种方式的最重要应用是直纹面的加工,如具有直纹面特征的叶轮叶片。内圆柱或圆锥形刀具侧刃与直纹面母线接触可以一刀成型,且表面质量好,如图 8-30(b)所示。

(3)相对于驱动/工件表面方式(Relative to drive/part surface)。

该控制方式由刀轴矢量 i 在局部坐标系中与坐标轴和坐标平面所成的两个角度 α 和 γ 定义,如图 8-31 所示。其中, n 为曲面上切削点处的单位法矢, a 为曲面上切削点处沿进给方向的单位切矢, $v = n \times a$, (a,v,n) 为曲面在切削点处的局部坐标系。α 称为前倾角,为刀轴矢量与垂直于进给方向的平面所成角度,可在端铣加工凹面时防止干涉;γ 称为倾斜角,定义为刀轴与曲面法矢的夹角,不属于某个截面,位于以法矢为轴线、γ 为顶角的圆锥上,但可由 α 角及指定沿走刀方向的左、右侧来确定刀轴的空间方向。这种控制方式在大型水轮机叶片加工中广泛应用。

相对于表面是具有一般性的刀轴控制方式,垂直于表面方式和平行于表面方式均可看成它的特殊情况。例如,垂直于表面方式即等价于 $\alpha = \gamma = 0$ 。

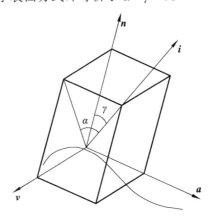

图 8-31 相对于表面的刀轴控制

（4）插值控制方式。

在整体叶轮的流道加工时，为了避免刀杆干涉，经常采用刀轴插值控制方式。该方式通过被加工表面上一些特征的法矢量来初步确定和控制刀轴，并将一些特征点的法矢量作为约束控制来生成刀位数据。

8.8 进刀与退刀的刀具轨迹生成及编辑

8.8.1 进刀与退刀的刀具轨迹生成

与手工编程一样，任何数控加工都存在进刀（engage）和退刀（retract）问题等非切削运动。其刀具轨迹用于确定刀具移动进入切削运动或退出切削运动方式。如图 8-32 所示为 Unigraphjcs CAD/CAM 系统中采用的一种典型的进/退刀方式。

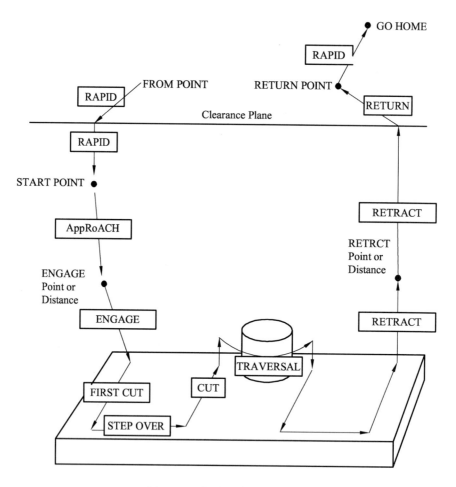

图 8-32　典型的进/退刀方式

（1）切入点（Engage point）——进刀过程中位于零件毛坯之外进入切削状态之前的某个位置。

（2）初始切削点（Initial cut position）——刀具与零件表面的第一个切触点。

（3）切入距离（Engage distance）——切入点与初始切削点之间的距离。

（4）切入进刀矢量（Engage vector）——切入点到初始切削点之间的单位方向矢量。

（5）进给速度（Feed）。

（6）接近速度（Approaching speed）——指从起刀点到切入点之间的进给速度。

（7）切入速度（Engage speed）——指从切入点到初始切削点之间的进给速度。

（8）正常切削速度（cut speed）——指在一个切削段内的进给速度。

（9）Zig-zag 方式下的跨越速度（StePover speed）——一般应小于正常切削速度。

（10）横越速度（Traversal speed）——抬刀横越岛屿或单向切削需要抬刀的横越速度，可以用来快速移动，但大多数情况下可以采用 5 倍左右的正常切削速度。横越时的抬刀高度可以定义，为了提高加工效率，横越抬刀高度一般略高于岛屿高度即可。刀具抬起时可以采用横越速度，但进刀时应该采用一种前面定义的进刀方式和进刀速度。退刀过程比进刀简单，而且退刀速度往往是进刀速度的若干倍。

8.8.2　刀具轨迹编辑

在自动编程中，刀具轨迹的生成与编辑往往是结合在一起的。对于复杂曲面零件的数控加工编程来说，在刀具轨迹计算完成之后，一般需要对刀具轨迹进行一定的编辑与修改。这是因为对于很多复杂曲面零件来说，为了生成刀具轨迹，往往需要对待加工表面及其约束面进行一定的延伸，并构造一些辅助曲面，这时生成的刀具轨迹一般都超出加工表面的范围，需要进行适当的裁剪和编辑；另外，曲面造型所用的原始数据在很多情况下使生成的曲面并不是很光顺，这时生成的刀具轨迹可能在某些刀位点处有异常现象，比如突然出现一个尖点或不连续等现象，需要对个别刀位点进行修改；而且，在刀具轨迹计算中，采用的走刀方式经刀位验证或实际加工检验不合理，需要改变走刀方式或走刀方向；还有一种情况是生成的刀具轨迹上刀位点可能过密或过疏，需要对刀具轨迹进行一定的匀化处理。为了解决以上问题，需要采用刀具轨迹编辑功能。先进的 CAM 软件，如 Unigraphics 的 CAM 软件模块等都具有较强的刀具轨迹编辑功能。一般来说，刀具轨迹编辑系统允许用户通过图形窗口显示和其他对话窗口对已生成的刀具轨迹进行修正或修改，同时将修改的刀具轨迹显示出来。刀具轨迹编辑系统应具有如下一些基本功能：

（1）刀具轨迹的快速图形显示。

（2）刀具轨迹文本显示和修改。

（3）刀具轨迹的删除。

（4）刀具轨迹的拷贝。

（5）刀具轨迹的粘贴。

（6）刀具轨迹的插入。

（7）刀具轨迹的恢复。

（8）刀具轨迹的移动。

（9）刀具轨迹的延伸。

（10）刀具轨迹的修剪。

（11）刀具轨迹的转置。

（12）刀具轨迹的反向。

（13）刀具轨迹的几何变换。

（14）刀具轨迹上刀位点的匀化。

（15）刀具轨迹的编排。

（16）刀具轨迹的加载与存储。

8.9　后置处理

8.9.1　后置处理的任务与流程

在数控加工自动编程中，通过前述的从建立零件模型到生成刀具轨迹的过程得到工件坐标系中刀具相对于工件运动的刀位文件（CL-Data file）。在刀位文件中，刀具轨迹和机床的控制是以记录结构表示的，对于以 CAD/CAM 为基础的数控自动编程系统，这个过程是通用的，不考虑具体的机床结构和数控系统的指令格式。但要在具体的数控机床上进行加工，还必须在机床的具体构造和控制系统约束下将刀位文件转换成具体指定的数控机床能执行的数控加工程序，该过程一般称为后置处理（Post Processing）。后置处理流程一般如图 8-33 所示。后置处理的具体任务一般包括以下几个方面：

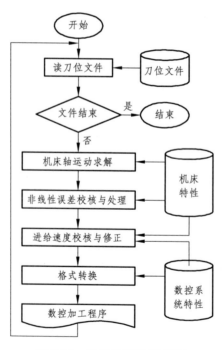

图 8-33　后置处理流程框图

1. 机床运动求解

机床运动求解是根据刀位文件中的刀位数据,利用运动学知识反求机床各平动轴和转动轴运动量数据。此外,对于通用刀位数据转换得到的机床轴运动,也有可能超过具体机床行程范围,故还需对运动是否超程进行检测。对于四坐标、五坐标数控加工,刀位文件中刀位数据的给出形式为刀位点位量矢量和刀轴矢量,必须将其转换为机床各坐标轴的运动数据。为求解机床各轴的运动,首先要建立随着机床各轴运动时刀具位置与方向相对于工件的运动关系,即建立机床的运动学模型,然后根据刀位文件中的刀位数据和该运动学模型反求机床各运动轴的运动量。显然,机床的运动学模型取决于从刀具到工件之间的机床运动链构成与结构,因此,对于运动轴配置不同的数控机床,可以按回转/摆动轴的分布将其归于三种基本类型:① 刀具摆动型;② 工作台回转/摆动型;③ 刀具与工作台回转/摆动型。从影响机床运动求解的角度看,五坐标机床的两个旋转/摆动轴的配置情况共有 12 种,同时,由于实际机床中其回转/摆动轴一般均分布在紧靠工作台和/或刀具的两端,故平动轴的分布情况不影响机床运动的求解。因此,五坐标机床的运动求解可按 12 种不同组合情况进行处理。

2. 非线性运动误差校核与处理

对于具有旋转轴的多坐标加工,由于旋转/摆动的影响,如在刀具轨迹计算中已分析,经机床运动求解后得到的各坐标轴线性运动的合成将可能使刀位点在某些离散段内的运动轨迹严重偏离直线,从而产生所谓的非线性运动误差,必须对其引起的加工误差进行校核,并在超差时进行相应处理。

3. 进给速度的校核与修正

进给速度一般是根据加工工艺要求给定刀具接触点相对于加工表面的运动速度或刀位点的运动速度。但在某些情况下,特别是多坐标加工时,由该合成进给速度分配到各坐标轴上的运动速度及其变化率却有时能超出其允许的最大速度与伺服驱动能力,或产生较大的轮廓误差。因此,需要根据机床各轴的速度、加速度与平稳性要求对合成进给速度进行校核与修正。在 FANUC 系统中,可以通过 G93 实现恒表面进给速度加工,进给速率按时间的倒数给定。

4. 生成数控加工程序

根据具体数控系统的指令格式生成数控加工程序。

8.9.2 通用后置处理系统的原理

后置处理系统分为专用后置处理系统和通用后置处理系统。前者一般是针对专用数控编程系统和特定数控机床而开发的专用程序,通常直接读取刀位文件中的刀位数据,根据特定的数控机床特性及其数控系统的功能与指令格式等将其转换成数控程序输出。大多数 CAM 软件,如 Unigraphics、Pro/Engineer 等提供了通用后置处理器。编程人员可以根据具体的机床在图形化的交互环境下定义机床特性与数控系统特性来定制后置处理器。一般通用后置处理系统功能如图 8-34 所示。其中,机床设置和数控系统设置模块分别用于建立具体机床与数控系统的特性，系统可预先提供若干常用机床与数控系统的特性文件，分别构成机床特性库与数控系统特性库，当使用这些机床与数控系统时，只需直接在特性库中进行选择（对于机床特性，可能需要修改有关参数）；如果需要用到其他数控机床与数控系统，则可以根据相应的格式要求与构建方式，在已有的特性文件基础上修改或新建所需的机床与数控系统性文件。

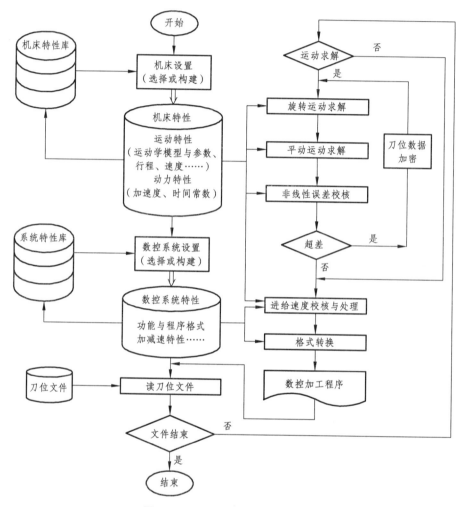

图 8-34 通用后置处理实现方案

思考题

1. 计算机自动数控编程包括哪些主要内容？
2. 对二维任意曲线的数控轨迹生成，有哪些方法？并说明其主要原理。
3. 二维轮廓加工轨迹生成过程中，怎样有效防止刀具和工件轮廓的干涉？
4. 二维型腔的数控刀位轨迹生成有哪些方法？并说明其基本原理。
5. 解释下列概念：刀具切触点、刀具切触点曲线、刀位点、刀位点数据、刀具轨迹曲线。
6. 多坐标数控刀具轨迹生成的方法有哪些？说明其主要原理。

7. 三坐标曲面加工中，在设计刀位轨迹时，怎样确定走刀步长和走刀行距？

8. 三坐标曲面加工中，在设计刀位轨迹时，怎样避免刀具和工件轮廓的干涉？

9. 五坐标数控加工的刀具轨迹规划中，怎样确定刀位数据？

10. 五坐标数控加工的刀具轨迹规划中，确定走刀步长应该考虑什么因素？

11. 五坐标数控加工的刀具轨迹规划中，怎样避免刀具和工件的干涉？

12. 什么是后置处理？它包括什么内容？

13. 说明五轴联动数控加工的工艺特点。

参考文献

[1] 陈日曜. 金属切削原理 [M]. 2 版. 北京：机械工业出版社，2018.

[2] 浦艳敏，李晓红，闫兵. 金属切削刀具与刃磨[M]. 2 版. 北京：化学工业出版社，2018.

[3] 张幼桢. 金属切削原理与刀具[M]. 北京：国防工业出版社，1990.

[4] ASTAKHOV V P. Tribology of metal cutting[M]. London: Elsevier, 2006.

[5] MILTON C S. Metal Cutting Principles[M]. Oxford: Clarendon, 1984.

[6] EDWARD M T, PAUL K W. Metal Cutting [M]. Fourth Edition. US: Butterworth-heinemann, 2000.

[7] THOMAS C, KATSUHIRO M, TOSHIYUKI O, et al. Metal Machining-Theory and Applications[M]. London: Arnold, 2000.

[8] 马术文. 金属切削动力学[M]. 成都：西南交通大学出版社，2019.

[9] 柯明扬. 机械制造工艺学[M]. 北京：北京航空航天大学出版社，1996.

[10] 王先逵. 机械制造工艺学[M]. 北京：机械工业出版社，2010.

[11] 姚智慧. 机械制造基础[M]. 哈尔滨：哈尔滨工业大学出版社，2002.

[12] 卢秉恒. 机械制造技术基础[M]. 北京：机械工业出版社，1999.

[13] 王玉玲，李长河. 机械制造工艺学[M]. 北京：北京理工大学出版社，2018.

[14] 顾崇衔. 机械制造工艺学[M]. 西安：陕西科学技术出版社，1990.

[15] 陈良骥. 复杂曲面数控加工相关技术[M]，北京：知识产权出版社，2011.

[16] 晏初宏. 数控加工工艺与编程[M]. 北京：化学工业出版社，2004.

[17] 赖喜德. 叶片式流体机械的数字化设计与制造[M]. 成都：四川大学出版社，2007.

[18] PETER S. Process Planning[M]. US: Butterworth-heinemann, 2002.

[19] 毕庆贞，丁汉，王宇晗. 复杂曲面零件五轴数控加工理论与技术[M]. 武汉：武汉理工大学出版社，2016.